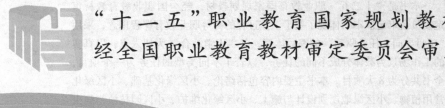

"十二五"职业教育国家规划教材

经全国职业教育教材审定委员会审定

小区绿化维护与管理

第 2 版

主　编　佘远国

副主编　汪　洋　姚　东

参　编　王　永　张文杰　高志云　罗鱼燕

U0361209

机械工业出版社

本书是"十二五"职业教育国家规划教材,经全国职业教育教材审定委员会审定。本书体现了基于工作过程的高等职业教育课程理念,采用"项目导向,任务驱动"的编写体例,以"工学结合"为切入点,以真实的工作场景为载体分成不同的任务,以若干不同类型的任务为一个项目,全书共分为 8 大项目。本书主要内容包括绪论、小区绿化基础、小区绿化常用植物、小区绿地规划设计与施工、小区绿化维护、小区园林植物病虫害防治、小区绿化管理、常见园林机具。本书内容翔实,语言简练,体系完整,实用性强。

　　本书可作为高职高专物业管理、风景园林、观赏园艺、环境艺术等专业教材,也可作为物业企业职工的职业培训教材和房地产从业人员参考用书。

图书在版编目（CIP）数据

小区绿化维护与管理/佘远国主编 . —2 版 . —北京：机械工业出版社，2020. 8（2025. 4 重印）

"十二五"职业教育国家规划教材　经全国职业教育教材审定委员会审定

ISBN 978-7-111-65939-6

Ⅰ . ①小…　Ⅱ . ①佘…　Ⅲ . ①居住区-绿化规划-高等职业教育-教材　Ⅳ . ①TU985. 12

中国版本图书馆 CIP 数据核字（2020）第 110544 号

机械工业出版社（北京市百万庄大街 22 号　邮政编码 100037）
策划编辑：沈百琦　责任编辑：沈百琦　陈将浪
责任校对：赵　燕　封面设计：马精明
责任印制：李　昂
北京捷迅佳彩印刷有限公司印刷
2025 年 4 月第 2 版第 5 次印刷
184mm×260mm · 16 印张 · 417 千字
标准书号：ISBN 978-7-111-65939-6
定价：49. 00 元

电话服务　　　　　　　　　　　　网络服务
客服电话：010-88361066　　　机 工 官 网：www. cmpbook. com
　　　　　010-88379833　　　机 工 官 博：weibo. com/cmp1952
　　　　　010-68326294　　　金 书 网：www. golden-book. com
　　机工教育服务网：www. cmpedu. com

"小区绿化维护与管理"是物业管理专业的主干课之一。为使教学内容更贴近岗位实际，增强学生就业能力的培养，本书是根据近年来物业管理职业岗位对从业人员的知识、技能的要求和生源的特点，在汲取以前相关教材及第一版教材编写经验的同时，以小区绿化活动为主线，参照当前物业管理的职业资格标准，按照突出职业能力培养，体现基于职业岗位分析和具体工作过程的课程设计理念，围绕小区绿化管理活动设计相应的项目、任务编写的。

本书强调学生能力目标和知识目标的培养，注重学生职业技能和素养的提高，以《教育部关于"十二五"职业教育教材建设的若干意见》（教职成 [2012] 9 号）文件精神为指引，强化学生职业能力培养和学生素质、职业道德的培养，目标是培育高素质的技术技能型人才。它打破了以知识传授为主要特征的传统学科教材模式，转变为以工作项目与任务为中心来组织课程内容的模式。本书在邀请企业、行业园林专家对有关专业所涵盖的业务岗位群进行任务与职业能力分析的基础上，以就业为导向，以绿化管理岗位为核心，按照高职学生的认知特点，采用并列与流程相结合的结构展示教学内容，让学生在完成具体任务、项目的过程中构建起相关理论知识，并发展职业能力。为了方便学生课后巩固知识和提升技能，本书还安排了相应的思考题和测试题。

本书的每个项目与工作任务都按以基本业务操作技能为载体设计的活动来进行，以每一项工作任务为中心整合理论与实践，实现了理论与实践的一体化。这些项目以小区绿化管理一线岗位的基本价值观念、基本能力、基本方法、基本业务、基本操作等为线索进行设计，本书内容突出对学生职业能力的训练，理论知识的选取紧紧围绕完成工作任务的需要来进行，充分体现了"工学结合、任务驱动、项目导向"的教学模式。

本书修订突出了以下几个特点：

1. 以小区绿化管理相关业务操作为主线，充分体现"任务驱动、项目导向"的高等职业教育专业课程设计思想，以物业管理岗位为核心，结合岗位职业资格证书的考核要求，合理安排教学内容。

2. 本书在注重理论与实践相结合，把握高职高专教学特色的基础上，较好地解决了应用与应试的关系，每个项目备有必要的思考题、测试题。

3. 在内容上具有实用性和可操作性，同时注重与时俱进。本书十分重视取材的科学性和广泛性，收集了一些阅读材料和案例，容纳了不少物业绿化管理近年来的主要研究成果，使学生在理解教材内容的基础上扩充视野，并进而引发独立思考。

为贯彻党的二十大精神，加强教材建设，推进教育数字化，编者在动态重印过程中，对全书内容进行了全面梳理，优化版式设计，使教材更有利于学生自学使用。

本书由湖北生态工程职业技术学院佘远国任主编，由湖北生态工程职业技术学院汪洋、武汉花绿化工程有限公司姚东任副主编，参与编写的还有河南职业技术学院王永、河南科技学院张文杰、湖北城建职业技术学院高志云和湖北生态工程职业技术学院罗鱼燕；具体编写分工如下：佘远国编写项目1、项目5、项目6、附录，汪洋编写项目2，王永编写项目3，张文杰编写项目4，高志云编写项目7，罗鱼燕编写项目8，姚东编写大纲。

由于编者水平有限，书中的疏漏和错误在所难免，敬请批评指正。

编　者

目　录

项目1

绪　　论

学习目标

技能目标：能区别居住小区、居住区与居住组团；能叙述小区绿化维护与管理的一般流程；能明确课程学习方法。

知识目标：了解小区的基本知识；了解小区绿化的意义；了解小区绿化的特点；掌握小区绿化的概念；熟悉小区绿化维护与管理的内容。

任务 1.1　小区绿化管理部门调研分析

1.1.1　任务描述

随着人们对生活质量要求的不断提高，对生存环境认识的逐渐加深，全社会的环保意识不断增强，绿色居住小区成为了人们向往的居住环境。营造绿色建筑、绿色居住小区正成为越来越多的开发商、建筑师追求的目标。小区绿化维护与管理是衡量绿色居住小区的重要条件之一，也是物业管理所面临的一个最为重要、投入力量最多的工作。本学习任务是完成一份小区绿化的调研报告，内容包括以下几个方面：

1. 基本信息

调研时间、调研形式、调研地点、小组成员等。

2. 物业管理企业状况

企业名称、绿化管理部门组织、绿化管理人员岗位安排、绿化管理的内容、绿化管理作业流程等基本情况。

3. 调研企业的感想与体会

感受企业绿化管理的特点与优势，明确专业学习的方向，树立学好专业知识和掌握职业技能的信心。

1.1.2 任务分析

通过课堂教学、查阅资料、实地调研、走访，学生可以了解小区绿化的基本业务和运作流程，认识小区绿化维护管理必备的设施设备、信息系统、信息技术和管理办法。对物业管理企业绿化部门的设置，绿化管理岗位及其工作职责、工作性质、职业发展规律等有初步印象，为以后的学习做好铺垫，对以后的就业岗位及所需技能有较清晰的认识。

1.1.3 相关知识

1.1.3.1 居住小区概述

1. 居住小区的概念

居住小区是指被城市道路分割或自然界线所围合的相对独立的具有一定人口和用地规模，配建一套能满足该区居民日常物质和文化生活需要的公共服务设施的生活聚居地。居住小区作为人居环境中最直接的空间，是一个相对独立于城市的"生态系统"，它是为人们提供休息、恢复的场所，使人们的身心得到放松，在很大程度上影响着人们的生活质量。

2. 居住小区的特点

(1) 具有一定的人口和用地规模 根据我国各地的调查，居住小区的人口规模为 5000 ~ 15000 人，用地为 10 ~ 20hm²。

(2) 公共设施分级布置 一般在居住组团内部配置托幼机构和基层商店，在小区内部配置学校、商业中心和文化福利中心。

(3) 一个相对独立的区域 无论是被城市干道所分割，还是为自然界线如森林、河流等包围，必须自然地形成一个相对独立的区域。

3. 居住区与居住组团

(1) 居住区 将四五个或更多的小区组织起来，小区仍保持其独立性，另外增设更加完善的公共中心，这种住宅区称为居住区。居住区的用地面积很大，一般在百余公顷、几百公顷甚至超过一千公顷，一般位于城市郊区或城市边缘。居住区的文化福利设施和生活服务设施十分齐全，居民的日常生活需要都可以在居住区内部解决，它已具备一个小型城市的功能。

(2) 居住组团 居住组团是指被小区道路分隔，并与居住人口规模、用地规模相适应，配建有基层公共服务设施的居住生活聚居地。组团内一般有 300 ~ 700 户、1000 ~ 3000 人。组团内可以设一些直接与居民日常生活有关的微型服务设施。

(3) 居住区、居住小区、居住组团的关系 居住小区的进一步发展有两个分支，一是扩大，一是缩小。居住小区扩大可发展成居住区，缩小则发展成为居住组团。

一个完整的居住区由若干个居住小区组成；一个完整的居住小区又由若干居住组团组成。居住区、居住小区、居住组团是三个不同的层次，各自既相互独立又相互联系，共同构成一个整体。居住区、居住小区、居住组团的各级规模见表 1-1。

表 1-1 居住区、居住小区、居住组团的各级规模

项 目	居 住 区	居 住 小 区	居 住 组 团
户数/户	1000 ~ 15000	2000 ~ 4000	300 ~ 700
人口/人	3000 ~ 50000	5000 ~ 15000	1000 ~ 3000

1.1.3.2　小区绿化概述

小区绿化是指在物业管理企业所管辖的社区区域内以种植、养护、管理园林植物为主要技术手段，美化居住环境，为业主提供一个安静、优美、舒适的生活环境。小区绿化是整个城市绿化的一部分，按照国务院颁布的《城市绿化条例》（2017 年修订）的规定，城市绿化建设包括公共绿地、居住区绿地、防护绿地、生产绿地和风景林地等的绿化。小区绿化涉及面很广，面积很大，是城市绿化十分重要的组成部分。小区绿化包括地面（水平）绿化和空间（竖向）绿化两大部分。

1. 地面绿化

地面绿化包括小区公园绿化、道路绿化和宅旁庭院绿化等几个方面。

（1）小区公园绿化　任何一个居住小区都应辟出一块专门绿地进行绿化、美化，为居民日常生活提供一个就近游览观赏、休闲娱乐的场所。一般情况下，每一个居住区应有一个大型居住区公园，设置在几个居住小区的交接处；每一个居住小区应有一个中等的中心公园，设置在居住小区的中央；每一个居住组团则应有一个公共绿地。无论是大型居住区公园，还是公共绿地，都应以种植园林植物为主，统一规划布局，种植面积不应低于绿地总面积的 75%。

（2）道路绿化　对小区内主干道路、分支道路及宅前小路两旁进行绿化，从而形成一个绿化带，起到连接、导向、分割、围合等作用。道路绿化随着道路的宽度、用途和接近居民住宅程度的不同而异，要灵活自然，与两侧建筑物、各种设施相结合，疏密相间，高低错落，富于变化。

（3）宅旁庭院绿化　宅旁庭院绿化分布很广，使用率很高，可以为居民直接提供清新的空气和优美舒适的生活环境。一般选用观花、观果、观叶的植物种类，充分考虑不同植物、不同季相的搭配，充分表现观赏植物的形、色、香、韵等自然美，能使居民感受到强烈的时空变化。

2. 空间绿化

空间绿化主要指屋顶绿化、墙面绿化和阳台绿化。

（1）屋顶绿化　屋顶绿化主要是指利用现代建筑平屋顶进行绿化。

（2）墙面绿化　墙面绿化是指利用藤本植物进行建筑墙面的绿化。

（3）阳台绿化　阳台绿化是从室内绿化到室外绿化形成住宅横向水平绿化的一部分，同时也是从地面庭院绿化逐步发展到墙面绿化、屋顶绿化，形成住宅纵向立体绿化的一部分。

1.1.3.3　小区绿化维护与管理概述

1. 小区绿化维护与管理的含义

小区绿化维护与管理是物业管理中最主要的，也是最基础性的工作。它是指对居住小区内及附属设施的园林植物及园林建筑、园林小品等进行养护管理、保洁、更新、修缮，对园林植物采取浇水、施肥、修剪、中耕除草、病虫害防治及自然灾害防治等养护管理措施，使园林植物旺盛生长，达到改善、美化居住环境，保持小区生态系统良性循环的效果，使业主的物业得到保值和增值。

2. 小区绿化维护与管理的内容

（1）花木管理　花木管理包括花木的繁殖、栽培、浇水、中耕除草、施肥、修剪、病虫害防治、防风、防涝、绿化保洁，以及其他维持花木正常生长发育所必须采取的措施。

（2）园林建筑、小品、园路的管理　园林建筑、小品、园路的管理包括对园林建筑、小品、园路及喷泉等的维护、修复及翻新等。

（3）园林绿化改造　园林绿化改造包括花坛改造、花木更换、草坪翻新、大树移植、景点增减等。

（4）其他　这里的"其他"包括花艺设计及场所布置，观赏鱼、鸟的喂养、园林机械的维修，家居绿化服务等其他与园林绿化相关的内容。

1.1.3.4　小区绿化维护与管理的作用

1. 社会效益

（1）文化心理的作用　绿色使人感到舒适，能调节人的神经系统。植物对人的心理有一定的调节功能，小区绿化是给人以精神安慰的重要环境要素。研究表明，可见光中的绿色光、蓝色光等冷色光可使人感到安静、平和，红色光等暖色光则容易使人兴奋。小区的建筑物多呈暖色光，小区绿地多为冷色光。因此，绿地可使人们在心理上感到宁静。同时，青草和绿树能吸收强光中的紫外线，可保护人的神经系统、大脑皮层和视网膜。在住宅内外布置花草树木，人们在休息时看到茂盛的绿色，可以减轻或消除疲劳感。另外，绿色可以舒缓人的神经，给人以愉悦的心理感受。

（2）塑造景观的作用　俗话说"绿叶衬红花"，小区内的建筑必须与绿化配合才能形成优秀的居住整体环境。现代建筑中，大量的硬质楼房形成轮廓挺直的水泥块群景观，给人一种单调的压抑感，而园林绿化却是柔和的软质景观，园林植物丰富的自然色彩，柔和多变的线条，优美的姿态及风韵都能增添建筑的美感，使建筑产生一种生动活泼而具有季节变化的感染力，产生一种动态的均衡构图，使建筑与周围的环境更为协调。小区建筑与园林绿化相结合，是人工美与自然美的结合，处理得当，二者关系可以得到和谐一致。此外，园林植物还能带来听觉、嗅觉的美感，如"雨打芭蕉""留得残荷听雨声"等，梅花、蜡梅、茉莉、含笑、桂花、栀子花等常在开花季节香气袭人，令人陶醉，给人以美的享受。园林植物丰富的色彩、婀娜的形态、淡淡的清香无不让人流连忘返、心旷神怡，优美的小区绿化是居民不可缺少的精神食粮。

（3）创造交往空间　社会交往是人的心理需求的重要组成部分，是人类的精神需要。通过社会交往使人的身心得到健康发展，这对于今天处于信息时代的人们而言显得尤其重要。小区绿地是居民社会交往的重要场所，通过各种绿化空间以及适当设施的塑造，为居民的社会交往创造了便利的条件。同时，居住区绿地所提供的设施和场所，还能满足居民室外体育、娱乐、游憩活动的需要，使"运动就在家门口"成为现实。

2. 生态效益

（1）改善小气候　小区绿化可以改善小区内的小气候，表现在园林植物对温度、湿度的调节作用，植物通过蒸发水分增加空气的相对湿度，并吸收环境热量，从而降低炎热季节的气温。据测定，夏季树下的气温比无林地区域的气温低 $3 \sim 5 \, ℃$，比建筑物区域低 $10 \, ℃$ 左右，草坪上气温比裸露土地低 $2 \sim 3 \, ℃$，$1 \mathrm{hm}^2$ 的阔叶林在夏天可蒸腾 2500t 水，比同等面积的裸露土地蒸发量高 20 倍，夏季园林绿地的相对湿度较非绿地高 $10\% \sim 20\%$；而冬季的林地气温较无林地区域的气温高 $0.1 \sim 0.5 \, ℃$，绿化区域空气的相对湿度和绝对湿度都比未绿化区域的要大。可见，绿地中凉爽、舒适的气候环境与绿色植物对空气与湿度的调节是紧密相关的。

（2）净化空气　绿色植物可以吸收二氧化碳，释放氧气，被称为城市"绿肺"。一般情况下，$1 \mathrm{hm}^2$ 的阔叶林每天可以释放氧气 0.73t，同时消耗二氧化碳 1t。成年人每天需要吸入氧气 0.75kg，呼出二氧化碳 0.9kg，要满足居民对氧气的需求，城市需要为每人提供绿地 $10m^2$，要达到这一指标，除了城市公园、绿化带外，主要依靠均匀分布在小区内的公共绿地来提供。

（3）杀菌吸尘　绿色植物具有阻挡、吸附尘埃的作用。树木枝冠茂密，能较大程度地减低风速，控制尘粒飞扬扩散；植物叶面不平或有绒毛，或能分泌黏液，可吸附大量的飘尘。尘粒中含有大量的细菌，尘粒被植物吸收后，就减少了细菌在空气中的传播，有些植物还可分泌某种杀菌素，直接杀灭细菌。

（4）降低噪声　园林植物可以成为噪声的屏障，当声波投射到植物叶片上后，大部分被反射到各个方向，使声能消耗而减弱。据统计，一般情况下，绿化可减弱噪声 20% 左右。良好的小区绿化能给人一个安静的环境，并可以稳定情绪、消除疲劳、保护听力，有益于人的身心健康。

3. 经济效益

（1）提高房产价值　市场经济带来房地产业的大发展，随着人们购房的心态更加理智和成熟，人们对住宅的需求已逐渐从"居者有其屋"的普通住宅转向了"居者优其屋"的绿色住宅。小区的绿化可以显著改善和提高居住环境质量，越往后绿地面积会越来越大，确保人们生活在花园之中，有专家把居住小区的这种发展趋势概括为"小康之前重面积，小康之时重装修，小康之后重环境"。

良好的小区绿化环境有助于提高房地产的价值，从而影响房地产的销售。一些别墅区、高档住宅小区的环境绿化情况更是成为能否吸引顾客的决定性因素之一。据统计，一处设计完善的住所，如果配置优美的树木花草，可使房屋的价值增加 30%，良好的小区绿化可以创造良好的经济效益。

（2）提高物业公司的形象　小区绿化是物业的门面之一，往往给进入小区的人们很深的第一印象，小区绿化维护管理的好坏往往影响人们对该物业公司的信心，同时也影响物业管理费的收取，也是业主评价物业公司工作是否到位的主要标准。另外，物业绿化管理是物业管理评优工作的重要项目之一，物业绿化有偿服务也是物业公司创收的主要来源之一。绿化维护得好，使业主的物业得到保值和增值，物业公司就可以开展更多的绿化有偿服务，增加物业公司的效益。

小康社会，人们解决住房已不仅仅是为了有一个栖身之地，还需要提高居住生活的质量。良好的小区绿化，会使人们感到精神愉快、生活安逸，使人与自然和谐相处，并可陶冶人的情操，促进物质文明、精神文明、生态文明建设。

1.1.4　任务实施

1. 准备工作

1）教师准备相关案例，课堂围绕案例进行讲解。

2）教师讲解安全注意事项、参观要求和报告撰写要求。

3）班级学生自由组合（每组 5~8 人）为几个学习小组，各学习小组自行选出小组长。

4）收集资料，联系相关物业管理企业。

2. 实施步骤

1）查阅资料（教材、期刊、网络），到物业管理企业绿化管理部门访谈调研。

2）小组讨论小区的类型、小区绿化的内容、小区绿化维护管理工作岗位。

3）编写报告。

4）小组代表汇报，其他小组和老师评分。

任务 1.2 小区绿化维护与管理学习方法简介

1.2.1 任务描述

小区绿化维护与管理课程是物业管理专业的核心技能课程之一。学习任务是了解课程特点，熟悉课程学习方法，制订课程学习计划。

1.2.2 任务分析

小区绿化维护与管理是一门实用性很强的跨专业课程。完成本任务要掌握的知识面有：小区绿化维护与管理的发展、小区绿化维护与管理课程的特点，学习目的、学习方法等。

1.2.3 相关知识

1.2.3.1 小区绿化维护与管理的特点

（1）小区绿化维护与管理的发展 小区绿化维护与管理的前身是古人对私家庭院中的花草树木进行养护。在古代，由于生活水平及小农经济的影响，物业管理并没有成为一个专门行业，而人们对庭院绿化管理也都只是作为一种业余爱好，只有极为富有的大家族才有一两个专管种花种草的花工。在当代，改革开放以前，受计划经济的影响，大多数住宅都由房管所管理，并不注重绿化环境，一般小区也不配备专职绿化管理人员；改革开放以后，随着人们生活水平的提高，小区绿化逐渐成为新建物业的重要内容之一。随着绿化面积的增大和物业公司的成立，物业绿化管理也作为一个专业应运而生，并且不断壮大。目前，不少物业公司均设有园林绿化部或环境部，有的还成立了专门的下属园林绿化管理公司，而物业绿化管理的范围也不断扩大。现代居住小区的园林绿化呈现以下几种趋势：

1）园林植物种植注重乔、灌、草结合。如用马尼拉、火凤凰等草类地被植物塑造绿茵盎然的植物背景，点缀具有观赏性的高大乔木（如香樟、玉兰、棕榈、银杏、雪松等）及球状灌木和颜色鲜艳的花卉，使绿化景观高低错落、远近分明、疏密有致、层次丰富。

2）绿化平面与立体相结合。小区绿化已从单纯的水平方向转向水平与垂直相结合，发展出墙面绿化、屋顶绿化、阳台绿化等绿化形式。

3）园林植物的种植注重实用性与艺术性相结合，追求构图、颜色、对比、质感，形成绿点、绿廊、绿坡、绿窗等绿色景观；同时，讲究绿色景观和硬质景观的结合使用，特别注意园林植物的维护保养。

（2）小区绿化维护与管理课程的特点 小区绿化维护与管理是顺应时代的发展要求而出现的一门实用性很强的跨专业课程，课程涉及绿化的基础知识、常用的园林植物、养护管理技术等内容，融合了园林、花卉、管理等几个学科的知识。

1.2.3.2 学习小区绿化维护与管理的目的和方法

（1）学习目的 学习小区绿化维护与管理的目的是为了让物业管理从业人员比较系统地掌握小区绿化管理的基本知识，熟悉物业绿化管理的相关标准，为在以后的物业管理工作中搞好环境绿化，为业主创造一个和谐、安静、美好的居住环境，以及为评优工作打下良好的基础。

（2）学习方法 小区绿化维护与管理是一项技术性很强的工作，要求从业人员必须具备比较全面、扎实的园林绿化基础知识，包括植物学、植物生理、园林植物栽培、土壤肥料、病虫害防治等，同时还应具备相应的物业管理常识及仪表礼节常识等，还必须懂得科学实用的操作规程和质量控制体系。

小区绿化维护与管理是一门实践性很强的课程，要学好本课程，除了要打好较坚实的园林、花卉知识基础外，还要密切联系实际，多到各物业小区实地考察、参观学习，并要亲手实践积累经验，还要多认识园林植物，注意物候观察，了解植物的生长发育特点及生态习性。这样才能将所学知识运用自如，营造出美好的小区绿化环境。

1.2.4 任务实施

1. 准备工作
1）教师准备相关案例，课堂围绕案例进行讲解。
2）教师讲解安全注意事项、参观要求和报告撰写要求。
3）班级学生自由组合（每组5~8人）为几个学习小组，各学习小组自行选出小组长。
4）收集资料，联系相关物业管理企业。
2. 实施步骤
1）查阅资料（教材、期刊、网络），到物业管理企业绿化管理部门访谈调研。
2）小组讨论小区的类型、小区绿化的内容、小区绿化维护与管理的工作岗位。
3）编写报告。
4）小组代表汇报，其他小组和老师评分。

[阅读材料]

城市居住小区绿化探讨

随着全球经济的增长，人口剧增、环境污染、资源匮乏、能源紧张、自然灾害等环境问题日益突出，使人身心疲惫。现代人比以往任何时候都更加渴望自然，希望生活在近自然的环境中。在这种心理的作用下，人们对城市居住小区的绿化给予了越来越多的关注。

1. 居住小区园林绿化的趋势
（1）树立以人为本的思想　居住小区的绿化设计，首先要了解小区住户的要求，即最大限度地考虑居民的生活和休闲的要求。居住小区绿化不仅要考虑美的要素，更要考虑人的需求要素。小区绿化设计，要树立以人为本的思想，以人为立足点，从人的方位去综合考虑，达到人与自然的和谐。

（2）坚持可持续发展的园林发展方向　可持续发展的理论用来指导小区绿化的直接表现就是出现了生态型小区。根据景观生态学原理和方法，合理地规划空间结构，使信息流、物质流与能量流畅通；使景观不仅有一定的美学价值，而且符合生态学原理，适于人类聚居。

（3）将健康理念融入居住小区　现代人对健康的关注程度超过了以往任何时期。健康是指人在身体上、精神上、社会上完全处于良好的状态。环境艺术设计师们应努力为现代人创造一个更健康舒适的居住环境，将自然引入居住小区，引到每个居民身边。

2. 现代居住小区绿化的空间问题
（1）充分利用空间扩大绿化面积　在进行小区绿化时应确保35%以上的绿化率，而绿地本身的绿化率要大于70%，也就是说绿地中的硬质景观占地面积只能控制在30%以内。

（2）小区原始状态的改造　在小区建设之初，应该充分了解其现状。建设过程中，应该对其自然遗迹、古树名木进行保护及利用。因为自然遗迹、古树名木是历史的象征、是文化的积淀，有意识地保护能够体现一个小区的文化气息，展现小区的特色，有利于提高居民的生态意识。

（3）硬质景观的设计　景观道路、雕塑、健身设施的设计安排，必须将建筑的尺度、景观小品的尺度、树木的尺度进行综合考虑与合理量化。每个人都需要适度的户外空间，在尽量加大绿化面积的同时，应当考虑把人的因素加入园林中。

3. 居住小区中植物的选择

（1）尊重居民喜好　选择绿化植物时，一定要注意居民的喜好，选择居民喜闻乐见的植物。只有选择居民喜爱的植物，才能使小区的绿化具有亲和力，使居民产生认同感。

（2）以乔木为绿化骨干　乔木在小区中的应用主要从生态和造景两个方面来考虑。乔木树冠的绝对面积较大，能够制造更多的氧气，吸收更多的二氧化碳，在小区绿化中应用乔木更有利于居民的健康。

（3）保健植物的选择　在居住区绿化时可以选择美观、生长快、管理粗放的药用、保健、香味植物，既可调节身心、利于人体保健，又可美化环境。

4. 居住小区中植物的配置

（1）植物配置要层次分明、注重色块　居住小区中植物的配置，应该注重层次的搭配。通过混合配置，表现高、中、低、地被层四个层次，通过各个层次使空间更具自然的节奏。要注意植物种类的丰富多彩，合理运用色块组合，最大程度地吸引人们的注意力。

（2）掌握季节性观花观叶植物的搭配　"春意早临花争艳，夏季浓荫好乘凉，秋季多变看叶果，冬季苍翠不萧条"，这首诗道出了季节变化及对小区设计的最直接要求：应保持三季有花，四季常绿；另外，注意整个小区的色相变化，在有色树种的搭配上，可以采用一些色彩对比度较大的树种，使小区的绿化更加生动活泼。

（3）主基调及主景　每一个园林都有一个主题思想，每一个园林也必须有一个视觉焦点，这就是园林主景。对于居住小区设计来说，不能不考虑其焦点景物的配置，可以是水景，也可以是山石景，也可以是植物造景，只要能与环境相协调，能被小区居民所认同的就是优秀的。现代园林本身就是一种思想、一种文化的存在，在尊重这种存在的同时，必须理解园林中主基调的作用，定了基调才能创造出小区的园林氛围，才能表达出主题。

居住小区的绿化作为城市园林的一部分，为城市人群聚居提供了良好的环境。园林设计只要尊重生态学的观点，坚持以人为本的指导思想，以追求人与自然相和谐为目标，不断进取，就能使居住小区的绿化更贴近居民、贴近生活。

项目小结

本项目的任务是对小区绿化管理部门进行调研分析，主要介绍了小区绿化的一些基本概念、基本内容，阐述了小区绿化的意义，介绍了小区绿化维护与管理的学习方法。各部分的知识要点见下表。

任　务	基本内容	基本概念	基本技能
1.1　小区绿化管理部门调研分析	居住小区 小区绿化 小区绿化维护管理 小区绿化维护管理的作用	小区　居住区　居住组团　小区绿化　维护与管理　文化心理　景观　净化空气　交往空间	撰写调研报告

任　务	基本内容	基本概念	基本技能
1.2　小区绿化维护与管理学习方法简介	小区绿化维护与管理专业特点 学习小区绿化管理的目的和方法		制订课程学习计划

 思考题

1. 比较居住区、居住小区、居住组团三者之间的关系。

2. 小区绿化维护与管理的内容主要有哪几个方面？

3. 小区绿化的生态效益主要表现在哪些方面？

测试题

1. 名词解释

（1）居住小区

（2）小区绿化

（3）小区绿化维护与管理

2. 选择题

（1）小区绿化包括（　　）个方面。

A. 1　　　　　　　　B. 2　　　　　　　　C. 4　　　　　　　　D. 5

（2）下面属于小区空间绿化的是（　　）。

A. 道路绿化　　　　B. 宅旁庭院绿化　　　C. 小区中心花园　　　D. 阳台绿化

3. 简答题

（1）为什么说良好的小区绿化可以提高房产价值？

（2）简述小区绿化的生态作用。

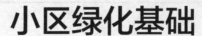

项目2

小区绿化基础

学习目标

技能目标：能够识别主要栽培的园林植物；能够观察物候；能够根据园林植物的生态适应性选择园林植物的种类；会播种、扦插、嫁接；能够进行苗木调查。

知识目标：了解园林植物的主要类别；了解园林植物的物候现象；了解园林植物生长发育的规律；熟悉园林植物的生态习性；熟悉园林苗木出圃的规格要求；掌握园林植物的繁殖技术。

任务 2.1　园林植物的分类

2.1.1　任务描述

园林植物类型的不同决定了其具有不同的植物学性质，进而决定了其在绿化中的作用，是正确选择园林植物的依据。园林植物种类繁多，为了栽培、养护管理的方便，需对园林植物进行分类。本学习任务是了解园林植物的主要类别，能够对植物进行分类，懂得各类植物的特点，能鉴别不同类型的园林植物。

2.1.2　任务分析

园林植物是指具有一定的观赏价值，适合于室内外布置，能净化、美化环境，丰富人们生活的植物。园林植物的分类有不同的标准，存在多种分类方法。在栽培上，一般采取人为的分类方法，即以植物的一个或几个特征，或经济的、生态的特性作为分类的依据，将园林植物主观地划为不同的类别。完成本任务要掌握的知识点有：生活型的含义，根据植物生活型分类的方法，根据植物气候型分类的方法，根据植物园林用途分类的方法，根据植物观赏部位分类的方法等。

2.1.3 相关知识

2.1.3.1 根据生活型分类

生活型是指植物对于生存环境条件长期适应而在外貌上反映出来的植物类型。植物生活型外貌的特征包括植物体大小、形状、分枝形态以及植物寿命。

1. 草本园林植物

草本园林植物植株的茎为草质，木质化程度很低，柔软多汁。草本园林植物根据其生活周期又可分为三类：

（1）一年生草本园林植物 在一年内完成其生活周期，即从播种、开花、结实到枯死均在一年内完成。如凤仙花、万寿菊、麦秆菊、鸡冠花、百日草、波斯菊等。

（2）二年生草本园林植物 在两年内完成其生活周期。如紫罗兰、飞燕草、金鱼草、虞美人、须苞石竹等。

（3）多年生草本园林植物 其寿命超过两年以上，能多次开花结实，根据地下部分的形态变化不同，可分为两类：

1）宿根草本园林植物。其地下部分形态正常，不发生变态，植物的根宿存于土壤中，冬季可在露地越冬。如菊花、萱草、福禄考等。

2）球根草本园林植物。其地下部分具肥大的变态根或变态茎，植物学上称为"球茎""块茎""鳞茎""块根""根茎"等，花卉学上将其总称为"球根"。

2. 木本园林植物

木本园林植物植株的茎部木质化，质地坚硬。根据其形态可分为三类：

（1）乔木类 此类植物树体高大（通常高度大于6m），主干明显而直立，分枝多，树干和树冠有明显区分，如白玉兰、广玉兰、女贞、樱花、橡皮树等。

（2）灌木类 此类植物无明显主干，一般植株较矮小，靠地面处生出许多枝条，呈丛生状，如栀子花、牡丹、月季、蜡梅、贴梗海棠等。

（3）藤木类 此类植物的茎部木质化，长而细软，不能直立，需缠绕或攀缘其他物体才能向上生长，如紫藤、凌霄等。

3. 水生园林植物

水生园林植物是指生长在水中或潮湿土壤中的植物，包括水生草本园林植物和水生木本园林植物。在园林中，根据其生活习性和生长特性可分为五类：

（1）挺水植物 其茎、叶伸出水面，根和地下茎埋在泥里，故一般生活在水岸边或浅水的环境中。常见的有黄花鸢尾、水葱、菖蒲、蒲草、芦苇、荷花、雨久花、半枝莲等。

（2）浮叶植物 其根生长在水下泥土之中，叶柄细长，叶片自然漂浮在水面上，常见的有金银莲花、睡莲、满江红、菱等。

（3）沉水植物 其根扎于水下泥土之中，全株沉没于水面之下，常见的有玻璃藻、苦草、大水芹、菹草、黑藻、金鱼草、竹叶眼子菜、狐尾藻、水车前、石龙尾、水筛、水盾草等。

（4）漂浮植物 其茎、叶或叶状体漂浮于水面，根系悬垂于水中漂浮不定，常见的有大漂、浮萍、萍蓬草、凤眼莲等。

（5）滨水植物 其根系常扎在潮湿的土壤中，耐水湿，短期内可忍耐被水淹没。常见的有垂柳、水杉、池杉、落羽杉、竹类、水松、千屈菜、辣蓼、木芙蓉等。

4. 多浆、多肉类园林植物

这类植物又称为多汁植物，植株的茎、叶肥厚多汁，部分种类的叶退化成刺状，表皮气孔少且经常关闭，以降低蒸腾作用，减少水分蒸发，并有不同程度的冬眠和夏眠习性，该类植物大多数为多年生草本园林植物或木本园林植物，有少数一、二年生草本园林植物。如仙人掌、燕子掌、虎刺梅、生石花等。

2.1.3.2 根据气候型分类

园林植物的种类很多，多数分布于热带、亚热带和温带，极少数分布于寒带。由于自然环境条件相差很大，因此植物生长发育及生态习性也有较大差异。

1. 热带气候型园林植物

（1）**热带高原气候型园林植物** 该气候型地区为热带及亚热带高山地区，其气候特点是温差小，周年温度14～17℃，降雨量因地区不同而不同，有的地区雨量充沛、年分布均匀，有的地区则主要集中在夏季。常见植物有大丽花、晚香玉、百日草、波斯菊、一品红、万寿菊、球根秋海棠、旱金莲、中国樱草、云南山茶、蔷薇类等。

（2）**热带雨林气候型园林植物** 该气候型的气候特点是周年高温、温差小，有的地方年温差不到1℃；雨量大，空气湿度大，有雨季和旱季之分。常见植物有鸡冠花、虎尾兰、蟆叶秋海棠、彩叶草、非洲紫罗兰、变叶木、红桑、万带兰、凤仙花、紫茉莉、花烛、长春花、大岩桐、美人蕉、竹芋、牵牛花、秋海棠、水塔花、卡特兰、朱顶红等。

（3）**热带沙漠气候型园林植物** 该气候型的气候特点是周年气候变化极大，昼夜温差大，降雨量少，气候干旱，土壤质地以沙质或沙砾质为主。这些地区只有多浆、多肉类植物分布。属于这一气候的地区有非洲、大洋洲中部及南美洲与北美洲的沙漠地带。常见植物有仙人掌类、芦荟、龙舌兰、十二卷、松叶菊等。

2. 亚热带气候型园林植物

（1）**亚热带季风气候型园林植物** 该气候型地区包括中国长江以南（华东、华中、华南）、日本西南部、北美洲东南部、巴西南部、大洋洲东部、非洲东南部等地区。常见植物有中国水仙、石蒜、百合类、山茶、杜鹃、蔷薇类、南天竹、中国石竹、报春、矮牵牛、美女樱、半支莲、三角花、福禄考、天人菊、非洲菊、马蹄莲、唐菖蒲、一串红、猩猩草、麦秆菊等。

（2）**亚热带沙漠气候型园林植物** 该气候型地区包括中国西北部、北美洲西南部等地。常见植物有菊花、芍药、翠菊、牡丹、荷包牡丹、荷兰菊、金光菊、鸢尾、百合类、蛇鞭菊、醉鱼草等。

（3）**地中海气候型园林植物** 该气候型以地中海沿岸气候为代表，自秋季至次年春季末降雨较多，为主要降雨期，夏季极少降雨，为干燥期；冬季无严寒，最低温度为6～7℃；夏季凉爽，温度为20～25℃。因夏季气候干燥，多年生花卉常呈球根形态。常见植物有风信子、郁金香、水仙类、鸢尾类、仙客来、花毛茛、小苍兰、天竺葵、花菱草、羽扇豆、唐菖蒲、石竹、香豌豆、金鱼草、金盏菊、麦秆菊、蒲包花、君子兰、鹤望兰、酢浆草等。

3. 暖温带气候型园林植物

（1）**暖温带海洋气候型园林植物** 该气候型的气候特点是冬季温暖，夏季凉爽，一般气温为15～17℃，降雨量较少，但四季较均匀。常见植物有三色堇、雏菊、矢车菊、霞草、喇叭水仙、勿忘草、紫罗兰、羽衣甘蓝、洋地黄、铃兰等。

（2）**暖温带季风气候型园林植物** 这种气候型的气候特点是春夏雨水充沛，冬季干燥且气温较低，夏季有短期高温，如我国长江以北至辽宁南部地区。常见植物有菊花、芍药、贴梗海棠、金光菊等。

4. 冷温带气候型园林植物

该气候型的气候特点是气温低，冬季漫长而寒冷，夏季短促而凉爽，光照充足。生长在这一气候型地区的植物植株低矮，生长缓慢。此气候型地区包括西伯利亚、阿拉斯加、斯堪的纳维亚等地区及高山地区。常见植物有龙胆、雪莲、镜面草、细叶百合、绿绒蒿、点地梅等。

2.1.3.3　根据园林用途分类

园林植物根据园林用途分类可分为绿荫树，行道树，花灌木，垂直绿化植物，绿篱植物，造型、树桩盆景，地被植物，花坛植物等。

1. 绿荫树

绿荫树是指配置在建筑物、广场、草地周围，也可用于湖滨、山坡营建风景林或开辟森林公园，建设疗养院、度假村、乡村花园等的一类乔木，可供游人在树下休息之用。常见的有榉树、槐树、鹅掌楸、榕树、杨树等。

2. 行道树

行道树是指成行栽植在道路两旁的植物。常见的有水杉、银杏、朴树、广玉兰、樟树、桉树、小叶榕、葛树、木棉、重阳木、羊蹄甲、女贞、椰子大王、椰子、鹅掌楸、悬铃木、七叶树等。

3. 花灌木

花灌木是指以观花为目的而栽植的小乔木、灌木。常见的有梅、桃、玉兰、丁香、桂花等。

4. 垂直绿化植物

垂直绿化植物是指绿化墙面、栏杆、山石、棚架等处的藤本植物。常见的有爬山虎、络石、薜荔、常春藤、紫藤、葡萄、凌霄、叶子花、蔷薇等。

5. 绿篱植物

绿篱植物是指园林中用耐修剪的植物成行密植代替篱笆、围墙等，起隔离、防护和美化作用的一类植物。常见的有侧柏、罗汉松、厚皮香、桂花、红叶石楠、日本珊瑚树、丛生竹类、小蜡、福建茶、六月雪、女贞、瓜子黄杨、金叶女贞、红吐小檗、大叶黄杨等。

6. 造型、树桩盆景

造型盆景是指经过人工整形制成各种物像的单株或绿篱，常见的有罗汉松、叶子花、六月雪、瓜子黄杨、日本五针松等。

树桩盆景是在盆中再现大自然风貌或表达特定意境的艺术品，常见的有银杏、金钱松、短叶罗汉松、榔榆、朴树、六月雪、紫藤、南天竹、紫薇等。

7. 地被植物

地被植物是指用低矮的木本或草本植物种植在林下或裸地上，以覆盖地面，起防尘降温和美化作用。常见的有蔓巴缨丹、金连翘、铺地柏、紫金牛、麦冬、野牛草、剪股颖等。

8. 花坛植物

花坛植物是指采用观叶、观花的草本植物和低矮灌木，栽植在花坛内组成各种花纹和图案。常见的有月季、红叶小檗、金叶女贞、金盏菊、五色苋、紫露草、红花酢浆草等。

2.1.3.4　根据观赏部位分类

园林植物根据观赏部位分类可分为观花类植物、观叶类植物、观果类植物、观芽类植物、观姿态类植物等。

1. 观花类植物

观花类植物的主要观赏部位为花朵，以观赏其花色、花形，闻其花香为主。木本观花类植物有玉兰、梅、樱花、杜鹃等；草本观花类植物有兰花、菊花、君子兰、长春花、大丽花、香石竹、郁金香等。

2. 观叶类植物

观叶类植物以观赏植物的叶形、叶色为主。这类园林植物或叶片光亮、色彩鲜艳，或叶形奇特，或叶色有明显的季相变化。常见的有红枫、苏铁、橡皮树、变叶木、龟背竹、花叶芋、彩叶草、一叶兰、万年青等。

3. 观果类植物

观果类植物以观赏果实为主。其特点是果实色彩鲜艳、经久不落，或果形奇特、色形俱佳。常见的有佛手、石榴、金橘、五色椒、金银茄、火棘等。

4. 观芽类植物

观芽类植物以肥大而美丽的芽为观赏对象。常见的有银芽柳、结香、印度橡胶树等。

5. 观姿态类植物

观姿态类植物的树枝较挺拔或枝条扭曲、盘绕，似游龙，像伞盖。常见的有雪松、金钱松、毛白杨、龙柏、龙爪槐、龙游梅等。

2.1.4 任务实施

1. 准备工作

1）课前预习相关知识部分。

2）教师准备相关案例，课堂围绕案例进行讲解。

3）班级学生自由组合（每组5~8人）为几个学习小组，各学习小组自行选出小组长。

4）组长召集组员利用课外时间收集资料，联系相关物业管理企业，讨论实施计划。

2. 实施步骤

1）查阅资料（教材、期刊、网络），参观物业管理企业所管辖的小区。

2）统计所参观小区的园林植物。

3）将小区园林植物进行分类。

4）分组讨论。

5）小组代表汇报，其他小组和老师评分。

任务 2.2 　园林植物的生长发育规律

2.2.1　任务描述

每种园林植物都有其自身的生长发育特点及规律，了解园林植物的生长发育规律是对其栽培养护管理的基础。本学习任务是了解园林植物的生长发育规律，了解不同园林植物的生命周期、年周期，熟悉园林植物各器官的生长发育特点，能够区别木本植物与草本植物的生命周期，记住园林植物各器官的特征，会观察物候。

2.2.2　任务分析

园林植物在其生命活动中，通过细胞的分裂和扩大，体积和重量不可逆地增加，称为生长。发育是建立在细胞、组织、器官分化基础上的结构和功能的变化。完成本任务要掌握的知识点有：生命周期、年周期、物候、植物器官的概念，木本植物、草本植物生命周期各阶段的特点，草本植物、落叶树与常绿树的物候，园林植物根、茎、叶、枝、芽、花、果的生长发育规律等。

2.2.3 相关知识

2.2.3.1 园林植物的生命周期

园林植物在其生命过程中，经历种子萌发、营养生长、生殖生长、衰老、死亡等阶段，即生命周期。园林植物的种类很多，不同种类园林植物的生命周期相差甚大，一般情况下，木本植物的生命周期从数年至数百年；草本植物的生命周期短的只有几日（如短命菊），长的一至数年。

1. 木本植物的生命周期

木本植物在个体发育的生命周期中，实生树从种子的形成、萌发到生长、开花、结实，直至衰老等，其形态特征与生理变化很明显。

（1）种子期（胚胎期）　植物自卵细胞受精形成合子开始，至种子发芽为止。

（2）幼年期　从种子萌发到植株第一次开花为止。幼年期是植物地上、地下部分进行旺盛的离心生长的时期。

（3）成熟期　植株从第一次开花时开始，到树木衰老时为止。

（4）衰老期　从骨干枝、骨干根逐步衰亡，生长显著减弱到植株死亡为止。

2. 草本植物的生命周期

（1）一、二年生草本植物　一、二年生草本植物的生命周期很短，仅 1~2 年的寿命，但其一生也必须经过几个生长发育阶段。

1）胚胎期。从卵细胞受精发育成合子开始，至种子发芽为止。

2）幼苗期。从种子发芽开始到第 1 个叶芽出现为止。

3）成熟期。植株大量开花，花色、花形定型，具有该品种的特征，是观赏盛期，花期 1~2 个月。

4）衰老期。从开花大量减少，种子逐渐成熟开始，至植株枯死为止，为种子成熟期。

（2）多年生草本植物　多年生草本植物的生命周期一般为 10 年左右，各年龄时期与木本植物相似。

2.2.3.2 园林植物的年周期

1. 年周期的概念

园林植物的年周期是指植物在一年内随环境，特别是气候（如水、热状况等）的季节性变化，在形态和生理上产生与之相适应的生长和发育的规律性变化，如萌芽、展叶、开花、结实等。

2. 物候

植物在一年中，随着气候的季节性变化而发生萌芽、抽枝、展叶、开花、结实及落叶休眠等规律性变化的现象，称为物候或物候现象。

3. 草本植物的年周期

一年生草本植物在春天萌芽后，当年开花结实，而后死亡，因此，一年生草本植物仅有生长期各时期的变化而无休眠期，年周期就是生命周期，短暂而简单。二年生草本植物在秋播后，以幼苗状态越冬休眠或半休眠，多数宿根花卉和球根花卉则在开花结实后，地上部分枯死，地下贮藏器官形成后进入休眠状态越冬或越夏。许多常绿性多年生园林植物，在适宜的环境条件下周年生长，保持常绿状态而无休眠期。

4. 落叶树的年周期

落叶树的年周期可明显地分为生长和休眠两大时期，从春季开始进入萌芽生长后，在整个生长期表现为生长阶段；到了冬季为适应低温和不利的环境条件，树木处于休眠状态，为休眠期。在生长期和休眠期之间又有一个过渡期，即从生长转入休眠的落叶期和由休眠转入生长的萌芽期。

（1）萌芽期 从芽的萌动膨大开始，经芽的开放到叶展出为止。芽一般是在前一年夏天形成的，在生长停止状态下越冬，春天萌发绽开。

（2）生长期 从树木萌芽到秋后落叶为止，为生长期。生长期包括整个生长季，是树木年周期中时间最长的一个时期。在此时期，树木在外形上发生极显著的变化，如萌芽、展叶、开花、结实等。

（3）落叶期 从叶柄开始形成离层至叶片落尽或完全失绿为止，是生长期结束转入休眠的形态标志，说明树木已做好越冬的准备。

（4）休眠期 休眠期是从叶落尽或完全变色至树液流动，芽开始膨大的时期。树木的休眠是在进化过程中为适应不良环境，如低温、高温、干旱等所表现出来的一种特性，是生长发育暂时停顿的状态。

5. 常绿树的年周期

常绿树终年有绿叶存在，各器官的物候动态表现极为复杂。在外观上没有明显的生长和休眠现象，无明显的落叶休眠期，常绿树叶片的寿命较长，达1年以上，在春季新叶抽出前后，老叶才逐渐脱落，这种落叶并不是为了适应改变了的环境条件，而是叶片老化失去正常机能后，新老叶片交替的生理现象。

2.2.3.3 园林植物各器官的生长发育

1. 根系

根是植物的重要器官，也是所有植物在进化过程中为了适应定居生活而演化出来的。根的主要作用是把植株固定在土壤上，吸收水分、矿质养分和少量的有机物质以及贮藏部分营养。

（1）园林植物根系的构成 植物的根系通常由主根、侧根和须根构成。主根由种子的胚根发育而成，它上面产生各级较粗大的分支，统称侧根，在侧根上形成的较细分支称为须根。

（2）园林植物根系的分布 组成不同根形的根，根据其在土壤中的伸展方向可分为水平根和垂直根。

（3）根系生长的周期与速度 植物的根系没有生理自然休眠期，只要满足其需要的条件，周年均可生长。

1）根系的生长常表现出周期性变化，即在不同的时期中有生长强弱和大小的差异，存在生长高峰与低峰相互交替的现象。

2）根系每一天都在不断地进行着物质的暂时贮藏和转化。

（4）根的生命周期与更新 在植物的一生中，根系也要经历发展、衰老、死亡和更新的过程与变化。

2. 芽

芽是多年生植物为适应不良环境延续生命活动而形成的重要器官。它是枝、叶、花等器官的原始体，与种子有相似的特点，在适宜的条件下，可以形成新的植株。同时，芽偶尔也可由于物理、化学及生物等因素的刺激发生遗传变异，芽变选种正是利用了这一特性。因此，芽是植物生长、开花结实、修剪整形、更新复壮及营养繁殖的基础。

3. 茎枝

茎以及由它长成的各级枝、干是组成园林树木树冠的基本部分，也是扩大树冠的基本器官，枝是长叶和开花结果的部位，茎枝是整形修剪的基础。

（1）枝条的加长生长和加粗生长

1）枝条的加长生长一般是通过枝条顶端分生组织的活动——分生细胞群的细胞分裂伸长而实现的。加长生长的细胞分裂只发生在顶端，伸长则延续至几个节间。随着距顶端距离的增加，伸长逐渐减缓。

2）树干、枝条的加粗都是形成层细胞分裂、分化、增大的结果。加粗生长比加长生长稍晚，其停止也稍晚，在同一株树上，下部枝条停止加粗生长比上部枝条要晚。

（2）顶端优势与垂直优势

1）顶端优势是指活跃的顶部分生组织或茎尖常常抑制其下侧芽发育的现象。

2）垂直优势是指枝条着生方位背地程度越强，生长势越旺的现象。

（3）树木的层性与干性　层性是指树木中心干上主枝分层排列的明显程度。干性是指树木中心干的长势强弱及其能够发芽的时间。不同树种的层性和干性强弱不同，凡是顶芽及其附近芽发育特别好，顶端优势强的树种，层性与干性就明显。

4. 叶

叶是植物进行光合作用的场所，是制造有机养分的主要器官，植物体90%左右的干物质是由叶合成的。植物的叶还执行呼吸、蒸腾、吸收等多种生理机能，常绿植物的叶还是养分贮藏器官。

5. 花芽分化

花芽分化是植物茎生长点由分生叶芽向分生花芽转变的过程。植物经过一定时间的营养生长，植株长到一定的大小后才能进行花芽分化。花芽分化是植物开花的前提，在正常情况下，一旦花芽分化完成，环境条件适宜，植物就会开花。

（1）花芽分化的阶段　根据花芽分化的指标，可以把花芽分化过程分为生理分化阶段、形态分化阶段、性细胞成熟阶段，三者顺序不可改变，缺一不可。

（2）花芽分化的类型　园林植物的花芽分化与气候条件有着十分密切的关系，而不同植物对气候条件有不同的适应性。根据不同植物花芽分化的季节特点可以分为以下五种类型：

1）夏秋分化型。花芽分化每年一次，于8~9月高温季节进行，至秋末花器的主要部分完成，第二年早春和春季开花。性细胞的形成必须经过低温积累。许多木本花卉如牡丹、丁香、梅花、榆叶梅等属于此类。

2）冬夏分化型。花芽从12月至翌年3月完成分化，其分化时间较短且连续进行。原产温暖地区的某些花灌木，一些一、二年生花卉及春季开花的宿根花卉仅在春季温度较低时进行。

3）当年分化型。一些当年夏天开花的种类，在当年枝的新梢上或花茎顶端形成花芽，如萱草、菊花、芙蓉葵等属于此类。

4）多次分化型。一年中多次发枝，每次枝顶均能形成花芽并能开花，如茉莉、月季、倒挂金钟、香石竹等四季开花的花木及宿根花卉，在一年中都可继续分化花芽。在顶花芽形成过程中，其他花芽又继续在基部生出的侧枝上形成，如此可在四季开花不绝，这些花卉通常在花芽分化过程中营养生长仍继续进行。

5）不定期分化型。花芽每年只分化一次，但无一定时期，只要达到一定的叶面积就能开花。

6. 开花

一个正常的花芽，在花粉粒和胚囊发育成熟后，花萼和花冠张开露出雌蕊和雄蕊，这种现象称为开花。园林植物开花的质量直接关系着园林种植设计美化的效果。开花习性是植物在长期系统发育过程中形成的一种比较稳定的习性。

7. 坐果

坐果是指经过授粉、受精后，子房膨大以及子房外的花托、花萼发育成果实。开花数并不等于坐果数，坐果数也不等于成熟的果实数。因为中间还有一部分的花、幼果要脱落，这种现象叫落花落果。

（1）果实的观赏效果 果实生长发育的质量，直接影响园林中观果植物的观赏效果。园林中对果实的观赏，常有奇、丰、巨、色这四个方面的要求。

1）"奇"是指果的外形奇特。如佛手、脐橙、串果藤等。

2）"丰"是指看上去给人有丰收的景象。园林观景强调树体外围的表现结果，尽管实际产量并不高，但能给人以丰收的景象。

3）"巨"是指果大给人以惊异。如木菠萝。

4）"色"是指果色鲜艳。如苹果中的红金丝、锦红、小叶、倭锦等品种的果色十分鲜红；忍冬类果实虽小，艳红的颜色却很是可爱；紫球果的黑紫色也很好看。

（2）果实生长发育

1）果实生长。果实生长包括体积的增大和重量的增加，从幼小的子房到果实成熟其增长的原因主要是细胞的分裂与膨大。细胞的数量和大小是决定果实最终体积和重量的两个重要因素，它们可以反映果实的外观品质，果实外形可用果形指数来表示，即果实纵径和横径之比。

2）果实的着色。果实的着色因种类、品种而异，由遗传特性决定。同时，色泽的浓淡和分布受环境条件影响较大。决定果实色泽的物质主要有叶绿素、胡萝卜素、花青素以及黄酮素等。随着果实发育，绿色减退，花青素增多，但也有随果实发育接近成熟而果皮内花青素减少的，如菠萝。

3）果实成熟。果实生长发育已达到该品种固有的形状、风味、质地等成熟特征时，称为果实成熟。果熟期长短因植物种类或品种不同而异，榆树、柳类等最短，桑、杏次之。此外，同一种类或品种，果实成熟所需的时间也因地而异。

2.2.4 任务实施

1. 准备工作

1）课前预习相关知识部分。

2）教师准备相关案例，课堂围绕案例进行讲解。

3）班级学生自由组合（每组5~8人）为几个学习小组，各学习小组自行选出小组长。

4）组长召集组员利用课外时间收集资料，讨论实施计划。

5）材料：选取当地有代表性的树木、一年生花卉、多年生花卉各一种。

6）用具：钢卷尺、放大镜、笔、游标卡尺、笔记本等。

1）查阅资料（教材、期刊、网络），比较3种植物的生命周期。

2）以小组为单位观察记载3种植物的萌芽期、展叶期、开花期、结果期、落叶期。

3）分组讨论3种植物的生命周期、物候特点。

4）分别叙述3种植物的枝、叶、花、果等器官生长发育特点。

5）小组代表汇报，其他小组和老师评分。

任务2.3　园林植物的生态习性

2.3.1　任务描述

每一种园林植物都生长在一定的环境中，园林植物与环境之间存在极其密切的相互关系。分析园林植物的生态习性的目的在于揭示园林植物与环境之间的关系，为适地、适用、科学地管理园林植物打好基础。本学习任务是园林植物的生态习性观察，了解园林植物的生态因子，熟悉园林植物的生态型，能够根据园林植物的生态适应性选择园林植物的种类。

2.3.2　任务分析

植物生活的外界条件的总和称为环境。在环境中，包含许多性质不相同的单因子，如气候因子、土壤因子、地形地势因子、生物因子等，这些因子与植物的生长发育关系十分密切，称为生态因子。植物生长离不开环境，环境对植物起着综合的生态作用，植物长期生长在环境中，经过生存竞争而存活下来，与此同时形成了植物对环境的要求及一定程度的适应性，即生态习性。具有相同或相似生态习性的一类植物属于同一生态类型。完成本任务需要掌握的知识点有：温度因子、光因子、水分因子、空气因子、土壤因子和城市环境的概念，各生态因子对园林植物的影响，植物对温度、光照、水分、土壤的生态适应性等。

2.3.3　相关知识

2.3.3.1　温度因子

各种植物的生长发育、生理活动、生化反应都必须在一定的温度条件下才能进行，作为植物的生态因子之一，温度因子的变化对植物的生长发育和栽培分布具有极其重要的影响。

1. 基点温度

在植物生活所需要的温度范围内，不同的温度对植物生命活动所产生的影响是不同的。$0 \sim 35℃$，一般情况下植物生长的速度随着温度的上升而加快，随着温度的降低而减慢，低温可以明显减少植物对水分和矿质养分的吸收。每种植物的生长发育都有"三基点"温度，即最低温度、最适温度和最高温度。

2. 气温

气温的高低对植物的生长发育有着极大的影响，当温度超过植物所能忍耐的限度时，植物就会受到冻害或灼伤。不同植物对极端温度的抗性不一样，一般情况下本地植物的抗性比引种植物的抗性更强些。在植物引种实践中，常见许多南方植物北移后，因不能忍受低温，而受到冻害或冻死；北树南移后，则发生因冬季不够寒冷而引起叶芽很晚萌发和开花不正常现象，或因不适应南方的高温而受到灼伤。

3. 土壤温度

土壤温度对植物的生长发育有很大影响。土壤温度过高会使植物灼伤，过低则产生冻害。土壤温度的高低还影响着土壤气体交换、土壤水分运动及土壤水分的存在状态。土壤温度在一天的不同时间和一年的不同季节是在不断发生变化的。

4. 温度对植物分布的影响

植物对温度的适应能力均有一定范围，植物长期生长在不同的气候带地区，受气候带温度的长期作用，形成了一定的地理分布。根据植物分布区域温度的高低状况，可将植物分为以下几类生态型：

（1）耐寒性植物　这类植物一般能耐 –5℃以下的低温，在我国寒冷地区能在露地越冬而不受冻害，如三色堇、蛇目菊、樟子松、水杉、圆柏、东北红豆杉等。

（2）半耐寒性植物　这类植物一般原产于较暖的温带地区，耐寒力介于耐寒性植物与不耐寒性植物之间，在较寒冷的北方需加防寒措施才可越冬，如金盏菊、紫罗兰、米兰、白兰花、苏铁、含笑等。

（3）不耐寒性植物　这类植物一般原产于热带或亚热带地区，生长期间要求较高的温度，不能忍受 0℃以下的低温，一般在无霜期内生长发育，在秋季有霜期内停止生长发育，过低的温度会导致死亡，如仙客来、天竺葵、花叶万年青、秋海棠、假连翘、榕树等。

（4）耐热性植物　这类植物一般原产于热带地区和沙漠地区，生长期间要求温度在15℃以上，在高达 30℃以上的温度中也可生长，但不能忍受低温。如美洲铁、变叶木、筒凤梨、热带睡莲、蝴蝶兰等。

2.3.3.2 光因子

光是绿色植物进行光合作用的能量来源，没有充足的光照，绿色植物就不能生存，其结果是氧的来源受到抑制，整个食物链被破坏，人类及一切生物的生存受到威胁，从这个意义上讲，光不仅是绿色植物，也是地球生命生存的条件之一。

1. 以光照强度为主导因子的植物的生态类型

根据植物对光照强度的要求，可分为喜光植物、耐阴植物及中性植物三类。

（1）喜光植物　喜光植物在强光的环境中生长健壮，而在荫蔽和弱光的条件下生长不良，喜光植物一般需要全日照的 70%以上。喜光植物一般枝叶稀疏、透光，在自然群落中一般生长在空旷之处或植物群落的上层。如松、杉、杨、刺槐、椰树、木棉，以及多数的一、二年生植物等。

（2）耐阴植物　耐阴植物能忍受荫蔽，在较弱的光照下比在强光下生长更好，在强烈的直射光照下会受到伤害，耐阴植物一般需要全日照的 20%~50%。这类植物一般枝叶浓密，透光度小，在自然群落中一般处于中下层或生长在潮湿背阴处。如蕨类、兰科、天南星科、秋海棠科、红豆杉、铁杉、杜鹃等。

（3）中性植物　中性植物对光照强度的需求介于喜光植物和耐阴植物之间，对光的适应幅度较大，在全日照下生长良好，也能忍受适当的荫蔽。大多数植物属于中性植物，如白兰花、南洋杉、罗汉松、棣棠、珍珠梅、竹柏、群迁子、鸡冠花、菊花、大丽花等。

2. 以日照长度为主导因子的植物的生态类型

一日中的日照长度对植物的休眠、生长、形成层的活动，花芽的形成和开花有重要影响，这种因昼夜长短周期性的变化对植物所产生的影响，称为光周期现象。根据植物对日照长度的不同，可将植物分为长日照植物、短日照植物、中日照植物、中间型植物。

（1）长日照植物　这类植物要求较长时间的光照（每天 14~16h）才能成花，而在较短的日照下便不开花或延迟开花。二年生的花卉及春季开花的多年生花卉多属于此类。

（2）短日照植物　这类植物要求较短时间的光照（每天 8~12h）才能成花，而在较长的光照下便不开花或延迟开花。一年生的花卉及秋季开花的多年生花卉多属于此类。

（3）中日照植物　昼夜长短比例近于相等时才能开花的植物。如大丽花、凤仙花、矮牵牛、扶桑等。

（4）中间型植物　中间型植物对日照长度没有严格要求，只要发育成熟，在各类日照长度下都能开花，如香石竹、月季、马蹄莲等。

2.3.3.3　水分因子

水是植物生存的物质条件，它对植物的形态结构、生长发育、繁殖等具有重要影响，植物体内一般含有 60%以上的水，有的甚至高达 90%。水对植物的影响主要表现在空气湿度与土壤含水量上。根据植物与水分的关系，可将植物分为旱生植物、湿生植物、中生植物、水生植物、气生植物几大生态类型。

1. 旱生植物

这类植物耐旱力较强，能长期忍受空气或土壤的干燥。为了适应干旱环境，这类植物的外部形态及内部结构都发生了适应性的变化，如叶片变小、变厚或退化变成毛状、刺状、针状或角质化，显著减少水分的蒸腾；根系发达，吸水能力很强。如樟子松、侧柏、柽柳、夹竹桃、木麻黄、仙人掌等植物。

2. 湿生植物

湿生植物需生长在潮湿环境中，若在干燥土壤中则生长不良甚至死亡。一般生活于沼泽、河滩低洼地、山谷湿地、林下潮湿地区等陆地上最潮湿的环境中。叶面很大，叶子光滑无毛、角质层薄、无蜡质等，如水松、池杉、落羽杉、蕨类、凤梨科、天南星科等植物。

3. 中生植物

中生植物生长于水分条件适中的土壤中，它们对水分的要求介于旱生植物和湿生植物之间。它们的根系、输导系统、机械组织比湿生植物发达，但又不如旱生植物。大多数园林植物属于此类。

4. 水生植物

水生植物的植物体一般全部或大部浸没在水中，它们一般不脱离水环境。水生植物的所有水下部分都能吸收养料，根系不发达，输导系统衰退。如荷花、睡莲、水葱、萍蓬草等。

5. 气生植物

气生植物也称为附生植物，是指附生于其他植物或土壤少而贫瘠的岩缝中，依靠本身独特的结构从潮湿的空气中吸收水分而生活。这类植物没有坚实的土壤基础，一般存在于较荫蔽且空气湿度较大的地方（空气湿度可达 80%）。如鸟巢蕨、岩姜蕨、星蕨、石槲兰、蝴蝶兰、大花惠兰、独蒜兰等。

2.3.3.4　空气因子

空气是许多气体的混合体，主要含有氮、氧、氩、二氧化碳、水蒸气及少量的氢。另外，随着现代工业的发展，空气中还含有氨、二氧化硫、烟尘等。空气成分的变化对植物的生长发育起直接影响，而植物在生命活动中又起到平衡大气成分和净化大气中污染物的作用。空气中的二氧化碳和氧都是植物光合作用的主要原料和物质条件。

1. 风对植物的生态作用

风是空气流动形成的，风可以改变气温和湿度，又可以增强蒸发，对植物既有利又有害。

（1）有利的生态作用　风可以帮助植物授粉和传播种子。

（2）有害的生态作用　比如强风的危害，沿海城市每年都会因为多次的台风造成大量植物的倾倒、折断等；干燥的风能导致植物枯萎；在寒冷地区，风能加重冻害；风害显著的地区，迎风面的芽和幼枝常会枯死。

2. 大气污染对植物的影响

随着现代工业的发展，工厂排放的有毒气体越来越多，空气污染越来越严重。对植物造成危害的气体主要有二氧化硫、氟化氢、氯气等（表2-1）。

表2-1　各种有毒气体对植物的危害症状

气体名称	危害症状
二氧化硫（SO_2）	叶脉间、叶缘间出现点状或块状伤斑，产生失绿漂白或褪色变黄的条斑，叶脉一般保持绿色。严重时，叶片萎蔫下垂或蜷缩
氟化氢（HF）	叶片先端和边缘呈环带状斑枯，逐渐向内发展，严重时叶片枯焦脱落
氯气（Cl_2）	破坏叶绿素，叶片产生褪色伤斑，严重时全叶漂白脱落，伤斑与健康组织之间无明显界限
光化学烟雾	破坏叶绿素，叶片背面变成银白色、棕色、古铜色或玻璃状，叶片下面出现一条横贯全叶的坏死带，受害严重时会使整片叶变色

2.3.3.5　土壤因子

土壤是植物生长发育的主要基质，它为植物提供空气、水分、矿质营养元素，并对植物起支撑作用。土壤中的水、肥、气、热及酸碱度对植物的生长发育和繁殖起着决定性作用。

1. 以土壤酸度为主导因子的植物的生态类型

（1）酸性土植物　酸性土植物是指在酸性土（pH值 < 6.5）中生长良好，而在碱性土或钙质土中生长不良的植物，如白兰花、杜鹃、山茶、茉莉、栀子花、八仙花、棕榈科、兰科、凤梨科、蕨类等。

（2）碱性土植物　碱性土植物是指在碱性土（pH值 > 7.5）中生长良好的植物，如柽柳、木麻黄类、沙枣、文冠果、丁香、黄刺玫、石竹等。

（3）中性土植物　中性土植物是指在中性土（pH值6.5～7.5）中生长良好的植物，绝大多数植物属于此类。

2. 土壤物理性质与植物的关系

（1）土壤质地　土壤质地是指土壤中粗细不同的土粒所占的比例。可分为砂土、黏土和壤土三种。

1）砂土。砂土含砂粒较多，土质疏松，土粒间隙大，通透性强，排水畅通，但保水性差，土壤容易干燥，不耐旱，土壤温度升降明显，昼夜温差大，有机质含量少，肥力强但肥效短，利于小苗生长，但不利于大苗生长。

2）黏土。黏土颗粒间隙小，通气不良，透水性差，保水性强，含有较丰富的矿质养分，有机质和氮素一般比砂土高，肥效迟缓，肥力稳长。黏土增温降温较慢，昼夜温差小，对幼苗生长不利。

3）壤土。这类土壤的砂粒、粉砂粒和黏粒含量适宜，兼有砂土、黏土的优点。通气透水，蓄水保肥，水、肥、气、热状况比较协调。壤土有机质含量多，土壤温度较稳定，适合各种园林植物生长，是比较理想的土壤质地。

（2）土壤干密度　土壤干密度是指单位体积自然状态的土壤烘干后质量与烘干前体积的比值。土壤干密度的变化主要决定于土壤质地、结构和土壤的松紧情况。砂土的干密度较大，黏土的干密度较小，壤土干密度则介于两者之间。干密度太大的土壤对植物根系的发育不好。

（3）土壤含水量　土壤含水量是指土壤在排去重力水后所能保持的水分含量。当土壤含水量为25%左右时，植物的根系生长不受限制。

（4）土壤孔隙度　土壤孔隙度是指土壤中各种形状和大小的土粒相互重叠，在土粒之间形成的孔隙容积所占的百分数。土壤孔隙的性质决定于土壤质地、有机质含量和土壤结构，不同的园林植物对土壤孔隙有不同的要求。

2.3.3.6　城市环境

城市是人类对自然环境进行改造的产物。城市改变了原有的自然环境，形成了城市居民独特的生活、工作和生产环境，形成了园林植物独特的生存环境。城市园林植物的生存环境与自然界植物主要的不同在于城市的气候条件、土壤和地下条件，以及城市的环境污染。

1. 城市气候和小气候

城市的下垫面多为大量的水泥或沥青铺装的地面和鳞次栉比的建筑，使得城市中的日照和热辐射状况发生了明显的变化，引起空气温度与湿度、气流方向与流速发生相应的变化。这些变化使得城市地区的气候和小气候不同于城市周围地区。

（1）温度差异　城市市区气温总的趋势是略高于郊区，气温日较差比郊区小。城市中的春季来得比郊区早，秋季结束得比郊区迟。在建筑物附近两侧，气温存在明显差异，建筑南侧的气温一般高于北侧，两侧气温一般相差2℃左右。城市中水泥、沥青铺装的路面、广场，以及建筑物墙壁的热容量较小，夏季受强烈的日晒后城市环境增温很快，反射辐射热较高。

（2）空气湿度差异　建筑南北两侧相对湿度的差异在夏季无明显规律，在其他季节通常是南侧高于北侧，一般白天相差3%~5%，夜间相差7%~9%。

（3）风力差异　城市中高低错落的建筑群对阻挡大风有明显的作用，总的说来，市区风速比郊区低。城市内的不同地区，局部风速存在很大差异，在建筑群的楼间狭道，风速可增大数倍，在建筑物的迎风面会形成强劲的回头风。城市建筑物造成的风向、风速的变化会使园林树木偏冠、倾斜或倒伏。

（4）光辐射　城市建筑遮挡了部分太阳辐射，在建筑的不同方位形成了地面遮阴区，直接影响相关区域的日照时间。遮阴范围及遮阴时间受太阳高度角，建筑物的大小、高度、方位等因素的制约。夏至时，正午遮阴区北缘位于楼北相当于建筑高度0.4倍的地方，这时从日出至日落在楼北这一距离范围内受到0~4h不等的遮阴。春分和秋分时，正午阴影北缘位于建筑高度0.9倍的地方，楼北这一范围内在每年的3~9月里，每天至少有4h以上的遮阴，其他时间里在内则全部得不到光照。冬至时，正午遮阴区北缘位于楼高2.2倍的地方。由上所述，室外地面很少有不受影响的地方。在楼房的东、西两侧地面，全年内每天约可获得半天的日照。

对于大多数喜光植物，在建筑北侧日照不足的条件下栽植，生长发育会受到不同程度的影响，表现为萌动期、开花期推迟，提早落叶，枝叶稀疏，开花量减少甚至无花实。

2. 城市土壤

（1）土壤渣化　城市建筑经过多次拆建，废弃的渣土多就地消纳，人们生活和生产中利用能源、物资而产生的废弃物也多就地填垫。城市土壤中混杂着多种渣砾，含量较多的是砖瓦渣、煤球灰渣、石灰渣、砾石。各类渣砾基本不含可供植物吸收的养分，且pH值较本地自然土壤普遍偏高。土壤中渣砾夹杂过多时，就会降低土壤的持水能力，提高pH值，加剧土壤贫瘠化，对植物生长十分不利。

（2）土壤密实度高　在城市环境里由于人流践踏，建筑及市政施工的机械、车辆的碾压，土壤密实度增高。密实度高的土壤硬度大，土壤通气性差，影响植物根系的生长和分布。

（3）土壤贫瘠　土壤中的渣砾基本不含供植物吸收的养分，树木的落叶、残枝当作垃圾清除，枯枝落叶的养分不能回归土壤，导致土壤有机质含量偏低、土壤密实、透气性差、水分不足，从而影响土壤肥力，造成植物生长缓慢，提前衰老。

（4）地面铺装和地下设施　城市内除建筑和绿化用地外，剩余地面多进行铺装。封闭的铺装地面阻碍降水的渗透和气体交换，影响植物生长。地下设施把植物根系生长的空间限制在了狭小的范围内，影响根系的伸展，阻断了土壤毛管水。

3. 城市环境污染

（1）空气污染　城市空气污染主要有粉尘，二氧化硫，机动车尾气中的一氧化碳、氮氧化合物，氯气，氟化氢等。在多种有害气体污染物中，对园林植物产生明显危害的主要是含二氧化硫的烟尘。

（2）土壤污染　人类在进行生产活动和日常生活中，排放和产生一些有害物质，随雨水、喷洒、渗漏、沉降等不同方式进入土壤。当这些有害物质的含量超过土壤的自净能力时，就会造成土壤污染。土壤污染能直接影响植物的生长甚至造成植物死亡。

2.3.4　任务实施

1. 准备工作
1）课前预习相关知识部分。
2）教师准备相关案例，课堂围绕案例进行讲解。
3）班级学生自由组合（每组5~8人）为几个学习小组，各学习小组自行选出小组长。
4）组长召集组员利用课外时间收集资料，讨论实施计划。
5）调查场所：校园、公园、林场、环境监测站等。
6）用具：钢卷尺、放大镜、笔、皮尺、笔记本等。

2. 实施步骤
1）查阅资料（教材、期刊、网络），列出有代表性的植物生态型。
2）以小组为单位野外观察记载：植物对光、温度、水分、空气、土壤等生态因子的适应性，植物对大气污染的指示监测作用。
3）分组讨论。
4）编写调查报告。
5）小组代表汇报，其他小组和老师评分。

任务2.4　园林植物的繁殖

2.4.1　任务描述

苗木是园林植物生长的物质基础，培育壮苗是园林植物栽培生产的重要环节，本学习任务是了解园林植物繁殖的主要方法，掌握播种、扦插、嫁接育苗技术，能够培育园林植物苗木。

2.4.2　任务分析

要保证园林植物繁殖任务的顺利完成，应做好以下几点：

1）种子质量是播种繁殖的关键，应掌握种子的采集与调制、种子的贮藏、种子催芽等技术。

2）扦插、嫁接繁殖方法的选择决定了育苗的效率和质量。

3）苗圃是育苗的保障，整地、作床、施肥、灌溉是培育各类苗木的基础。

4）在园林植物繁殖任务的实施过程中，更重要的是对育苗时期、育苗方式、管理工作的控制，处理和协调在作业过程中出现的问题，注意各工序的相互配合与衔接。

2.4.3 相关知识

2.4.3.1 种子繁殖

种子繁殖又称为有性繁殖，是种子植物特有的、主要的自然繁殖方式。园林植物在营养生长的后期转为生殖期，通过有性过程形成种子，由种子再继续生长发育成为新个体的过程称为种子繁殖。种子繁殖的后代，细胞中含有来自双亲各一半的遗传信息，常会产生新的变异类型，并具有强大的生命力，种子繁殖具有简便、快捷、量大的优点。

1. 种子的采集与调制

（1）种子的采集 种子是由胚珠发育而成的器官，被子植物的种子均包被在厚度不一的果皮内。种子都有种皮和胚两个组成部分，习惯上把具有单粒种子而又不开裂的干果也称为种子。一般来说，种子应在充分成熟后采收。对于一些成熟后容易开裂的植物种类，应在种子成熟时开裂前采收，如蓇葖果类、荚果类、角果类等；对于像长春花之类种子陆续成熟的种类，应分批采收；对于种子不易散落的种类，可以在整个植株完全成熟后采收，晾干后贮藏。

（2）种子的调制 采集的果实常常带翅、带球果，或者多浆不宜贮藏，必须进行干燥、脱粒、净种和分级等调制，才能取得适合运输、贮藏和使用的纯净种子和果实。

2. 种子的贮藏

种子贮藏就是创造种子最适宜的环境条件，使种子处于休眠状态，保持其新陈代谢处于最微弱的程度，并设法消除导致种子变质的一切因素，最大限度地保持种子的生命力，保证种子发芽率，延长种子的寿命，以适应生产的需要。大多数园林植物种子贮藏在温度为0~5℃的密闭容器中，保持干燥的环境。含水量高的种子或休眠期长需要催芽的种子贮藏在湿润、低温而通气的环境中，如银杏、栎树、栗树、核桃、樟树、油桐、椴树、玉兰、七叶树等。

3. 播种前的准备工作

（1）育苗方式 育苗方式又称为作业方式，园林苗圃中的育苗方式分为苗床式育苗和大田式育苗两种。

1）苗床式育苗。苗床式育苗在园林苗圃生产中应用最广，多适用于生长缓慢、需要细心管理的小粒种子以及量少或珍贵树种的播种，如金钱松、油松、侧柏、桉树、杨柳、紫薇、连翘等。苗床式育苗的作床时间应在播种前1~2周，以使作床后疏松的表土沉实。作床前应先选定基线，区划好苗床与步道，然后作床。苗床走向以南北向为好。

2）大田式育苗。大田式育苗采用与农作物育苗相似的作业方式。大田式育苗便于使用机械作业，工作效率高，节省人力，成本低，因此被各苗圃普遍采用。大田式育苗由于株行距大，光照通风条件好，所以苗木质量好，但苗木产量比苗床式育苗略低。

（2）土壤准备

1）整地。播种前，结合施基肥，对播种苗床进行最后的整理。整地时，要求土壤细碎，床面平整。如果墒情不好，还需播前灌溉。对春季降雨少土壤疏松干旱的，还要进行播前镇压。

2）土壤消毒。苗圃地的土壤消毒是一项重要的工作，生产上常用药剂进行土壤消毒。

3）杀虫。一般通过作业措施及化学药剂对土壤进行处理。

（3）圃地施基肥　在土壤耕作前，将基肥均匀地施到地表，再经过耕、耙使肥料混合在耕作层的土壤中，是全层施肥。基肥施放的深度要根据植物的特性和育苗的方式确定，一般控制在苗木根系生长可及的范围之内，以保证苗木根系的吸收。基肥的施用量一般施饼肥 1500～2250kg/hm²，厩肥、堆肥 60000～75000kg/hm²。

（4）种子处理

1）种子消毒。在播种前要对种子进行消毒，一方面消除种子本身携带的病菌；另一方面防止土壤中病虫为害。常用的种子消毒的方法有：紫外光消毒、药剂浸种、药剂拌种等。

2）种子催芽。

① 低温层积催芽。将种子与湿润物质（沙子、泥炭、蛭石等）混合放置，在 0～10℃的低温下解除种子休眠，促进种子萌发的方法，称为低温层积催芽（表2-2）。

表 2-2　部分园林树种种子低温层积催芽天数

树 种	催芽天数/d	树 种	催芽天数/d
银杏、栾树、毛白杨	100～120	山楂、山樱桃	200～240
白蜡、复叶槭、君迁子	20～90	桧柏	180～200
杜梨、女贞、榉树	50～60	椴树、水曲柳、红松	150～180
杜仲、元宝枫	40	山荆子、海棠、花椒	60～90
黑松、落叶松	30～40	山桃、山杏	80

② 混雪催芽。混雪催芽其实也是低温层积催芽，只不过与种子混合的湿润物质是雪，在冬季积雪时间长的地区可以采用。混雪催芽在冬季有积雪的地方是一种简单易行的催芽方法，由于雪水的独特作用，对一些种子效果很好。

③ 水浸催芽。将种子放在水中浸泡，使种子吸水膨胀，软化种皮，解除休眠，促进种子萌发的方法，称为水浸催芽。有冷水、温水和热水浸种法。

④ 药剂催芽。药剂催芽包括化学药剂催芽、植物生长激素浸种催芽、微量元素浸种催芽。

⑤ 机械损伤催芽。对于种皮厚而坚硬的种子，可采用机械损伤催芽的方法擦伤种皮，改变其透水、透气性，从而促进种子萌发。

4. 播种

（1）确定播种时期　从全国来讲一年四季均可播种，但大部分地区一般园林植物的播种常以春秋两季居多。在南方温暖湿润地区，多数园林植物以秋播为主；在北方冬季寒冷地区，多数园林植物以春播为主，但具体时间应根据当地的土壤、气候条件和种子的特性来确定。如果是保护地栽培或营养钵育苗，则全年都可播种，不受季节限制。

（2）播种方式　常见的播种方式有撒播、点播、条播三种。

1）撒播是将种子均匀地播撒在苗床上的播种方式，适用于小粒种子，如杨树、桉树、梧桐、悬铃木等。其优点是产苗量高，缺点是浪费种子，且不便管理。

2）点播是按一定株行距挖穴将种子播在穴内的播种方式，适用于大粒种子或种球，如板栗、银杏、核桃、香雪兰、唐菖蒲等。

3）条播是按一定株行距开沟，然后将种子均匀地播撒在沟内的播种方式，适用于中粒种子，如紫荆、合欢、国槐、五角枫、刺槐等。条播的幅宽为 10 ~ 15cm，行距为 10 ~ 25cm。其优点是用种量少，通风透光，苗木生长好，管理方便。

（3）播种步骤

1）播种前将种子按单位面积的用量进行分开，用人工或播种机进行播种。撒播时，为使播种均匀，可分数次播种，要近地面操作，以免种子被风吹走，若种粒很小，可提前用细砂或细土与种子混合后再播；条播或点播时，要先在苗床上拉线开沟或划行，开沟深度根据土壤性质和种子大小确定，开沟后应立即播种，以免风吹日晒使土壤干燥。

2）播种后应立即覆土，覆土厚度根据种子大小、土质、气候确定，一般覆土深度为种子直径的 2 ~ 3 倍。

3）播种覆土后应及时镇压，将床面压实，使种子与土壤紧密结合，便于种子从土壤中吸收水分而发芽。

5. 育苗地管理

（1）覆盖　播种后一般需要覆盖。覆盖材料可以就地取材，一般用稻草、麦秆、茅草、苇帘、松针、锯末、谷壳、苔藓等。覆盖材料不要带有杂草种子和病原菌，覆盖厚度以不见地面为准。覆盖材料要固定在苗床上，防止被风吹走、吹散。也可用地膜覆盖或使用土面增温剂。

（2）撤除覆盖物　种子发芽后，要及时揭去覆盖物。有 60% ~ 70% 的种子在子叶展开后应将覆盖物揭去，以免幼苗徒长。同时，仍然要保持基质的湿度，从而使未发芽的部分种子的子叶从种壳中成功伸出。撤除覆盖物最好在多云、阴天或傍晚时候。对有些植物，覆盖物也可分几次逐步撤除。覆盖物撤除不能太晚，否则会影响苗木受光，使幼苗徒长、长势减弱。撤除覆盖物时不要损伤幼苗。在条播地上可先将覆盖物移至行间，直到幼苗生长健壮后再全部撤除。但对已经细碎的覆盖物，则无须撤除。

（3）遮阴　植物幼苗组织幼嫩，对地表高温和阳光直射抵抗能力很弱，容易造成日灼，导致幼苗受害，需要采取遮阴措施。遮阴的同时可以减慢土壤水分蒸发，保持土壤湿度。遮阴的方法有很多，主要是苗床上方搭遮阴棚，也可用插枝的方法遮阴。

（4）松土除草　灌溉等原因引起土壤板结和圃地有杂草的情况下，需要进行松土除草。幼苗出齐后即可进行松土除草。一般松土与除草结合进行。

（5）灌溉

1）一般在播种前灌足底水，将圃地浇透，使种子能够吸收足够的水分，促进发芽。播种后灌溉易引起土壤板结，使地温降低，影响种子发芽。在土壤墒情足以满足种子发芽时，播种后出苗前可不进行灌溉。

2）为促进苗木的生长一般采用苗期灌溉。

（6）间苗与定苗　间苗是调节光照、通风和提高营养面积的重要手段，与苗木质量、合格苗产量密切相关。

1）间苗的原则是"适时间苗，留优去劣，分布均匀，合理定苗"。间苗宜早不宜迟，间苗早，苗木之间相互影响较小。

2）间苗宜分次进行，一般为两次。

（7）苗期追肥　追肥是在苗木生长期间施用的肥料。一般情况下，苗期追肥的施用量应占总追肥量的 40%，且苗期追肥应本着"根找肥，肥不见根"的原则施用。

（8）苗木防寒　在冬季寒冷的地区，对苗木特别是抗寒能力差的苗木危害很大，为保证其免受冻害，必须采取有效的防寒措施。

（9）病虫害防治　苗木发生立枯病、根腐病时，可喷洒敌克松或波尔多液、甲基托布津等药物进行防治。防治食叶、食芽害虫时，可喷洒敌敌畏、敌百虫等药剂。

2.4.3.2　扦插繁殖

扦插繁殖是指从母株上切下一部分营养器官如根、茎、叶，插入基质中，使之生根，最后成为一个完整植株。扦插繁殖是植物无性繁殖的重要手段之一，通常包括茎（枝）插、根插和叶插。扦插繁殖是目前园林植物繁殖时最常用的方法。扦插繁殖的优点是能保持母本的遗传性状，材料来源广泛，成本低，成苗快，开花结实早；缺点是扦插苗根系浅而差，寿命较短。

1. 插穗采集及制穗

（1）插穗的来源　插穗的来源对插穗生根影响很大。以健壮的一年生实生苗的干茎做插穗成活率很高，因此培育好的插穗是提高扦插成活率的基础。一般选择生长健壮、干直、无病虫害的枝条制作插穗。

（2）采穗时间　采用落叶树种的硬枝扦插时，采穗时间应在树木落叶后，至翌年树液流动前。这段时间枝条内的营养物质含量达到最高，插穗容易生根。常绿树种的春季扦插，一般在芽萌动前采穗较好。植物生长季的嫩枝扦插，应随采随插，避免放置时间过长，使插穗失水影响成活。一般应在早上或晚上采穗，应避免在中午阳光强烈时采穗。

（3）插穗的截取及贮藏　截取插穗在原则上要保证上部第一个芽发育良好，组织充实。插穗长度一般为15～20cm，剪口要平滑，以利于愈合。树木落叶后采集的插穗，不立即扦插时，可贮藏在地窖中，地面铺5～10cm的湿沙，将捆扎好的插穗直立码放在沙了上，码一层插穗铺一层沙，最后一层用沙覆盖。

2. 扦插的方法

（1）生长季扦插　生长季扦插的种类有嫩枝扦插、叶插。这类扦插一般在温室、荫棚等地方采用专门的扦插苗床进行，可以使用电子控温、控湿苗床。扦插时应根据不同植物的具体要求调节温度、湿度。

1）嫩枝扦插适用于多种乔灌木。在生长季，采集未木质化或半木质化的嫩枝。采下的枝条注意保持新鲜湿润状态，置阴凉处防止失水，最好随采随插。枝条长度和扦插深度根据树种、基质和气象条件确定，插穗应有3～4个芽，插穗长度一般为15～20cm，要保留少量叶片。扦插深度一般为8～10cm。嫩枝扦插要定时给苗床喷水，生产上常采用全光喷雾方法来保持扦插基质和周围空气的湿度。

2）叶插多用于草本花卉的繁殖。如秋海棠进行叶插时，可取成熟的叶片将主叶脉割伤，将叶片平放并固定在基质上，保持基质和空气湿润。

（2）休眠期扦插　休眠期扦插一般采用硬枝扦插。硬枝扦插大多在春季进行，一般在大田用高垄或平床扦插，适用于容易生根的植物。在苗床上进行硬枝扦插时，可搭塑料小棚，以保证温度和湿度，插穗生根后可撤掉小棚。难以生根的植物，为了提高成活率，可在温室扦插。

1）用仅含有一个芽的短枝作插穗扦插称为短枝插或单芽插，通常插穗长度不足10cm。此方法多用于扦插极易成活、插穗缺少又急需大量苗木时。由于插穗短，含营养物质及水分少，扦插后要加强管理，注意喷水，要保持湿度。短枝插在温室内操作效果较好。

2）根插多在早春进行，根部有再生不定芽能力的植物都可以采用根插，如山楂、紫藤、玫瑰、凌霄等。把根切成 10～20cm 长的根段，按行株距摆放在苗床中，埋土，灌水保湿，插穗即可生根发芽。

3. 促进插穗生根的措施

园林植物的扦插繁殖，有的很容易生根，有的较难生根。要提高扦插繁殖的成活率，常对插穗采取一定的措施。

（1）损伤处理　对将要作插穗的枝条进行环剥、环割、刻伤等处理，目的是阻碍营养物质向下运输，将营养物质积累在伤口部位，将此部位作插穗的基部，插穗易于生根。

（2）浸泡法　一些植物的插穗较难生根，是由于该植物含有的抑制物质在起作用，特别是在组织受伤时会产生更多的抑制物质。用水浸泡插穗，可以溶解或稀释抑制物质，使插穗易于生根。

（3）软化法　软化法又称为黄化处理，采穗前 2～3 周，用不透明的纸袋或塑料将枝条包裹进行遮光处理，使枝条内营养物质发生变化，且根的生长发育需要暗环境，因此促进了根原始体的形成。

（4）生长激素　把插穗基部蘸或浸泡一定浓度的生长激素，可提高成活率。常用的生长激素有 ABT 生根粉、萘乙酸（NAA）、吲哚乙酸（IAA）、吲哚丁酸（IBA）、赤霉素（GA）等。

（5）化学药剂处理　用化学药剂处理插穗，可增强插穗的新陈代谢，促进插穗生根。常用的化学药剂有蔗糖、高锰酸钾、二氧化锰、磷酸等。

4. 扦插后的抚育管理

（1）灌溉与遮阴　一般插穗要求有 50%～60% 的土壤含水量及 80%～90% 的空气相对湿度。扦插后要及时灌溉，注意遮蔽，发根后逐渐通风透光，减少灌水，增多日照。

（2）中耕除草　插穗未生根以前，一般不进行中耕除草，以免影响生根成活。阔叶树的地上部分长到 10cm 左右时可进行中耕。生长季可中耕除草 2～3 次，具体次数应根据苗木生长和土壤及灌溉情况确定。

（3）病虫害防治　扦插苗由于生长旺盛，与播种苗相比，较少感染病虫害。当发现病虫害时要及时防治。

2.4.3.3　嫁接繁殖

嫁接繁殖是指把优良母本的枝条或芽嫁接到遗传特性不同的另一植株（砧木）上，使其愈合生长成为一株苗木。供嫁接用的枝或芽称为接穗，而承受接穗的植株称为砧木，用嫁接方法繁殖所得的苗木称为嫁接苗。

1. 嫁接时期

（1）生长期嫁接　生长期嫁接也称为夏接，以芽接为主，原因是夏季 7～8 月树液流动旺盛，枝条腋芽发育充实饱满，而砧木树皮易剥离，有利于芽接。

（2）休眠期嫁接　休眠期嫁接可分为春接和秋接。春接一般在春季芽萌动前 2～3 周，即 2 月中下旬至 3 月中上旬，此时砧木的根部及形成层开始活动，而接穗的芽即将开始活动，因此嫁接成活率较高。秋接一般在 10 月上旬到 12 月初，此时芽已处于休眠状态，嫁接后接穗与砧木先愈合，到第二年春接穗再抽枝，成活率也较高。

2. 嫁接方法

（1）枝接　用枝条作接穗进行的嫁接叫枝接。枝接是嫁接的主要方法，其特点是成活率高，苗木生长快，苗木健壮整齐，当年即可成苗。枝接的方法一般有切接法、劈接法、插皮接法、腹接法、靠接法和髓心形成层对接法。

1）切接法（图2-1）。切接法适用于直径1~2cm的砧木，是枝接中较常用的方法。将砧木在距地面3~5cm处剪断，削平切面，在砧木一侧用刀垂直下切，深2~3cm；将带有2~3个完整芽的接穗斜切一刀，长度为2~3cm，下端背面切成一小斜面；将削好的接穗插入砧木的切口，使砧、穗的形成层对准，削面紧密结合，用马蔺或塑料带等捆扎严实，用泥将切口封严，再用土埋至不露接穗，保持湿润。

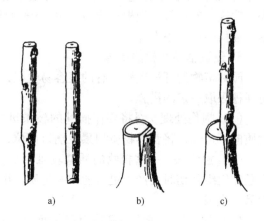

图2-1 切接法
a）削接穗 b）切砧木 c）砧、穗接合

2）劈接法（又称为割接法，图2-2）。劈接法适用于大部分落叶树种。砧木粗大而接穗细小，也适合采用劈接法。砧木在距地面5cm处切断，在其横切面上中央垂直下切一刀，刀要锋利而略厚些，劈开砧木后的切口要有2~3cm长。接穗削成楔形，切口长2~3cm，将接穗插于砧木中，插入后使双方形成层密接。砧木较粗时，可只对准一边形成层或在砧木劈口左右侧各接一穗，也可在粗大砧木上交叉劈2刀，接上4个接穗，成活后选留发育良好的一枝。接好后用嫁接膜或麻绳绑缚。山茶、松树一类嫩枝采用劈接法时可套袋保湿（嫩枝多用劈接法）。其他操作要领与切接法基本相同。

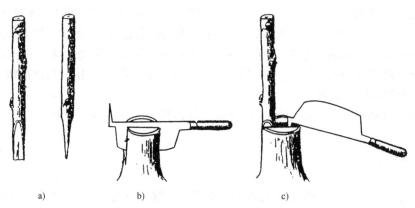

图2-2 劈接法
a）削接穗 b）劈砧木 c）插入接穗

3）插皮接法（图2-3）。插皮接法是枝接中最易掌握，成活率最高的方法。要求砧木的粗度在1.5cm以上，砧木在距地面5cm处截断，接穗削成长达3.5cm的斜面，厚度为0.3~0.5cm，背面削一小斜面，将大的斜面面向木质部插入砧木的皮层中，然后绑扎。若皮层过紧，可在接穗插入前先纵切一刀，将接穗插入中央。

4）腹接法（图2-4）。腹接法是在砧木腹部进行枝接，砧木不去头，待嫁接成活后再剪除上部枝条。一般在砧木侧面的根际处嫁接，多在4~9月间进行。腹接法适用于五针松、锦松的嫁接繁殖，杜鹃、山茶、针柏、龙柏、翠柏也可采用。腹接法的具体方法很多，在花木生产中以普通腹接、撕皮腹接和单芽腹接应用最多。

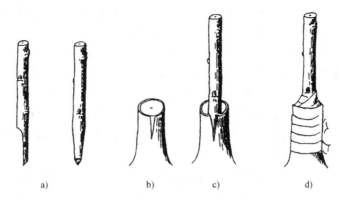

图 2-3　插皮接法

a) 削接穗　b) 切砧木　c) 插入接穗　d) 绑扎

5) 靠接法（图 2-5）。此法主要用于其他嫁接方法难以成活的树种。嫁接前，要提前调整两植株的距离和高度，嫁接过程中大多将准备嫁接的植株两方或一方植入花盆中。选粗细相近的砧穗，接口的切削长度相同，使砧穗的形成层对准（如粗细不一致时，要对准一面），最后捆扎。待嫁接成活后，将砧木由接口上端剪去，把接穗由接口下部剪断，成为一个新的植株。

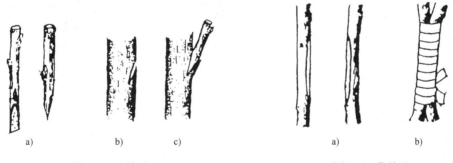

图 2-4　腹接法

a) 削接穗　b) 切砧木　c) 插接穗

图 2-5　靠接法

a) 砧穗削面　b) 接合后绑严

6) 髓心形成层对接法（图 2-6）。此法多用于针叶树种的嫁接。以砧木的芽开始膨胀时

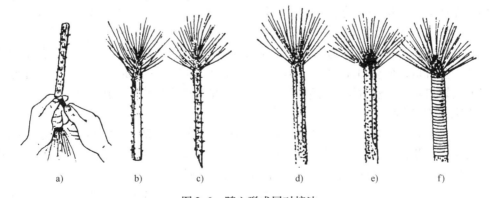

图 2-6　髓心形成层对接法

a) 削接穗　b) 接穗正面　c) 接穗侧面　d) 切砧木　e) 砧、穗贴合　f) 绑扎

嫁接最好，也可在秋季新梢充分木质化时进行嫁接。削接穗时，剪取带顶芽的长 8～10cm 的一年生枝作接穗。除保留顶芽以下十余束针叶和 2～3 个轮生芽以外，其余针叶全部摘除。然后从保留的针叶最下方 1cm 左右处开始开刀，逐渐向下通过髓心平直切削成一削面，削面长 6cm 左右，再将接穗背面斜削一小斜面。利用中干顶端的一年生枝作砧木，在略粗于接穗的部位摘掉针叶，摘去针叶部分的长度略长于接穗削面。然后从上向下沿形成层或沿略带木质部处切削，削面长、宽皆同接穗削面，下端斜切一刀，去掉切开的砧木皮层，斜切长度同接穗小斜面相当。将接穗的长削面向里，使接穗与砧木之间的形成层对齐，小削面插入砧木面的切口，最后用塑料薄膜条绑扎严密。

（2）芽接　用芽作接穗进行的嫁接称为芽接。芽接的优点是节省接穗，一个芽就能繁殖成一个新植株；对砧木粗度要求不高，一年生砧木就能嫁接；技术容易掌握，效果好，成活率高，可以迅速培育出大量苗木。根据取芽的形状和结合方式不同，芽接的具体方法有嵌芽接、丁字形芽接、方块芽接、环状芽接等，下面介绍前两种方法。

1）嵌芽接（又叫带木质部芽接，图 2-7）。采用这种方法嫁接结合牢固，有利于嫁接苗生长，在生产中广泛应用。切削芽片时，自上而下切取，在芽的上部 1～1.5cm 处稍带木质部往下切一刀，再在芽的下部 1.5cm 处横向斜切一刀，即可取下芽片，一般芽片长 2～3cm，宽度不等，根据接穗粗度确定。砧木的切法是在选好的部位自上而下稍带木质部削一与芽片长宽均相等的切面。将此切开的稍带木质部的上部树皮切去，下部树皮留 0.5cm 左右。接着将芽片插入切口使两者形成层对齐，再将留下部分贴到芽片上，用塑料带绑扎好即可。

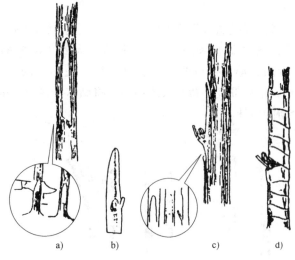

图 2-7　嵌芽接
a）取芽片　b）芽片形状　c）插入芽片　d）绑扎

2）丁字形芽接（图 2-8）。丁字形芽接又叫盾状芽接、"T"字形芽接，是育苗中芽接常用的方法。砧木一般选用一、二年生的小苗。采当年生新鲜枝条作接穗，立即去掉叶片，留叶柄。先从芽上方 0.5cm 处横切一刀，刀口长 0.8～1cm，深达木质部，再从芽下方 1cm 处连同木质部向上切削到横切口处取下芽，芽片一般不带木质部，芽居芽片正中或稍偏上一点。砧木在距地面 5cm 左右，选取光滑部位横切一刀，深度以切断皮层为准，然后从横切口中央切一垂直口，使切口呈 "T" 形。把芽片放入切口，往下插入，使芽片上边与 "T"形切口的横切口对齐。然后用塑料带把切口包严，注意将芽和叶柄留在外面。

3. 嫁接苗的管理

（1）检查成活率、解除绑缚物及补接　枝接一般在接后 20～30d 可进行成活率检查。成活后接穗上的芽新鲜、饱满，甚至已经萌发生长；未成活则接穗干枯或变黑腐烂。芽接一般在接后 7～14d 即可进行成活率检查，成活的叶柄一触即掉，芽体与芽呈新鲜养成状态；未成活则芽片干枯变黑。在检查时如发现绑缚物太紧，要松绑或解除绑缚物，以免影响接穗的发育和生长。一般当芽长到 2～3cm 时，即可全部解除绑缚物，生长快的植物，枝接最好在新梢长到 20～30cm 长时解绑。如果过早解除绑缚物，接口仍有被风吹干的可能。嫁接未

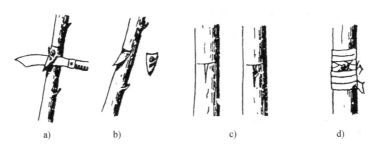

图 2-8　丁字形芽接

a）削取芽片　b）芽片形状　c）切砧木　d）插入芽片和包扎

成活时，应在其上或其下进行错位补接。

（2）剪砧、抹芽、除蘖　嫁接成活后，凡在接口上方仍有砧木枝条的，要及时将接口上方的砧木部分剪去，以促进接穗生长。可采取一次剪砧，即在嫁接成活后，春季开始生长前，将砧木自接口上方剪去，剪口在接芽上方 0.5～1cm 处，剪口面向芽的反侧并略倾斜。嫁接成活后，砧木常萌发许多蘖芽，要及时抹除，以免与接穗争夺水分和养分。除蘖应反复进行多次。

2.4.4　任务实施

2.4.4.1　播种育苗

1. 工作准备

1）材料、用具准备如下：

①材料：种子、肥料、农药、地膜、遮阴网等。

②用具：铁锹、锄头、水桶、喷水壶等。

2）土壤准备如下：

①整地作床。

②土壤消毒。

③杀虫。

3）圃地施基肥。

4）种子处理如下：

①种子消毒。

②种子催芽。

2. 播种步骤

1）将种子按单位面积的用量分开。

2）播种后立即覆土。

3）播种覆土后及时镇压。

4）管理。覆盖、撤除覆盖物、遮阴、松土除草、灌溉、间苗与定苗、苗木防寒、病虫害防治。

2.4.4.2　扦插育苗

1. 工作准备

（1）材料、用具准备

1）材料：插穗，插穗处理用药剂、杀菌剂等。

2）用具：修枝剪、喷壶、利刀、遮阴网等。

（2）插床准备　按要求准备好插床。

2. 扦插步骤

1）截取插穗。

2）扦插。

3）管理。灌溉与遮阴、中耕除草、病虫害防治。

2.4.4.3　嫁接育苗

1. 工作准备

（1）材料、用具准备

1）材料：接穗、供嫁接用的砧木苗或树木等。

2）用具：修枝剪、嫁接刀、嫁接膜（塑料条）等。

（2）砧木准备　按播种苗要求培育好砧木苗。

（3）选择嫁接季节　根据实习基地条件选择适宜的嫁接季节，重点操练切接法、劈接法、靠接法等方法。

2. 嫁接步骤

（1）切砧木　切口大小与接穗削面相当。

（2）削接穗　削面要光滑，长度适当，动作要快。

（3）接入　砧木与接穗的形成层对齐。

（4）绑扎　封严接口，松紧适度。

（5）管理　检查成活率、解除绑缚物、补接、剪砧、抹芽、除蘖。

2.4.5　拓展知识

2.4.5.1　压条繁殖、埋条繁殖、分株繁殖

1. 压条繁殖

压条繁殖是指将未脱离母株的枝条压入土壤中，待其生根后再把它从母体上切断，成为一株独立的新植株。此法多用于观赏树，如桂花、雪松、玉兰、白兰花、桧柏等。压条幼苗所需的水分、养分都由母体供应，而埋入土中部分又有黄化作用，故生根可靠，且成苗快。对插条不易生根的植物，采用此法育苗效果较好。

2. 埋条繁殖

埋条繁殖是指将整个枝条或带根的苗木横埋入土中，使其生根成苗，是扦插育苗的一种特殊形式。对于某些插条不易生根的树种，如毛白杨、泡桐等，用埋条繁殖效果良好。埋条繁殖生根的原理与插条繁殖相同，只是埋条繁殖所用枝条较长，所含营养物质较多，有利于生根和生长，且一处生根则全条成活，能同时生长出几株苗木。

3. 分株繁殖

对于丛生、萌蘖性强的灌木和宿根、球根类园林植物进行分离栽植以繁殖新个体的方法，统称为分株繁殖。此法适用于牡丹、棕竹、玫瑰、芍药、秋菊、宿根福禄考等，方法简单易行，成活率高。

2.4.5.2　其他育苗技术

1. 穴盘育苗

穴盘育苗广泛应用于花卉育苗，是指用一种有很多小孔的育苗盘（也称为穴盘），在小孔中盛装泥炭和蛭石等混合基质，然后在其中播种育苗，一孔育一苗，也称为普乐格育苗

技术。

2. 全光喷雾扦插育苗

全光喷雾扦插育苗是指在自然光照条件下，不加任何遮阳设施，在苗床上安装自动喷雾设备，使其按需要自动喷雾，可以降低空气温度，保持叶面湿度，既能保持插穗体内水分平衡，又能保证叶面进行光合作用。采用这种育苗方式较好地解决了光照与湿度的矛盾，显著提高了扦插成活率，加快了苗木生长，缩短了育苗周期，已被广泛使用。

3. 组织培养育苗

组织培养育苗简称组培，是在无菌环境和人工控制的条件下，将植物的器官、组织和细胞进行离体培养，使其形成完整植株，从而达到快速繁殖和脱毒的目的。

4. 工厂化育苗

工厂化育苗是在人为控制环境的条件下，运用规范化的技术措施，采取工厂化管理手段，实现育苗操作机械化、生产过程自动化、工艺流程程序化，可进行大批量优质种苗生产。

任务2.5 苗木调查与出圃

2.5.1 任务描述

培育的各类苗木达到绿化要求的质量标准后，即可出圃。出圃前要进行苗木调查，掌握苗木的产量和质量。本学习任务是苗木调查与出圃，了解苗木的质量标准，熟悉苗木调查方法，会统计苗木数量，掌握出圃苗木的规格要求，能够对苗木进行分级，会起苗、捆扎、包装、假植操作。

2.5.2 任务分析

保证苗木调查与出圃任务的顺利完成，要做好以下几点：

1）苗木调查方法的选择决定了调查的效率和质量。

2）苗木的质量是绿化的保障。

3）苗木的质量标准是苗木分级的依据。

4）苗木出圃的一系列工作直接影响着苗木的产量和质量，要特别注意各工序的相互配合与衔接。任何时候都不得将苗根风吹日晒，并且要做到起苗、修剪、分级、统计、包装（或及时假植和贮藏）同时顺序进行。

2.5.3 相关知识

2.5.3.1 苗木调查

苗木调查通常在苗木停止生长后至出圃前进行。按植物种类、育苗方式、苗木种类和苗木年龄分别进行。苗木调查的方法有标准行法、标准地法、计数统计法等。

1. 标准行法

（1）抽标准行（垄）　在育苗区内，采用随机抽样办法，每隔几行抽取一行。隔的行数根据苗木的面积确定，面积小的隔的行数少一些，面积大的隔的行数多一些，一般是5的倍数。

（2）抽标准段　在抽出的标准行的基础上，每隔一定距离抽取一定长度的标准段。一般标准段的长度为1m或2m，大苗可长一些，样本数量要符合统计抽样要求。

（3）统计、测量 在标准段中统计苗木的数量，测量每株苗木的苗高和地径（大苗测量胸径），记录在苗木调查统计表中。

（4）计算 根据标准段计算每米平均的苗木数量。统计所有标准段的每株苗木的苗高和地径，给出规格范围，统计各种规格的数量。最后推算出每公顷和整个育苗区苗木的数量及各种规格苗木的数量。

2. 标准地法

标准地法与标准行法相比较，其统计方法、步骤相似，本方法适用于苗床育苗，以面积为标准计算。以1m×1m为标准样方，在育苗地上抽取若干个样方，样方数量符合统计要求，数量越多则结果越准确。统计每个样方上的苗木数量，测量每株苗木的高度和地径，记录在苗木调查统计表中。根据标准地法的统计方法，计算出每公顷和整个育苗区的苗木数量及各种规格苗木的数量。

3. 计数统计法

计数统计法又称为逐一统计法，适用于珍贵苗木和数量比较少的苗木。统计时应逐一统计，测量高度、地径和冠幅，填入苗木调查统计表中，根据规格要求分级。根据育苗地的面积，计算出单位面积产苗量和各种规格苗木的数量。

2.5.3.2 苗木质量

1. 苗木质量要求

苗木质量是指苗木的生长发育能力和对环境的适应能力，以及由此产生的在同一年龄、相同培养方式、相同培育条件下的较大生物量和美观的树姿树形。质量好的苗木应有以下特点：

（1）苗木生长健壮 株形美观，结构合理，苗高、胸径（或地径）等符合绿化要求。

（2）根系发育良好 主根短而直，侧根、须根多，绿化栽培易成活。

（3）苗木茎根比小、高径比适宜、重量大 茎根比小，反映出根系较大，一般表明苗木生长健壮。高径比反映苗木高度与苗木粗度之间的关系，高径比适宜的苗木，生长匀称、干形好、质量好。重量反映苗木的生物量，同样条件下生长的苗木，生物量大的，表明苗木质量好。

（4）无病虫害，无损伤 顶端优势明显的树种，如针叶树，顶梢顶芽不能损伤。有的树种的苗木树梢、顶芽一旦受损，不能形成良好的完整的树冠，影响绿化效果。

2. 苗木出圃的规格要求

苗木出圃的规格根据绿化任务确定，北京市园林绿化局园林苗木出圃的规格见表2-3，各地可参照制定相应的标准。

表2-3 苗木出圃的规格标准

苗木类别	代表树种	出圃苗木的最低标准	备注
大中型落叶乔木	合欢、槐树、毛白杨、元宝枫	要求树形良好，干直立，胸径在3cm以上（行道树在4cm以上），分枝点在2~3m以上	干径每增加0.5cm提高一个规格等级
常绿乔木	雪松、杉、圆柏、桂花、广玉兰、深山含笑	要求树形良好，主枝顶芽苗壮、明显，保持各树种特有的冠形，苗干下部枝叶无脱落现象。胸径在5cm以上，苗木高度在1.5m以上	高度每增加50cm提高一个规格等级

苗木类别		代表树种	出圃苗木的最低标准	备 注
有主干的果树，单干式灌木，小型落叶乔木		苹果、柿树、榆叶梅、紫叶李、碧桃、西府海棠	要求主干上端树冠丰满，地径在 2.5cm 以上	地径每增加 0.5cm 提高一个规格等级
多干式灌木	大型灌木类	丁香、黄刺玫、珍珠梅	要求地径分枝处有 3 个以上的分布均匀的主枝，出圃高度在 80cm 以上	高度每增加 30cm 提高一个规格等级
	中型灌木类	紫薇、木香、玫瑰、棣棠	要求地径分枝处有 3 个以上的分布均匀的主枝，出圃高度在 50cm 以上	高度每增加 20cm 提高一个规格等级
	小型灌木类	月季、郁李、小檗	要求地径分枝处有 3 个以上的分布均匀的主枝，出圃高度在 30cm 以上	高度每增加 10cm 提高一个规格等级
绿篱苗木		黄杨、侧柏	要求树势旺盛、全球成丛、基部丰满，灌丛直径在 20cm 以上，高在 50cm 以上	高度每增加 20cm 提高一个规格等级
攀缘类苗木		地锦、凌霄、葡萄	要求生长旺盛，枝蔓发育充实、腹芽饱满、根系发达，每株苗木必须带有 2~3 个主蔓	以苗龄为出圃标准，每增加一年提高一级
人工造型苗木		黄杨球、龙柏球	出圃规格不统一，应按不同要求和不同使用目的确定	—

2.5.3.3 苗木出圃

苗木出圃的内容包括：起苗、苗木分级、统计苗木数量和苗木包装等。

1. 起苗

（1）起苗季节 起苗季节原则上是苗木的休眠期，生产上常分为秋季起苗和春季起苗，但常绿树若在雨季栽植时，也可在雨季起苗。

1）秋季起苗。秋季起苗，苗木地上部分生长虽已停止，但起苗移栽后根系还可以生长一段时间。若随起随栽，则翌年春季就能较早开始生长，且利于秋耕制，能减轻春季的工作量。

2）春季起苗。大多数苗木的起苗一般在早春进行，起苗后立即移栽，成活率较高。常绿树种及根系含水量较高不适于长期假植的树种，如泡桐、枫杨等可在春季起苗。

（2）起苗规格 苗木根系的规格是苗木质量等级的重要指标，直接影响苗木栽后的成活率及苗木的生长。因此，应确定合理的起苗规格。规格过大，会导致工时过多，挖掘、搬运困难；规格过小，会伤到根系，影响苗木的质量。起苗规格主要根据苗高或苗木胸径来确定。

（3）起苗方法 起苗要达到一定的深度，要求少伤侧根、须根，保持比较完整的根系和不折断苗干，不伤顶芽。一般针叶树、阔叶树的起苗深度为 20~30cm，扦插苗为 25~30cm。为防止风吹日晒，将起出的苗木根部加以覆盖或作临时假植。

2. 苗木分级

参照《主要造林树种苗木质量分级》（GB 6000—1999），以地径为主要指标，苗高为次要指标，根系作为参考，将苗木分为三级：Ⅰ级苗为发育良好的苗木；Ⅱ级苗为基本上可出圃的苗木；Ⅲ级苗为不能出圃的弱苗，应留圃继续培养一段时间，达到一定规格后方可出圃。另外，无继续培养价值的弱小苗为废苗，不宜出圃。Ⅰ级、Ⅱ级苗是合格苗，可以出圃。

3. 统计苗木数量

分级之后即将苗木加以统计并算出总数，苗木产量包括Ⅰ、Ⅱ、Ⅲ级苗木数量的总和。没有达到出圃规格，又无继续培养价值的弱小苗不计入苗木的产量。

4. 苗木包装

苗木分级以后，通常是按级别以 25 株、50 株、100 株为基数进行捆扎、包装。包装是苗木出圃的重要环节，据有关试验结果表明，许多一年生播种苗于春季在阳光下晒 60min 后，绝大多数苗木死亡，而且经过日晒的苗木即使成活后再生长也会受影响。由此可见，苗木运输时间较长时，要进行细致的包装。

2.5.4　任务实施

1. 工作准备

（1）材料准备　针叶树、阔叶树的各种苗木。稻草（或麦秸）、草绳、蒲席（或草帘）、筐篓、塑料袋、塑料薄膜、标签（或木牌）等。

（2）工具准备　起苗犁、起苗锄、锹、钢卷尺、量径卡尺、修枝剪等。

（3）调查方法的确定　调查方法在一定程度上影响着调查结果的准确性，故必须根据绿化工程、苗圃面积、育苗方式来确定苗木的调查方法。

2. 操作步骤

1）苗木调查。将测量得到的高度、地径和冠幅数据填入苗木调查统计表中，根据规格要求分级。根据育苗地的面积，计算出单位面积产苗量和各种规格苗木的数量。

2）起苗。采用人工起苗或机械起苗。

3）分级和统计。

4）包装。

5）假植和贮藏。

项目小结

本项目包括 5 大任务，主要介绍了园林植物的分类、园林植物的生长发育规律、园林植物的生态习性、园林植物的繁殖及苗木调查与出圃。本项目内容见下表。

任　　务	基 本 内 容	基 本 概 念	基 本 技 能
2.1　园林植物的分类	根据生活型分类、根据气候型分类、根据园林用途分类	草本园林植物、木本园林植物、宿根、球根	能识别主要园林植物
2.2　园林植物的生长发育规律	园林植物的生命周期、园林植物的年周期、园林植物各器官生长发育分析	生命周期、年周期、物候、根系、须根、干性、层性、花芽分化、开花	能够观察物候

任　　务	基本内容	基本概念	基本技能
2.3　园林植物的生态习性	温度因子、光因子、水分因子、空气因子、土壤因子、城市环境	生态因子、生态习性、耐寒植物、长日照植物、短日照植物、湿生植物、土壤干密度、土壤孔隙度	能够根据园林植物的生态习性选择园林植物的种类
2.4　园林植物的繁殖	种子繁殖、扦插繁殖、嫁接繁殖	苗床、低温层积催芽、种子休眠、种子消毒、扦插、嫁接、压条、埋条、分株、穴盘育苗、组织培养育苗	会播种、扦插、嫁接
2.5　苗木调查与出圃	苗木调查、苗木质量、苗木出圃	标准行法、标准地法、苗木分级	能够进行苗木调查

 思考题

1. 什么是园林植物的生命周期？实生树种的生命周期一般分为哪几个阶段？
2. 什么是园林植物的物候？
3. 园林植物花芽分化的类型有哪几种？
4. 苗木的繁殖方法有哪些？
5. 播种育苗应做好哪些准备工作？
6. 种子催芽的方法有哪些？
7. 营养繁殖常用的方法有哪些？
8. 常用的扦插方法有哪几种？
9. 举例说明芽接的技术要点。
10. 举例说明枝接的技术要点。
11. 苗木出圃前要进行哪些调查？调查的方法有哪些？
12. 影响园林植物生长发育的生态因子有哪些？

 测试题

1. 名词解释
（1）生命周期
（2）年周期
（3）生态因子
（4）生态习性

2. 填空题
（1）苗床式育苗分为_____、_____。
（2）播种方式有_____、_____、_____。
（3）根据嫁接接穗的不同可将嫁接分为_____、_____。
（4）苗木调查的方法有_____和_____。
（5）基点温度是指植物生长的_____温度、_____温度、_____温度。

项目3

小区绿化常用植物

任务 3.1 常用乔木树种识别

3.1.1 任务描述

乔木是小区绿化的主体，具有明显的改善环境、观赏、游憩和经济生产的综合效益。本
学习任务是小区绿化常用的乔木树种识别，了解小区绿化常用乔木树种的科属、分布区域，
了解小区绿化常用乔木树种的生态习性以及观赏特性，掌握本地区乔木树种的主要形态特
征、生态习性和园林应用特性，能够识别本地常用的乔木树种，能正确选用小区绿化乔木
树种。

3.1.2 任务分析

乔木树体高大，高度从 6m 至数十米不等，有明显主干，具有生命周期长、生长发育缓
慢的特点，包括常绿乔木、落叶乔木、针叶乔木和阔叶乔木。完成本任务要掌握的知识点
有：常绿针叶树、落叶针叶树、常绿阔叶树、落叶阔叶树的概念，乔木树种的主要形态特
征、生态习性和园林应用特性等。

3.1.3　相关知识

3.1.3.1　常绿针叶树

1. 南洋杉 (*Araucaria cunninghamii* Sweet)

(1) 形态特征　南洋杉科，南洋杉属。常绿大乔木，高达60m。大枝轮生，幼树呈整齐的尖塔形，老树呈平顶状；叶螺旋状互生，呈披针形、针形或鳞形。雌雄异株，雄球花呈圆柱形，单生或簇生叶腋或枝顶；雌球花呈椭圆形或近球形，单生枝顶。球果大，直立，呈卵圆形或球形。

(2) 生态习性　原产大洋洲东南沿海地区，在我国分布于东南、华南、云南西双版纳等地，喜暖热气候，不耐寒冷，喜光，耐阴，不耐干燥，抗风能力强，生长迅速。

(3) 园林用途　树体高大，树冠呈狭圆锥形，姿态优美，与雪松、日本金松、金钱松、巨杉等合称为世界五大园景树，可作行道树。

2. 雪松 (*Cedrus deodara*)

(1) 形态特征　别名喜马拉雅杉。松科，雪松属。常绿乔木，高达70m。树干端直，树冠呈尖塔形，具长枝与短枝。叶在长枝上螺旋状散生，在短枝上簇生，呈针形，坚硬，先端尖。球花单生枝顶，直立。球果，直立，呈卵形或宽椭圆形。

(2) 生态习性　产自喜马拉雅山西部，栽培广泛。喜光，稍耐阴，喜温暖凉爽气候，有一定耐寒能力，耐干旱，不耐水湿。

(3) 园林用途　树干端直高耸，侧枝平展，枝叶浓密，树冠呈塔形，树姿优美，挺拔苍翠，是世界著名的五大园景树之一，可孤植、丛植、林植。

3. 白皮松 (*Pinus bungeana* Zucc) (图3-1)

(1) 形态特征　别名白骨松、三针松。松科，松属。常绿乔木，高达30m。幼树树皮呈灰绿色，成年树皮呈粉白色并呈不规则鳞片状剥落。针叶三针一束，叶鞘早落。球花单性，雄球花生于当年生枝的基部；雌球花生于当年生枝的顶端或侧面。球果，呈卵圆形，熟时为淡黄褐色。

(2) 生态习性　中国特产。喜光，稍耐阴，较耐寒，喜湿润凉爽气候，耐瘠薄及轻盐碱土，对二氧化硫及烟尘有较强抗性。

(3) 园林用途　树形优美，树皮奇特，多用作园景树，可孤植、丛植。

图3-1　白皮松

4. 油松 (*Pinus tabuliformis* Carr.)

(1) 形态特征　别名短叶松。松科，松属。树冠呈塔形，高达30m。老树树冠为平顶，树皮呈灰褐色，呈不规则鳞片状剥落，小枝呈淡黄褐色，微被白粉。叶二针一束，粗硬。球果，呈卵圆形。

(2) 生态习性　分布于我国华北、西北、东北。喜光，耐寒，耐干旱瘠薄，忌水湿，不耐盐碱，寿命长。

(3) 园林用途　树干挺拔苍劲，四季常青，可用作园景树，可孤植、丛植。

5. 柳杉 (*Cryptomeria fortunei Hooibrenk ex* Otto et Dietr.)

(1) 形态特征　杉科，柳杉属。常绿乔木，高达40m。叶呈钻形，内弯。雄球花集生于枝顶或单生于小枝顶部叶腋；雌球花单生于枝顶。球果，近球形。

(2) 生态习性　中国特有树种，分布于长江流域及以南地区。喜温暖凉润气候，不耐寒，喜湿；喜光，稍耐阴；喜酸性土。

(3) 园林用途　树姿优美，对二氧化硫抗性较强，可用作庭荫树，可孤植、群植。

6. 侧柏 (*Platycladus orientalis*)

(1) 形态特征　别名扁柏、柏树。柏科，侧柏属。乔木，高达20m。小枝排成一平面，扁平，两面同形。鳞叶小，背面有腺点。雌雄同株，球花单生枝顶。球果，呈卵状椭圆形，当年成熟，熟时张开。

(2) 生态习性　我国各地均有分布。喜光，耐寒，适应干冷气候，也喜暖湿气候，耐干旱瘠薄和盐碱，不耐水涝，喜钙质土，寿命长。

(3) 园林用途　树姿优美，耐修剪，可作园景树，可孤植、群植。

7. 圆柏 (*Sabina chinensis Ant.*) (图3-2)

(1) 形态特征　别名桧柏、刺柏。柏科，圆柏属。乔木，高达20m。树冠呈塔形，老树树冠广圆，有叶小枝不排成平面。同一树上兼有刺叶及鳞叶，刺叶通常三枚轮生，基部下延生长，无关节；鳞叶交对生，下（背）面常具腺体。雌雄异株，球花单生枝顶。球果，肉质，呈卵球形，翌年成熟。

(2) 生态习性　分布广泛，我国南北方均可栽植。喜光，耐寒，耐热，对土壤要求不严，耐干旱瘠薄，耐水湿，抗性强，耐修剪，寿命长。

图3-2　圆柏

(3) 园林用途　枝叶浓密，树形优美，四季苍绿，在园林中用途广泛。

8. 罗汉松 (*Podocarpus macrophyllus D. Don*)

(1) 形态特征　别名罗汉杉。罗汉松科，罗汉松属。常绿乔木，高达20m。叶呈条状披针形，中脉显著隆起，螺旋状散生。单性异株，种子卵圆形，成熟时呈紫色，颇似秃头；种托膨大呈紫红色，仿佛罗汉袈裟，故名罗汉松。

(2) 生态习性　分布于我国江苏、浙江、云南、广西等地。喜温暖湿润气候，不耐寒，喜光，耐阴，抗性强。

(3) 园林用途　树形优美，种子美观。可作为园景树、盆栽、盆景。

3.1.3.2　落叶针叶树

1. 金钱松 (*Pseudolarix amabilis Rehd.*)

(1) 形态特征　松科，金钱松属。落叶乔木，高达40m。树冠呈尖塔形，树干端直，具长枝与短枝。大枝平展，枝叶稀疏。冬芽呈卵形，先端尖，芽鳞长尖。叶在长枝上呈螺旋状散生，在短枝上簇生，条形，柔软。雄球花有柄，簇生短枝顶端；雌球花单生短枝顶端。球果，当年成熟。

(2) 生态习性　我国特产，分布于江浙、湖南、福建等地。喜光，喜温暖湿润气候，耐寒，不耐旱，不耐水湿，抗风。

（3）园林用途　树干端直，树姿优美，春叶嫩绿，秋叶金黄，为优良观赏树，世界五大园景树之一。

2. 水杉（*Metasequoia glyptostroboides*）（图3-3）

（1）形态特征　杉科，水杉属。落叶乔木，高达40m。树干基部肿大，树冠呈尖塔形，老树则为广圆头形。叶呈条形，交互对生，冬季随小枝一起脱落。球果，单生，近球形。

（2）生态习性　中国特有的古老珍贵树种，分布于四川、湖北及湖南交界地区。喜光，喜温暖湿润气候，不耐瘠薄，不耐干旱，不耐水涝，生长较快。

（3）园林用途　树冠呈圆锥形，树姿优美，枝叶秀丽婆娑，春叶嫩绿，秋叶棕褐，为著名的园景树，也可作风景林。

图3-3　水杉

3. 落羽杉（*Taxodium distichum*）

（1）形态特征　杉科，落羽杉属。落叶乔木，高达50m。幼树树冠呈圆锥形，老树则开展成伞形。树干尖削程度大，基部常膨大而有屈膝状的呼吸根，树皮呈长条状剥落。枝条平展，小枝略下垂。叶呈扁线形，互生，羽状排列，淡绿色，冬季与小枝俱落。球果，呈圆形，幼时紫色。

（2）生态习性　原产于美国东南部，在我国分布于淮河以南各地。强阳性树，喜暖热湿润气候，极耐水湿，有一定耐寒力。

（3）园林用途　树形整齐美观，近羽毛状的叶丛极为秀丽，春叶嫩绿，秋叶呈古铜色，是良好的观叶树种。其最适水旁配植，有防风护岸之效，是世界著名的园景树。

3.1.3.3　常绿阔叶树

1. 广玉兰（*Magnolia grandiflora* L.）（图3-4）

（1）形态特征　别名荷花玉兰。木兰科，木兰属。常绿乔木，高达25m。树皮呈淡褐色或灰色，小枝及叶背面密被锈色毛。叶全缘，革质，呈椭圆形至倒卵状椭圆形。花大型，白色顶生。果呈长圆柱形，种子红色。花期为每年5~7月，果期为每年10月。

（2）生态习性　原产于美洲，我国黄河以南多栽培。喜光，稍耐阴，喜温暖湿润气候，适应性强，抗烟尘及有毒气体。

（3）园林用途　树冠呈卵圆形，树干端直。树姿端庄雄伟，绿荫浓密，花香馥郁，可作园景树、庭荫树、行道树。

2. 白兰花（*Michelia alba* DC.）

（1）形态特征　木兰科，含笑属。常绿乔木，幼枝被黄白色微柔毛。叶背被疏柔毛，长15~25cm，托叶痕在叶柄以下1/2处。花白色，极香，单生于叶腋，花被呈披针形。花期为每年4~9月。

（2）生态习性　原产于印度尼西亚，在我国福建、广东、云南等地广泛栽培。

图3-4　广玉兰

（3）园林用途　冠大荫浓，花洁白美丽，浓香，是著名的香花树，可作庭荫树、行道树。

3. 香樟（*Cinnamomum camphora*（Linn.）Presl）（图3-5）

（1）形态特征　樟科，樟属。常绿乔木，高达30m。树皮呈黄褐色或灰褐色，不规则纵裂。枝、叶及木材均有樟脑味，无毛。叶薄，革质互生，呈卵形、卵状缩圆形，先端急尖或近尾尖，基部呈宽楔形至近圆形，全缘，微呈波状，两面无毛。花两性，稀单性，圆锥状花序腋生或近顶生。果呈卵形或近球形，紫黑色，果托呈杯状，顶端平截。花期为每年4~5月，果期为每年8~11月。

（2）生态习性　分布于长江流域及长江以南地区。喜温暖湿润气候，喜光，稍耐阴，耐修剪，抗烟尘及有毒气体。

（3）园林用途　树冠呈广卵形，冠大荫浓，树姿雄伟，叶色光亮，可作行道树、庭荫树。

4. 高山榕（*Ficus altissima*）（图3-6）

（1）形态特征　桑科，榕属。常绿乔木，高达25~30m。树冠开展，干皮呈银灰色。叶全缘半革质，无毛，呈椭圆形或卵状椭圆形，先端钝，基部呈圆形。隐花果，呈红色或黄橙色，腋生。

（2）生态习性　原产于东南亚地区，我国华南及滇南地区有分布。喜光，稍耐阴，喜暖热多雨气候及酸性土壤。

（3）园林用途　叶大荫浓，红果多而美丽，可作庭荫树、行道树及园景树。

图3-5　香樟　　　　　　　　　　　　　　　图3-6　高山榕

5. 杨梅（*Myrica rubra*）

（1）形态特征　杨梅科，杨梅属。常绿乔木，高达12m，胸径60cm。树皮呈黄灰黑色，老时浅纵裂。幼枝及叶背有黄色小油腺点。叶呈倒披针形，先端较钝，基部呈狭楔形，全缘或近端部有浅齿，叶脉呈羽状，叶柄短。雌雄异株，雄花呈紫红色。核果，呈球形，深红色，多汁。花期为每年3~4月，果熟期为每年6~7月。

（2）生态习性　产于我国长江以南各地区。中性树，稍耐阴，不耐烈日直射，喜温暖湿润气候及酸性土壤，不耐寒，抗有毒气体。深根性，萌芽性强。

（3）园林用途　树冠呈球形，整齐，枝繁叶茂，初夏红果累累，十分可爱，是园林绿化结合生产的优良树种，可孤植、丛植。

6. 石楠（*Photinia serratifolia*）（图3-7）

（1）形态特征　蔷薇科，石楠属。常绿灌木或小乔木，高4~6m。单叶革质互生，呈长椭圆形至倒卵状长椭圆形，基部呈圆形或广楔形，缘有锯齿，表面深绿而有光泽。花小而白色，梨果，近球形，红色。花期为每年 4～5 月，果熟期为每年 10 月。

（2）生态习性　产于我国华东、中南及西南地区。喜光，稍耐阴，喜温暖湿润气候，耐干旱瘠薄，不耐水湿，对有毒气体抗性强。

（3）园林用途　嫩叶艳红，老叶深绿，果为红色，是赏叶或观果的树种，可作园景树、绿篱。

7. 枇杷（*Eriobotrya japonica*（Thunb.）Lindl.）

（1）形态特征　蔷薇科，枇杷属。常绿小乔木，高达 10m。小枝、叶及花序密被锈色或灰棕色茸毛。叶为革质，呈披针形、倒披针形或椭圆状长圆形，缘具疏锯齿，上面多皱而有光泽。花白色，芳香。梨果，呈球形，黄色或橘黄色。花期为每年 10～12 月，果期为翌年 5～6 月。

（2）生态习性　分布于我国长江流域及以南地区。喜光，稍耐阴，喜温暖湿润气候及排水良好的土壤，稍耐寒，生长慢。

（3）园林用途　树冠呈圆形，叶大荫浓，冬日白花盛开，初夏黄果累累，可作园景树。

8. 杜英（*Elaeocarpus decipiens* Hemsl）（图 3-8）

图 3-7　石楠　　　　　　　　　　　　图 3-8　杜英

（1）形态特征　杜英科，杜英属。常绿乔木，高达 15m。树皮呈深褐色，平滑不裂，小枝呈红褐色。单叶互生，落叶前常变红色，薄革质无毛，呈倒卵状长椭圆形，先端钝，基部呈窄楔形，缘有浅钝齿。总状花序，腋生，花下垂，花瓣白色，细裂如丝。核果，呈椭球形，熟时呈暗紫色。花期为每年 6～8 月，果熟期为每年 10～12 月。

（2）生态习性　原产于我国南部。稍耐阴，喜温暖湿润气候，耐寒性不强；适生于酸性黄壤和红黄壤山区，要求排水良好。根系发达，萌芽力强，耐修剪。对二氧化硫抗性强。

（3）园林用途　枝叶茂密，树冠圆整，霜后部分叶变红色，叶色美丽，在小区绿化中应用广泛。

9. 桂花（*Osmanthus fragrans*）（图 3-9）

（1）形态特征　别名木犀，木犀科，木犀属。常绿灌木至小乔木，高达 12m，树皮呈灰色，不裂。叶呈长椭圆

图 3-9　桂花

形，端尖，基呈楔形，全缘或上半部有细锯齿。花簇生叶腋或呈聚伞状，花小，黄白色，浓香。核果，呈椭圆形，紫黑色。花期为每年9～10月。

（2）生态习性　原产于我国西南部，广泛分布于长江流域。喜光，稍耐阴，不耐寒，忌涝地、碱地和黏重土壤。

（3）园林用途　树干端直，树冠圆整，枝叶茂盛，秋季开花，芳香四溢，是优良的香花树种。可用作园景树，可孤植、对植、丛植。

10. 女贞（*Ligustrum lucidum*）

（1）形态特征　木犀科，女贞属。常绿乔木，高6～15m。小枝无毛。叶为革质，无毛，有光泽，呈卵形至卵状长椭圆形，先端尖。花冠裂片与筒部等长，顶生圆锥状花序。核果，呈椭球形，蓝黑色。每年6～7月开花，秋天果熟。

（2）生态习性　原产于我国长江流域及以南地区。喜光，稍耐阴，喜温暖湿润气候，有一定耐寒能力，抗多种有害气体，耐修剪。

（3）园林用途　可作园景树、绿篱。

11. 木荷（*Schima superba* Gardn. et Champ.）（图3-10）

（1）形态特征　山茶科，木荷属。常绿乔木，高可达30m，小枝幼时有毛。单叶互生，呈长椭圆形，缘疏生浅钝齿，呈灰绿色，无毛。花呈白色，花梗粗；单生叶腋或数朵呈顶生短总状花序。蒴果，木质，呈扁球形。种子周围有翅。

（2）生态习性　分布于我国长江以南地区。喜光，幼树耐阴，喜温暖气候，喜肥沃酸性土壤，不耐寒，生长快。

（3）园林用途　树冠呈广卵形，叶绿荫浓，春叶及秋叶红艳可观，可作庭荫树及风景林。

3.1.3.4　落叶阔叶树

1. 银杏（*Ginkgo biloba* L.）（图3-11）

（1）形态特征　别名白果树、公孙树。银杏科，银杏属。落叶乔木，高达40m，树干端直，有长枝和短枝。叶呈扇形，在长枝上呈螺旋状排列，在短枝上簇生。雌雄异株。种子呈核果状，外种皮肉质，熟时呈黄色或橙黄色，被白粉。花期为每年3月下旬至4月中旬，种子在每年8～10月成熟。

图3-10　木荷

图3-11　银杏

（2）生态习性　我国南北方均可栽培。喜光，深根性，耐干旱，不耐水涝。喜深厚砂质壤土，喜中性或微酸性土。

（3）园林用途　树姿雄伟壮丽，叶形秀美，秋叶金黄，可作庭荫树、行道树。

2. 毛白杨（*Populus tomentosa*）

（1）形态特征　别名大叶杨。杨柳科，杨属。落叶乔木，高达30m。树皮光滑或有纵沟，髓心呈五角状。具顶芽，幼树皮呈灰白色，老时呈褐色，纵裂。小枝幼时被白色绒毛。长枝上的叶呈三角状卵形，基部叶稍呈心形，有两个腺体，下面被绒毛，短枝上的叶较小，呈卵状三角形。雌雄异株。花序下垂。蒴果，瓣裂。种子较小，具白色绵毛。

（2）生态习性　分布于我国河北、河南、甘肃、内蒙古等地区。喜光，耐旱，耐寒，抗烟尘及有毒气体，生长迅速。

（3）园林用途　树冠呈卵圆形，树干端直，树姿高大雄伟，可作行道树、园景树，可孤植、群植。

3. 垂柳（*Salix babylonica*）（图3-12）

（1）形态特征　别名倒栽柳。杨柳科，杨属。落叶乔木，高达18m。冬芽只具一个芽鳞，无顶芽。枝细长，下垂。单叶互生，叶呈条状披针形或狭披针形，边缘有细锯齿。花呈直立的柔荑花序。蒴果，瓣裂，种子多而微小，多细白毛。

（2）生态习性　分布于我国黄河和长江中下游地区。耐寒，喜水湿，耐旱。

（3）园林用途　固堤护岸的优良树种，用于水边绿化，可作行道树和园景树。

4. 枫杨（*Pterocarya stenoptera* C. DC）（图3-13）

图3-12　垂柳

图3-13　枫杨

（1）形态特征　别名麻柳、鬼柳。胡桃科，枫杨属。落叶大乔木，高达25m。小枝髓心呈片状，裸芽。奇数羽状复叶互生，叶轴具窄翅，小叶呈矩圆形，边缘有细锯齿，基部偏斜。果序总状下垂，坚果两侧各具一枚斜展的翅，果翅呈条形。

（2）生态习性　分布较广，我国东北至华南、西南地区均有种植。喜光，稍耐阴，耐寒性强，对土壤要求不严，耐水湿，萌蘖性强。

（3）园林用途　树冠开展，羽状叶片颇具风姿，园林中多用于庭荫树和行道树，或用于护岸固堤、防风林。

5. 榆（*Ulmus pumila*）（图3-14）

（1）形态特征　别名白榆、家榆。榆科，榆属。落叶乔木，高达25m。小枝柔软，有稀疏毛。单叶互生，长3～8cm，基部偏斜，羽状脉直达齿端，叶缘多为不规则单锯齿。花两性，花簇生或总状花序。翅果，近圆形。

（2）生态习性 分布于我国东北、西北、华北、华东等地区。喜光，喜温凉气候，耐寒，耐干旱，生长快，萌芽力强，耐修剪，抗烟尘及有害气体。

（3）园林用途 树冠呈圆球形，树体高大，老树古朴苍劲，可作行道树、庭荫树、盆景。

6. 朴树（*Celtis sinensis* Pers.）

（1）形态特征 榆科，朴属。落叶乔木，高达20m，小枝幼时有毛。叶呈卵形或卵状椭圆形，基部不对称，中部以上有浅钝齿，表面有光泽，背脉隆起并有疏毛。果呈黄色或橙红色，单生，果柄与叶柄近等长。

图3-14 榆

（2）生态习性 分布于我国淮河以南地区，常散生于平原及低山丘陵地，农村常见。喜光，稍耐阴，对土壤要求不严，耐轻盐碱土，深根性，抗风能力强，抗烟尘及有毒气体，生长慢，寿命长。

（3）园林用途 冠大荫浓，点点红果藏于叶间，饶有风趣，可作庭荫树、行道树、盆景。

7. 桑树（*Morus alba*）

（1）形态特征 别名家桑。桑科，桑属。落叶大乔木，高可达15m。树皮呈黄褐色，枝无顶芽。单叶互生，叶面具光泽，叶呈卵形或广卵形，具异形叶，叶裂不规则，叶缘齿圆钝。雄花序为柔荑花序，雌花序为头状花序。聚花果，呈紫黑色或白色。

（2）生态习性 分布广泛，我国南北方均有栽植。喜光，耐干旱瘠薄，耐水湿，耐烟尘及有毒气体。

（3）园林用途 树冠呈倒卵形，姿态宽阔，苍劲入画，秋叶呈黄色，颇为美观，可作庭荫树。

8. 白玉兰（*Magnolia denudata*）（图3-15）

（1）形态特征 别名玉兰。木兰科，木兰属。落叶乔木，高达15～20m，幼枝及芽具柔

图3-15 白玉兰

毛。叶呈倒卵状椭圆形，先端突尖而短钝，基部呈圆形或广楔形，幼时背面有毛。花大，花萼、花瓣相似，呈纯白色，肉质厚，有香气，早春叶前开花。

（2）生态习性　原产于我国中部，自唐代以来久经栽培。喜光，有一定的耐寒性，喜温暖湿润气候，较耐干旱，不耐积水，生长慢。

（3）园林用途　树冠呈卵圆形，挺拔端直，花大洁白芳香，早春白花满树，十分美丽，是驰名中外的珍贵庭院观花树种。

9. **鹅掌楸**（*Liriodendron chinense* Sarg）

（1）形态特征　别名马褂木。木兰科，鹅掌楸属。落叶乔木，高可达 35m，树皮呈灰褐色，间有白色。叶呈马褂状，先端平截，叶下部两侧各有一裂片，叶背有白粉，具长柄。花单生于枝顶，呈杯状，花被外呈淡绿色，内呈橙黄色或黄色，具清香味。聚合果。花期为每年 4～5 月。

（2）生态习性　分布于我国长江流域及以南地区。喜光，不耐旱，喜温暖湿润气候。

（3）园林用途　主干通直，树形优美，叶形奇特，观赏性高，可作庭荫树、园景树、行道树。

10. **枫香**（*Liquidambar formosana* Hance）（图 3-16）

（1）形态特征　金缕梅科，枫香属。落叶乔木，高达 30m，树干上有眼状枝痕。单叶互生，呈掌状三裂，缘有齿，基部呈心形。花单性同株，无花瓣，雌花具尖萼齿。蒴果，集成球形果序，下垂，有宿存花柱及针刺状萼齿。

（2）生态习性　分布于我国秦岭、淮河以南、华南、西南各地。喜光，喜温暖湿润气候，耐干旱瘠薄，生长快，萌芽性强。

（3）园林用途　树冠呈广卵形，树体高大，气势雄伟，秋叶红艳美观，可作庭荫树、风景林。

11. **悬铃木**（*Platanus*）（图 3-17）

（1）形态特征　悬铃木科，悬铃木属。高达 30～35m，树皮呈灰绿色，光滑，呈薄片状剥落。叶近三角形，呈掌状裂，缘有不规则大尖齿，幼叶有星状毛，后脱落。果球常两个一串，宿存花柱呈刺状。花期为每年 4 月，果在每年 9～10 月成熟。

图 3-16　枫香

图 3-17　悬铃木

（2）生态习性　分布于世界各地，中国广泛分布。生长迅速，耐修剪，抗烟尘，适应性强。

（3）园林用途　树体高大，枝叶茂密，遮阴效果好，可作行道树、庭荫树。

12. 垂丝海棠（*Malus halliana* Koehne）（图 3-18）

（1）形态特征　蔷薇科，苹果属。落叶乔木或灌木，高 5m。株形开张，具枝刺，幼枝呈紫色。单叶互生，呈卵形或椭圆形，叶缘有锯齿或缺裂。伞形或伞房状花序，呈紫红色。梨果，呈倒卵形，稍带紫色。

（2）生态习性　分布于我国华东、西南地区。喜光，不耐阴，有一定耐寒力，耐干旱，对二氧化硫有较强的抗性，萌蘖性强。

（3）园林用途　叶茂花繁，丰盈娇艳，果实玲珑可观，别具风姿，可作园景树。

图 3-18　垂丝海棠

13. 桃（*Amygdalus persica*）（图 3-19）

（1）形态特征　蔷薇科，李属。落叶乔木，高 3~5m，小枝无毛，冬芽有毛，三枚并生。叶呈长椭圆状披针形，中部最宽，先端渐尖，基部呈广楔形，缘有细锯齿，叶柄具腺体。花多单生，粉红色，萼外有毛。果肉厚而多汁，表面被柔毛，核常有孔穴。每年的 3~4 月叶前开花。

（2）生态习性　分布广泛，我国南北方均有栽植。喜光，较耐旱，不耐水湿，喜夏季高温的暖温带气候，有一定的耐寒能力，寿命短。

（3）园林用途　庭院观赏，结合生产。

14. 樱花（*Prunus serrulata*）（图 3-20）

（1）形态特征　蔷薇科，李属。落叶乔木。树皮呈暗栗褐色，光滑。小枝无毛，腋芽单生。叶呈卵状椭圆形，缘有芒状单锯齿或重锯齿，背面呈苍白色。伞房或总状花序，花呈白色或淡粉红色，无香，每年 4 月开花。果黑色。

图 3-19　桃

图 3-20　樱花

（2）生态习性　产于中国、日本及朝鲜半岛。喜光，耐寒、耐旱，对烟尘及有害气体抗性较弱。

（3）园林用途　春季花开满树，花大色艳，是一种极具观赏性的观花树木，可作庭院观赏树和小路行道树。

15. 杏花（*Prunus armeniaca*）

（1）形态特征　蔷薇科，李属。落叶乔木，高达 10m。小枝呈红褐色，无毛，芽单生。叶呈卵圆形、卵状椭圆形，基部呈圆形、广楔形，先端突尖或突渐尖，缘具钝锯齿，叶柄常带红色。花通常单生，呈淡红色或近白色，每年 3～4 月开花。果呈球形，具纵沟，呈黄色或带红晕，近光滑。

（2）生态习性　分布于我国东北至长江中下游各地，是华北地区传统的观赏树木。喜光，适应性强，耐寒、耐旱，抗盐性较强，不耐涝，深根性，寿命长。

（3）园林用途　早春满树繁花，美丽可观，可作庭院观赏树、风景林。可孤植、林植。

16. 合欢（*Albizia julibrissin* Durazz）（图 3-21）

（1）形态特征　别名绒花树、马缨花。含羞草科，合欢属。乔木，高达 15m，平顶形树冠，呈广伞形、层片状，树皮浅纵裂，枝条粗壮。二回偶数羽状复叶，呈镰刀形，全缘，中脉边生，叶昼开夜合。头状花序，伞房状排列，呈粉红色。荚果，扁平，带状，呈黄褐色。花期为每年 6～7 月。

图 3-21　合欢

（2）生态习性　原产于亚洲及非洲，我国自黄河流域至珠江流域均有分布。喜光，少耐阴，对土壤要求不严，耐旱耐寒。

（3）园林用途　姿态优美，叶形雅致，花期绒花满树，可作庭荫树、行道树。

17. 红叶李（*Prunus Cerasifera*）

（1）形态特征　蔷薇科，李属。落叶乔木，高达 4m。小枝无毛。叶呈卵形或卵状椭圆形，紫红色。花呈淡粉红色，通常单生，叶前开花或与叶同放。果小，暗红色。

（2）生态习性　我国南北方均有栽植。喜光，不耐荫蔽，喜温暖湿润气候，适应性强，管理粗放。

（3）园林用途　终年叶色红紫，为著名观叶树种，可作园景树。

18. 梅花（*Prunus mume*）

（1）形态特征　蔷薇科，李属。落叶乔木，高达 15m。树皮呈灰褐色，小枝呈绿色。叶呈卵形或椭圆形，缘具尖锯齿，两面无毛。花单生，稀两朵簇生，先叶开放，近无梗，花呈白色、淡红色或紫红色，芳香。果近球形，呈黄色或绿白色，被柔毛。花期为每年 11 月至次年 3 月，果期为每年 4～6 月。

（2）生态习性　分布于我国华中至西南山区，黄河以南各地。喜光，喜温暖湿润气候，耐瘠薄，不耐涝，忌积水，寿命长。

（3）园林用途　树姿古朴、花色素雅、花态秀丽、清香四溢，为中国十大传统名花之一，可作园景树、专类园、树桩盆景。

19. 凤凰木（*Delonix regia*）（图 3-22）

（1）形态特征　苏木科，凤凰木属。落叶乔木，高达 20m，树冠开展。二回偶数羽状复叶对生，小叶呈长椭圆形，端钝圆，基歪斜，两面有毛。总状花序或伞房状花序，花大，呈鲜红色，有长爪，每年 5～8 月开花。荚果，木质，呈带状。

图 3-22 凤凰木

(2) 生态习性　原产于非洲马达加斯加，广泛栽培于热带各地。喜光，为热带树种，不耐寒，要求排水良好的土壤，生长快，根系发达，抗风能力强，抗空气污染。

(3) 园林用途　树冠开展，花大色艳，开放时满树红花，如火如荼，极为美观，是热带地区优美的庭院观赏树及行道树。

20. 刺槐（*Robinia pseudoacacia* L.）（图 3-23）

(1) 形态特征　别名洋槐。豆科，刺槐属。落叶乔木，高达 25m，干皮呈灰色，深纵裂。枝具托叶刺，冬芽藏于叶痕内。羽状复叶互生，小叶全缘，呈椭圆形，先端微凹并有小刺尖。花呈白色，芳香，下垂总状花序，每年 4～5 月开花。荚果，扁平，呈条状。

(2) 生态习性　原产于美国中部和东部，现全球各地普遍栽培。喜光，耐干旱瘠薄，对土壤适应性强，浅根性，萌蘖性强，生长快。

(3) 园林用途　树冠高大，叶色鲜绿，可作庭荫树、行道树、防护林。

21. 乌桕（*Sapium sebiferum*（L.）Roxb）（图 3-24）

(1) 形态特征　别名蜡子树。大戟科，乌桕属。落叶乔木，高达 15m，单叶全缘互生，呈菱状卵形，先端尾状渐尖，叶柄细长，花单性，雌雄同株，花有萼片，无花瓣，呈穗状圆锥花序，顶生。蒴果，呈球形，种子呈圆形，黑色，外被白色蜡层。

图 3-23 刺槐

图 3-24 乌桕

(2) 生态习性　分布于我国中南、华南、西南各地。喜光、喜温暖气候，喜深厚肥沃的微酸性土壤，有一定的耐旱、耐涝和抗风能力。

(3) 园林用途　秋叶呈紫红色，白色果实悬于枝顶，可作庭荫树、园景树、风景林。

22. 重阳木（*Bischofia polycarpa*）（图3-25）

（1）形态特征　大戟科，重阳木属。落叶乔木，高达18m，树皮呈褐色，纵裂。树冠呈伞形，大枝斜展，小枝有皮孔。芽小，具少数芽鳞。全株均无毛。三出复叶，小叶片纸质，呈卵形或椭圆状卵形，先端凸尖或短渐尖，基部呈圆形或浅心形，叶缘具钝锯齿，托叶小，早落。花雌雄异株，总状花序，下垂。浆果，呈圆球形，成熟时呈褐红色。花期为每年4~5月，果期为每年10~11月。

（2）生态习性　分布于我国秦岭、淮河流域以南。喜湿润、肥沃土壤，稍耐水湿，不耐寒。

（3）园林用途　树形优美，枝叶茂密，春叶鲜绿，秋叶红艳，可作行道树、庭荫树。

23. 丝绵木（*Euonymus bungeanus* Maxim.）（图3-26）

（1）形态特征　别名明开夜合、白杜。卫矛科，卫矛属。落叶小乔木，高达8m。小枝细长，绿色无毛。叶对生，呈卵形至卵状椭圆形，缘有细锯齿，叶柄细长。花两性，呈淡绿色，聚伞状花序。蒴果，呈粉红色，种子具橘红色假种皮。花期为每年5月，果期为每年10月。

图3-25　重阳木

图3-26　丝绵木

（2）生态习性　我国北部、中部及东部均有分布。喜光，稍耐阴，耐寒，对土壤要求不严，耐干旱，耐水湿。

（3）园林用途　枝叶秀丽，粉红色蒴果久悬挂枝上，颇为壮观，可作庭院观赏、水边绿化。

24. 三角枫（*Acer buergerianum* Miq）（图3-27）

（1）形态特征　槭树科，槭属。落叶乔木，高达10m，树皮呈浅灰色并呈长片状剥落。小枝幼时有短柔毛。单叶纸质对生，呈卵形或倒卵形，背面有白粉，三裂，裂片向前伸，全缘或有不规则锯齿。顶生圆锥状花序，呈黄绿色，子房密生长柔毛，小坚果凸起，果翅展开呈锐角。花期为每年4~5月，每年8~9月果熟。

（2）生态习性　原产于我国长江中下游地区。喜温暖湿润气候，稍耐阴，较耐水湿；耐修剪，萌芽力强。

（3）园林用途　秋叶呈暗红色或橙色，颇为美观，可作庭荫树、行道树、绿篱。

25. 鸡爪槭（*Acer palmatum* Thunb）

（1）形态特征　槭树科，槭属。小乔木。叶呈掌状，深裂，裂片呈卵状披针形，先端有尾状尖，缘有重锯齿，两面无毛。花呈紫色。果翅展开呈钝角。

（2）生态习性　分布于我国长江流域以南。喜光，喜温暖湿润气候，耐寒性不强。

（3）园林用途　树姿优美，叶形秀丽，秋叶红艳，可作园景树。

26. 栾树（*Koelreuteria paniculata*）（图3-28）

（1）形态特征　无患子科，栾树属。高达15m，树皮呈灰褐色，细纵裂。小枝皮孔明显，奇数羽状复叶，小叶呈卵形或卵状椭圆形，具粗齿或缺裂。圆锥状花序，疏散顶生，花小，呈金黄色。蒴果，呈三角状卵形，成熟时呈红褐色或橘红色。花期为每年6~7月，果期为每年9~10月。

图3-27　三角枫

图3-28　栾树

（2）生态习性　分布于我国华北、长江流域。喜光，耐半阴，耐寒，耐干旱，耐瘠薄，深根性，萌蘖性强，有较强的抗烟尘能力。

（3）园林用途　树形端正，枝叶茂密而秀丽，春秋季叶多为红黄色，夏季开花，满树金黄，十分美丽。可作庭荫树、行道树。

27. 枳椇（*Hovenia acerba*）（图3-29）

（1）形态特征　别名拐枣、甜半夜。鼠李科，枳椇属。落叶大乔木，高达25m。树皮呈灰黑色，深纵裂。小枝呈红褐色，无毛。叶片呈纸质，卵圆形或卵状椭圆形，先端渐尖，基部呈心形或近圆形，边缘具不整齐粗钝锯齿。花呈黄绿色，聚伞状花序。核果，呈近球形，成熟时呈黑色。花期为每年5~7月，果每年9~10月成熟。

（2）生态习性　分布于我国华北南部至长江流域。喜光，有一定耐寒能力，对土壤要求不严，深根性，萌芽力强。

（3）园林用途　树态优美，叶大荫浓，是良好的庭荫树及行道树。

图3-29　枳椇

28. 梧桐（*Firmiana simplex*）（图 3-30）

（1）形态特征 别名中国梧桐、青桐。梧桐科，梧桐属。落叶乔木，高达 20m。单叶互生，呈掌状裂，裂片呈三角形，全缘，叶基呈心形，两面均无毛或略被短柔毛，叶柄与叶片近等长。顶生圆锥状花序，花呈淡黄绿色。蓇葖果，膜质，果皮开裂呈叶状，匙形。种子呈圆球形。花期为每年 6 月，果期为每年 10~11 月。

图 3-30　梧桐

（2）生态习性 分布于我国黄河流域以南，各地多有栽培。喜光，耐旱，喜温暖湿润气候，耐寒性较差。喜肥沃、深厚而排水良好的钙质土壤，忌水湿及盐碱。生长较快，寿命长，萌芽力较弱，对多种有毒气体有较强的抗性。

（3）园林用途 树冠圆整，树干挺拔，树皮光滑色绿，叶大而形美，果皮奇特，可作庭荫树、行道树。

29. 木棉（*Bombax malabaricum*）

（1）形态特征 别名攀枝花、英雄树。木棉科，木棉属。落叶大乔木，高达 40m，枝干均具粗短的圆锥形大刺。掌状复叶互生，小叶全缘无毛，呈长椭圆形，两端尖。花大，呈红色，聚生枝端，春天叶前开放。蒴果大，木质，内有棉毛。

（2）生态习性 分布于华南、西南。喜光，耐旱，喜暖热气候，深根性，速生。

（3）园林用途 树形高大雄伟，花大红艳，是美丽的观赏树，可作行道树及庭荫树。

3.1.4 任务实施

1. 准备工作

1）课前预习相关知识部分。

2）教师准备相关案例，课堂围绕案例进行讲解。

3）班级学生自由组合（每组 5~8 人）为几个学习小组，各学习小组自行选出小组长。

4）组长召集组员利用课外时间收集资料，讨论实施计划。

5）调查场所：校园、公园、小区、植物园等。

6）用具：钢卷尺、放大镜、笔、皮尺、修枝剪、笔记本等，常用乔木的枝、叶、花、果的腊叶标本。

2. 实施步骤

1）查阅资料（教材、期刊、网络），列出小区常用的乔木树种种类。

2）以小组为单位在野外观察记载乔木树种典型的形态特征及生态适应性。

3）采集标本。

4）标本识别，分组讨论。

5）编写调查报告。

6）小组代表汇报，其他小组和老师评分。

3.2.1　任务描述

灌木在园林植物群落中属于中间层，起着乔木与地面、建筑物与地面之间的连贯和过渡作用。因其种类繁多，既有用于观花的，也有用于观叶、观果的，更有花果或果叶兼美的，因此，灌木在园林景观营造中具有极其重要的作用。本学习任务是识别小区绿化常用的灌木树种，了解小区绿化常用灌木树种的科属、分布区域，了解小区绿化常用灌木树种的生态习性及观赏特性，掌握本地区主要灌木树种的形态特征、生态习性和园林应用特性。能够识别本地常用的灌木树种，能正确选用小区绿化灌木树种。

3.2.2　任务分析

灌木是指树木体形较小，主干低矮或者茎干自地面呈多生枝条而无明显主干的植物。完成本任务要掌握的知识点有：常绿灌木、落叶灌木的概念，灌木种类的主要形态特征、生态习性和园林应用特性等。

3.2.3　相关知识

3.2.3.1　常绿灌木

1. 偃柏（*Sabina procumbens Iwata*）

（1）形态特征　别名爬地柏。柏科，圆柏属。匍匐小灌木，贴近地面伏生，叶全为刺叶，三叶交叉轮生，叶上面有两条白色气孔线，下面基部有两个白色斑点，叶基下延生长，呈灰绿色，顶端锐尖，背面沿中脉有纵槽。球果。

（2）生态习性　原产于日本，我国各地园林中常见栽培，阳性树，能在干燥的砂地上生长良好，喜石灰质的肥沃土壤，忌低湿。

（3）园林用途　小枝葱茏，蜿蜒匍匐。可作地被植物，配植于岩石园、草坪角落、缓土坡。还可作盆栽观赏和桩景材料。

2. 含笑（*Michelia figo*）

（1）形态特征　木兰科，含笑属。常绿灌木，高 2～3 m，小枝及叶柄密生褐色绒毛。叶为革质，呈椭圆状倒卵形。肉质花，被片，呈淡乳黄色，边缘带紫晕，具浓烈香蕉香气，花梗细长，每年 4～6 月开花。

（2）生态习性　分布于我国长江流域及以南地区。耐阴，不耐寒，喜暖热多湿气候，喜酸性土壤。

（3）园林用途　枝丛丰满，花润似玉，芳香宜人。可作庭院观赏，结合生产。

3. 狭叶十大功劳（*Mahonia fortunei*）（图 3-31）

（1）形态特征　小檗科，十大功劳属。常绿灌木，全体无毛。奇数羽状复叶，互生，小叶呈狭披针形，革质有光泽，缘有刺齿。花呈黄色，总状花序簇生。浆果，近球形，呈蓝黑色，被白粉。

（2）生态习性　分布于我国四川、湖北、浙江等地。耐阴，喜温暖气候，喜肥沃湿润、排水良好的土壤，耐寒性不强。

（3）园林用途　枝叶苍劲，花呈黄色，可作庭院观赏、绿篱。

4. 海桐（*Pittosporum tobira*）（图 3-32）

（1）形态特征　海桐科，海桐属。常绿灌木。叶为革质，无毛，表面深绿有光泽，呈倒披针形，先端圆钝或微凹，基部呈楔形，边缘反卷，全缘。顶生伞房状花序，花呈白色或淡黄绿色，芳香。蒴果，呈卵球形，有棱角，种子呈鲜红色。花期为每年 5 月，果熟期为每年 10 月。

（2）生态习性　分布于我国江浙、闽台、广东等地。黄河以南多见栽培。喜光，略耐阴，喜温暖湿润气候，不耐寒。对土壤要求不严，耐盐碱。萌芽力强，耐修剪。抗风、抗二氧化硫能力强。

（3）园林用途　枝叶茂密，树冠圆满，叶色浓绿光亮，用于造型栽植、绿篱。

图 3-31　狭叶十大功劳

图 3-32　海桐

5. 檵木（*Loropetalum chinense*）

（1）形态特征　金缕梅科，檵木属。常绿灌木或小乔木，高达 10m。小枝、嫩叶及花萼均有锈色星状短柔毛。单叶全缘互生，呈卵形或椭圆形，先端短尖，基部不对称。花瓣呈带状条形，黄白色，簇生小枝端。蒴果。每年 4~5 月开花。

（2）生态习性　分布于我国华东、华南及西南各地。稍耐阴，喜温暖气候及酸性土壤。

（3）园林用途　花繁密，用于庭院观赏或作色块。

6. 火棘（*Pyracantha fortuneana*）（图 3-33）

（1）形态特征　蔷薇科，火棘属。常绿灌木，高达 4m，枝略呈拱形，下垂，幼时有锈色柔毛。叶常为倒卵状长椭圆形，先端圆或微凹，锯齿疏钝，基部渐狭而全缘，两面无毛。

图 3-33　火棘

花呈白色，果呈红色。花期为每年 4~5 月。

（2）生态习性　分布于我国华东、华中及西南。喜光，不耐寒。

（3）园林用途　初夏白花繁密，入秋果红如火，且宿存枝上甚久，颇为美观，是优良的观花、观果灌木。可丛植、篱植、孤植。

7. 枸骨（*Ilex cornuta*）（图 3-34）

（1）形态特征　冬青科，冬青属。常绿灌木或小乔木，单叶互生，叶硬，革质，呈矩圆形，顶端、基部两侧有大尖硬刺齿，表面深绿而有光泽，背面呈淡绿色。花小单性，呈黄绿色，簇生。核果，呈球形，鲜红色。花期为每年 4~5 月，果每年 9~10 月成熟。

图 3-34　枸骨

（2）生态习性　分布于我国长江中下游各地。喜光，稍耐阴，喜温暖，喜微酸性土壤，耐寒性强，抗性强，萌蘖性强，耐修剪。

（3）园林用途　枝叶稠密，叶形奇特，深绿光亮，入秋红果累累，经久不凋，鲜艳美丽，用作庭院观赏、刺篱，可孤植、丛植、盆栽。

8. 黄杨（*Buxus sinica*）

（1）形态特征　别名千年矮、瓜子黄杨。黄杨科，黄杨属。常绿灌木或小乔木，高达 7m。枝叶较疏散，小枝及冬芽外鳞均有短柔毛。叶呈倒卵形、倒卵状椭圆形、广卵形，先端圆钝或微凹，仅表面侧脉明显，背面中脉基部及叶柄有毛。花单性同株，花序簇生叶腋或枝端。蒴果呈球形。

（2）生态习性　分布于我国华北南部至长江以南地区。耐阴，喜温暖湿润气候，有一定的耐寒性，抗烟尘，耐修剪。

（3）园林用途　用于庭院观赏或作绿篱，可孤植、丛植、盆栽或制作盆景。

9. 大叶黄杨（*Buxus megistophylla* Levl.）

（1）形态特征　别名冬青、日本卫矛、正木。卫矛科，卫矛属。常绿灌木或小乔木，小枝呈绿色，稍呈四棱形。叶对生，革质有光泽，呈椭圆形、倒卵形，缘有细钝齿，两面无毛。花两性，绿白色，密集聚伞状花序腋生于枝条端部。蒴果，近球形，熟时瓣裂，假种皮呈橘红色。花期为每年 5~6 月，果期为每年 9~10 月。

（2）生态习性　原产于日本南部，我国南北方均有栽培，长江流域各城市尤多。喜光，也耐阴，喜温暖湿润气候，耐干旱瘠薄，耐寒性不强。极耐修剪整形，生长较慢，寿命长，抗性强。

（3）园林用途　树冠圆整，枝叶茂密，叶色亮绿，是美丽的观叶树种。常用作绿篱、造型。

10. 茶花（*Camellia japonica*）

（1）形态特征　山茶科，山茶属。灌木至小乔木。嫩枝呈淡褐色，无毛。叶厚，革质，呈卵形、椭圆形或倒卵形，先端渐尖或钝，基部呈楔形，上面呈深绿色，两面无毛。花单生或对生于叶腋或枝顶，呈红色。果近球形，平滑，种子近球形或有棱角，有光泽。花期为每年 2~4 月，果期为每年 9~10 月。

（2）生态习性　原产于我国东部、日本、朝鲜半岛，我国各地均有栽培。喜温暖、湿润、荫蔽环境，喜酸性土壤。深根性，主根发达，萌发性强。忌强光直射。

（3）园林用途　品种繁多，形态优美，叶浓绿而具光泽，花期长而艳丽，五彩缤纷，为名贵观赏植物。可作庭院观赏、盆栽。

11．杜鹃（*Rhadodendron simsii* Planch.）（图 3-35）

（1）形态特征　别名映山红。杜鹃花科，杜鹃花属。半常绿灌木，枝干细直，皮薄光滑，呈淡红色至灰白色，质坚而脆。枝、叶与花序出自同一顶芽，分枝多，近轮生，小枝和叶被棕色扁平糙伏毛。叶为纸质，全缘，呈椭圆状卵形，春叶阔而薄，冬季脱落，夏叶小而厚，部分在冬季宿存。顶生总状花序，花冠呈宽漏斗形，红色至深红色，萼部有深紫红色点。蒴果，呈卵圆形，有毛。花期为每年 4~5 月，果期为每年 9~10 月。

（2）生态习性　分布范围广，北起我国河南、山东，南至珠江流域，东及福建、台湾，西达云贵。喜凉爽湿润气候，喜酸性土壤。耐阴、耐瘠薄，不耐积水。

（3）园林用途　花色艳红，多而灿烂，为世界名花，适用于园林坡地、花境、花坛、花篱及盆栽等。

12．栀子花（*Gardenia jasminoides*）（图 3-36）

图 3-35　杜鹃　　　　　　　　　　　图 3-36　栀子花

（1）形态特征　茜草科，栀子属。常绿灌木，高可达 3m。干呈灰色，小枝呈绿色。叶呈长椭圆形，端渐尖，基部呈宽楔形，全缘，无毛，革质而有光泽。花单生枝端或叶腋，呈白色，浓香。果呈卵形。花期为每年 6~8 月。

（2）生态习性　产于长江流域，我国中部及中南部都有分布。喜光，耐阴，喜温暖湿润气候，耐热，耐干旱瘠薄，稍耐寒，萌芽力强，耐修剪。

（3）园林用途　叶色亮绿，四季常青，花大洁白，芳香馥郁，可作庭院观赏、地被，可丛植、盆栽。

13．夹竹桃（*Nerium oleander* L.）

（1）形态特征　别名柳叶桃。夹竹桃科，夹竹桃属。常绿灌木，高达 5m。三叶轮生，呈狭披针形，全缘，硬革质。花冠呈粉红色，漏斗形，顶生聚伞状花序。蓇葖果，细长。夏秋开花。

（2）生态习性　原产于伊朗、印度等地，现广植于热带、亚热带地区。喜光，喜温暖湿润气候，不耐寒，耐烟尘，抗有毒气体能力强。

59

（3）园林用途　枝叶开展潇洒，花呈深红色。可作庭院观赏、环保树种。

14. 珊瑚树（*Viburnum odoratissimum*）

（1）形态特征　别名法青，忍冬科，荚蒾属。常绿小乔木，树皮呈灰色，平滑，枝上有小瘤体。叶较狭，呈倒卵状长椭圆形，先端钝尖，全缘或上部有疏钝齿，革质，富有光泽。核果，呈倒卵形，熟时先红色，后变蓝黑色。花期为每年5~6月，果熟期为每年10月。

（2）生态习性　主产日本，我国浙江和台湾也有分布。耐阴，喜温暖气候，较耐寒，耐烟尘，对二氧化硫及氯气有较强的抗性和吸收能力，抗火能力强，耐修剪。

（3）园林用途　枝叶繁茂，碧绿光亮，白花红果，颇为美观。可作绿篱、绿墙、防火林。

15. 凤尾兰（*Yacca gloriosa* Linn.）（图3-37）

（1）形态特征　龙舌兰科，丝兰属。植株具茎，有时分枝，高达2.5m。叶呈剑形，硬直，顶端硬尖，边缘光滑。花下垂，呈乳白色，端部常带紫晕，圆锥状窄花序。蒴果，不开裂。每年夏（5月）、秋（9~10月）两次开花。

（2）生态习性　原产于北美东部及东南部，分布于我国华北以南地区。喜光，稍耐阴，有一定耐寒性。

（3）园林用途　树美叶绿，花大洁白。可作庭院观赏。

3.2.3.2　落叶灌木

1. 紫玉兰（*Magnolia liliflora* Desr.）

（1）形态特征　别名辛夷、木兰。木兰科，木兰属。落叶大灌木，高达3~5m。叶呈椭圆形、倒卵状椭圆形，先端急渐尖或渐尖，基部呈楔形并稍下延，背面无毛或沿中脉有柔毛。花大，花瓣外面呈紫色，里面近白色，萼片小，呈披针形，绿色。花期为每年3~4月。

图3-37　凤尾兰

（2）生态习性　原产于我国中部，现各地广为栽培。喜光，喜温暖湿润气候，较耐寒，怕积水。

（3）园林用途　花蕾形大如笔头，花色紫红，为庭院珍贵观赏花木之一。

2. 牡丹（*Paeonia suffruticosa* Andr.）（图3-38）

（1）形态特征　毛茛科，芍药属。落叶灌木，高达2m。二回三出复叶互生，小叶呈卵形，3~5裂，背面无毛。花大，单生枝端，颜色有白色、粉红色、深红色、紫红色、黄色、豆绿色等。聚合蓇葖果，密生黄褐色毛。花期为每年4月下旬，每年9月果熟。

（2）生态习性　分布于我国黄河流域、江淮流域。喜光，耐寒，喜凉爽，畏炎热土壤，忌水湿，生长慢。

（3）园林用途　花大色艳，姿态华丽富贵，是世界名花之一。可用于庭院观赏，作专类园及盆栽室内装饰。

3. 蜡梅（*Chimonanthus praecox* Link.）（图3-39）

（1）形态特征　蜡梅科，蜡梅属。落叶丛生灌木，高达3m，小枝近方形。单叶对生，全缘，无托叶。叶为半革质，呈椭圆状卵形、卵状披针形，叶端渐尖，基部呈圆形或广楔形，叶表有硬毛，叶背光滑。花两性，单生，芳香。果托呈坛状。花期为每年12月至翌年3月，果于花期结束后的当年8月成熟。

（2）生态习性　分布于我国湖北、陕西等地，各地皆有栽培。喜光，稍耐阴，较耐寒，耐干旱，忌水湿。生长势强、发枝力强。

图3-38　牡丹　　　　　　　　　　　　　　　　图3-39　蜡梅

（3）园林用途　花黄如蜡，清香四溢，为冬季观赏佳品。可作庭院观赏、盆花、桩景和瓶花。

4. 麻叶绣球（*Spiraea cantoniensis* Lour.）（图3-40）

（1）形态特征　别名麻叶绣线菊。蔷薇科，绣线菊属。高达2m；枝细长而呈拱形下弯。叶呈菱状披针形、菱状长椭圆形，先端急尖，基部呈楔形，中部以上有缺刻状锯齿，两面无毛。花小，呈白色，半球状伞形花序，生于新枝端。花期为每年5~6月。

（2）生态习性　原产于我国东部及南部地区，国内各地有栽培。喜光，耐寒力差，性强健。

（3）园林用途　枝繁叶茂，开花时白花满枝头，宛如积雪，甚为美观。可作庭院观赏、花篱。

5. 珍珠梅（*Sorbaria sorbifolia*（L.）A. Br.）

（1）形态特征　蔷薇科，珍珠梅属。落叶丛生灌木，高达3m。羽状复叶互生，小叶呈长卵状披针形，缘具重锯齿。花小而白色，蕾时如珍珠，顶生圆锥状花序，花密集。蓇葖果，果梗直立。花期为每年6~8月。

（2）生态习性　产于我国华北、内蒙古及西北地区，各地均有栽培。耐阴，耐寒，萌蘖性强。

（3）园林用途　树姿秀丽，花蕾洁白，形似珍珠，十分美丽，花期较长。可丛植，作花径。

6. 贴梗海棠（*Chaenomeles speciosa*）（图3-41）

（1）形态特征　别名铁杆海棠。蔷薇科，木瓜属。落叶灌木，高2m，枝开展，光滑，有枝刺。单叶互生，呈长卵形、椭圆形，缘有锐齿，表面无毛而有光泽，托叶大，呈肾形或半圆形。花簇生于二年生枝上，呈朱红色、粉红色或白色，花梗甚短。梨果，呈卵形或近球形，黄色，有香气。每年3~4月开花，每年9~10月果熟。

（2）生态习性　产于我国东部、中部至西南部地区，现普遍栽培。喜光，耐瘠薄，有一定耐寒能力，不耐水湿。

图 3-40　麻叶绣球

图 3-41　贴梗海棠

（3）园林用途　春天叶前开花，簇生枝间，鲜艳美丽。可作庭院观赏。

7. 黄刺玫（*Rosa xanthina* Lindl.）（图 3-42）

（1）形态特征　蔷薇科，蔷薇属。落叶丛生灌木，高达 3m；小枝呈褐色，具硬直扁刺，无刺毛。小叶呈卵圆形或椭圆形，先端钝，基部呈圆形，缘具钝锯齿，背面幼时常有柔毛。花呈黄色，重瓣或半重瓣，单生。每年 4～5 月开花。

（2）生态习性　我国北部多栽培。喜光，耐寒、耐旱、耐瘠薄，少病虫害，管理简单。

（3）园林用途　花盛开时，叶花交辉，鲜丽多姿，香味浓烈，是北方春天重要的观花灌木。可作花篱，也可丛植。

8. 棣棠（*Kerria japonica*）

（1）形态特征　别名黄榆叶梅。蔷薇科，棣棠属。落叶丛生灌木，高 1～2m。小枝呈绿色，细长而有棱。叶互生，呈卵形，缘有不规则重锯齿，托叶呈钻形，早落。花两性，单生于侧枝顶端，呈黄色，萼筒呈碟形。瘦果，呈黑褐色。

图 3-42　黄刺玫

（2）生态习性　分布于我国华北至南岭、西南地区。稍耐阴，喜温暖湿润气候，稍耐寒。

（3）园林用途　枝叶青翠，花色金黄。用于庭院观赏，可丛植，以绿枝点缀冬景。

9. 月季（*Rosa chinensis* Jacq.）

（1）形态特征　蔷薇科，蔷薇属。常绿或半常绿灌木，高达 2m。小枝具粗刺，无毛。小叶呈卵状椭圆形，缘有尖锯齿，无毛。花单生，重瓣，有紫色、红色、粉红色等，芳香。花期为每年 5～10 月。

（2）生态习性　分布于我国长江流域及以南地区。喜光，喜温暖湿润气候。耐寒性不强。

（3）园林用途　花大、色艳，品种多，花期长且开花不断，色香俱佳，是美化庭院的优良花木，也可盆栽或用作切花。

10. 榆叶梅（*Amygdalus triloba*）

（1）形态特征　蔷薇科，桃属。落叶灌木。叶呈椭圆形、倒卵形，基部呈宽楔形，具尖锯齿或重锯齿。花呈粉红色，具短梗，萼筒呈宽钟形。果近球形，呈红色，外被柔毛。花期为每年 3~4 月，果期为每年 6~7 月。

（2）生态习性　分布于我国东北至长江下游各地。喜光，耐寒，耐旱，不耐水涝，耐轻盐碱。

（3）园林用途　枝叶茂密，花繁色艳，是北方园林中重要的观花灌木，可丛植、盆栽。

11. 紫荆（*Cercis chinensis*）（图3-43）

（1）形态特征　豆科，紫荆属。落叶灌木或小乔木，高 4m。单叶全缘互生，呈心形，叶缘有增厚的透明边，光滑无毛。花呈假蝶形，紫红色，簇生于老枝及茎干上。荚果，腹缝具窄翅。每年 4 月叶前开花。

（2）生态习性　分布于我国黄河流域及以南各地。喜光，喜湿润肥沃土壤，耐干旱瘠薄，忌水湿，有一定的耐寒能力，萌芽性强。

（3）园林用途　春日繁花簇生枝间，满树紫红，鲜艳夺目，可作庭院观赏，丛植。

12. 木槿（*Hibiscus syriacus*）（图3-44）

（1）形态特征　锦葵科，木槿属。落叶灌木或小乔木，茎直立，嫩枝有绒毛，小枝呈灰褐色。单叶互生，呈三角形、菱状卵形，先端有时三浅裂，基部呈楔形，边缘有缺刻。花单生叶腋，有香气，呈钟状，单瓣或重瓣，有白色、粉红色、紫红色等，花瓣基部有时呈红色或紫红色。蒴果，呈卵圆形。花期为每年 6~9 月，每年 10~11 月果熟。

图 3-43　紫荆　　　　　　　　　　　图 3-44　木槿

（2）生态习性　我国特有树种，分布于我国长江流域各地区。喜光，喜温暖湿润气候和深厚、富于腐殖质的酸性土壤，稍耐阴和低温，适应性强，抗烟尘和有害气体能力强。萌蘖性强，耐修剪。

（3）园林用途　枝繁叶茂，叶片浓绿，花大有香气，花期长，满树花朵，娇艳夺目，常作花篱、绿篱，可单植、丛植点缀庭院。

13. 结香（*Edgeworthia chrysantha*）（图3-45）

（1）形态特征　瑞香科，结香属。落叶灌木，枝条粗壮柔软，常三叉分枝，呈棕红色。

图 3-45　结香

叶呈长椭圆形至倒披针形，先端急尖，基部呈楔形并下延。花呈黄色，有浓香，集成下垂状花序。果呈卵形，状如蜂窝。花期为每年 3 月，果期为每年 5～6 月。

（2）生态习性　分布于我国长江流域以南地区。喜阴，耐晒，喜温暖湿润气候，耐寒性不强。过干过湿都不适应。

（3）园林用途　枝条柔软，花多成簇，芳香浓郁。可作庭院观赏，可盆栽。

14. 紫薇（*Lagerstroemia indica*）（图 3-46）

（1）形态特征　又名百日红、痒痒树。千屈菜科，紫薇属。落叶灌木或小乔木，高达6m。树皮薄片剥落后特别光滑，小枝呈四棱状。叶呈椭圆形或卵形，全缘，近无柄。花呈亮粉红色至紫红色，顶生圆锥状花序。蒴果，近球形。每年 7～9 月开花不绝，花期长。

图 3-46　紫薇

（2）生态习性　分布于我国华东、中南及西南各地。喜光，耐旱、怕涝，有一定耐寒能力。

（3）园林用途　树姿优美，树干光滑洁净，花美丽，花期长，是极好的夏季观花树种，适于庭院观赏，也可盆栽和制作桩景。

15. 石榴（*Punica granatum*）（图 3-47）

（1）形态特征　石榴科，石榴属。落叶灌木，或小乔木，全体无毛。幼枝具棱角，枝端常呈尖刺状。叶为纸质，呈长圆状披针形，先端短尖或微凹，基部稍钝，嫩叶常呈红色，叶柄短。花大，顶生或腋生，萼筒呈钟形，红色或淡黄色。浆果，近球形，呈红色至乳白色。花期为每年 5～7 月，果期为每年 9～11 月。

（2）生态习性　原产于伊朗和阿富汗等地，现我国东北以南各地均有栽培。喜光、喜肥、喜温暖，适应性较强。

（3）园林用途　枝繁叶茂，株形紧凑，花大艳丽。可作庭院观赏，盆栽结合生产。

16. 丁香（*Syringa* Linn.）（图 3-48）

（1）形态特征　木樨科，丁香属。落叶灌木或小乔木，高达 5m。小枝较粗壮，无毛。

单叶对生，呈广卵形，先端渐尖，基部近心形，全缘，两面无毛。圆锥状花序，花冠呈堇紫色，花筒细长。蒴果，呈长卵形，顶端尖，光滑，种子有翅。每年 4～5 月开花。

（2）生态习性　产于我国东北、华北、西北及西南地区。喜光，稍耐阴，耐寒，耐旱，忌低温潮湿。

（3）园林用途　春天开花，有色有香，是应用较广的观赏花木之一。

图 3-47　石榴

图 3-48　丁香

17. 连翘（*Forsythia suspense*）

（1）形态特征　别名黄花条子。木樨科，连翘属。落叶灌木，高达 3m。枝细长，呈紫褐色，开展呈拱形。单叶，呈卵形或卵状椭圆形，缘有齿。花呈亮黄色，单生或簇生，每年 3～4 月开放。

（2）生态习性　主产于我国北部地区。喜光，耐寒，耐旱。

（3）园林用途　春季开花，满枝金黄，甚美观，可作庭院观赏、花篱。

18. 迎春花（*Jasminum nudiflorum*）

（1）形态特征　木樨科，茉莉属。落叶灌木，高 3m。小枝细长呈拱形，绿色。三出复叶，小叶呈卵状椭圆形，表面有基部突起的短刺毛。花呈黄色，单生。早春叶前开花。

（2）生态习性　产于我国华北、西北、西南等地。喜光，稍耐阴，颇耐寒。

（3）园林用途　早春开花，观赏效果好。可作地被、丛植、盆栽。

19. 猬实（*Kolkwitzia amabilis* Graebn）

（1）形态特征　忍冬科，猬实属。落叶灌木，高达 3m。干皮呈薄片状剥裂，小枝幼时疏生长毛。单叶对生，呈卵形至卵状椭圆形，基部呈圆形，先端渐尖，叶柄短。花成对，花冠呈钟状，粉红色，喉部呈黄色，顶生伞房状聚伞形花序。瘦果状核果，呈卵形，密生针刺，形似刺猬。每年 5 月初开花。

（2）生态习性　我国中部及西部特产。喜光，颇耐寒，在北京能露地栽培。

（3）园林用途　花繁密而美丽，果形奇特，是优良的观花赏果灌木。可用于庭院观赏，作花篱。

20. 锦带花（*Weigela florida*（Bunge）A DC.）（图 3-49）

（1）形态特征　忍冬科，锦带花属。落叶灌木，高达 3m，小枝具两行柔毛。叶呈椭圆形或卵状椭圆形，缘有锯齿。花冠呈玫瑰红色，漏斗形，聚伞状花序。蒴果，呈柱状，种子无翅。每年 4～5 月开花。

（2）生态习性　产于东北、华北。喜光，耐半阴，耐寒，耐干旱瘠薄，怕水涝，对氯

图 3-49　锦带花

化氢等有毒气体抗性强。

（3）园林用途　花朵繁密而艳丽，花期长，是北方园林中重要的观花灌木之一。

3.2.4　任务实施

1. 准备工作

1）课前预习相关知识部分。

2）教师准备相关案例，课堂围绕案例进行讲解。

3）班级学生自由组合（每组5~8人）为几个学习小组，各学习小组自行选出小组长。

4）组长召集组员利用课外时间收集资料，讨论实施计划。

5）调查场所：校园、公园、小区、植物园等。

6）用具：钢卷尺、放大镜、笔、皮尺、修枝剪、笔记本等，常用灌木的枝、叶、花、果的腊叶标本。

2. 实施步骤

1）查阅资料（教材、期刊、网络），列出小区常用的灌木种类。

2）以小组为单位在野外观察记载灌木树种典型的形态特征及生态适应性。

3）采集标本。

4）标本识别，分组讨论。

5）编写调查报告。

6）小组代表汇报，其他小组和老师评分。

任务3.3　常用藤本植物识别

3.3.1　任务描述

藤本植物又称为攀缘植物，主要用于垂直绿化，可拓展绿化空间、增加城市绿化率、提高整体绿化水平、改善生态环境。本学习任务是识别小区绿化常用的藤本植物，了解小区绿化常用藤本植物的科属、分布区域；了解小区绿化常用藤本植物的生态习性及观赏特性；掌握本地区主要藤本植物的主要形态特征、生态习性和园林应用特性。能够识别本地常用的藤本植物；能正确选用小区绿化藤本植物。

3.3.2 任务分析

藤本植物的茎部较细长，不能直立，只能依附于别的植物或支持物（如树、墙等）上缠绕或攀缘向上生长。完成本任务要掌握的知识点有：常绿藤本、落叶藤本的概念，藤本植物的主要形态特征、生态习性和园林应用特性等。

3.3.3 相关知识

3.3.3.1 常绿藤木

1. 扶芳藤（*Euonymus fortunei*）

（1）形态特征 别名爬卫矛，卫矛科，卫矛属。常绿藤木，茎匍匐或攀缘，枝密生小瘤状突起，并能随处生多个细根。叶为革质对生，呈长卵形至椭圆状倒卵形，缘有钝齿，表面通常呈浓绿色，背面脉状显著。聚伞状花序，花呈绿白色。蒴果，近球形，呈黄红色。花期为每年 6～7 月，每年 10 月果熟。

（2）生态习性 分布于我国陕西、山西等地区。耐阴，喜温暖，耐寒性不强，对土壤要求不严，耐干旱瘠薄。

（3）园林用途 叶色油绿光亮，入秋后红艳可爱，有较强的攀缘能力，多用于掩覆墙面。

2. 常春藤（*Hedera nepalensia* var. *sinensis*）

（1）形态特征 五加科，常春藤属。常绿藤木，借气生根攀缘；幼枝具星状柔毛。单叶互生，全缘，营养枝上的叶有三至五处浅裂；花果枝上的叶不裂而呈卵状菱形。伞形花序。果呈黑色，球形，浆果状。每年 4～5 月果熟。

（2）生态习性 原产于欧洲，我国普遍栽培。耐阴，不耐寒。

（3）园林用途 江南庭院中常用作攀缘墙垣及假山的绿化材料；北方城市常盆栽作室内及窗台绿化材料。

3. 宝巾花（*Bougainvillea glabira*）（图 3-50）

（1）形态特征 别名三角花、九重葛、勒杜鹃。紫茉莉科，叶子花属。常绿攀缘灌木，有枝刺；枝叶密生柔毛。单叶互生，呈卵形或卵状椭圆形，全缘。花常为三朵顶生，各具一个大型的叶状苞片，呈鲜红色。华南多于冬春之间开花，而长江流域常于每年 6～12 月开花。

（2）生态习性 分布于我国华南、西南地区。喜光，喜温暖，不耐寒，不择土壤。

（3）园林用途 花繁色艳，十分美丽，攀缘山石、墙垣、廊柱，可盆栽、造型，用于庭院观赏。

4. 金银花（*Lonicera japonica* Thunb.）（图 3-51）

（1）形态特征 别名忍冬、二花。忍冬科，忍冬属。半常绿缠绕藤木，小枝中空，有柔毛。叶呈卵形或椭圆形，两面具柔毛。花成对腋生，有总梗，苞片呈叶状，花冠呈唇形，花由白色变为黄色，芳香。浆果，呈黑色，球形。花期为每年 5～7 月，每年 10～11 月果熟。

（2）生态习性 产于我国东北、华北、华东、华中及西南地区。性强健，喜光，耐阴，耐寒，耐干旱和水湿，根系繁密，萌蘖性强。

图 3-50　宝巾花

图 3-51　金银花

（3）园林用途　藤木轻细，夏日开花不绝，黄白相映，有芳香，是良好的垂直绿化及棚架材料。

3.3.3.2　落叶藤木

1. 爬山虎（*Parthenocissus tricuspidata*）（图 3-52）

（1）形态特征　别名爬墙虎、地锦。葡萄科，爬山虎属。落叶藤木，长达 20m。借卷须分枝端的黏性吸盘攀缘向上。单叶互生，呈广卵形，基部呈心形，缘有粗齿；聚伞状花序常生于短小枝上。浆果，呈球形，蓝黑色。

（2）生态习性　产于我国东北至华南、西南地区。喜阴湿，对土壤和气候适应性强。

（3）园林用途　植株攀缘能力强，入秋后叶变红色或橙黄色，颇为美丽，是绿化墙面、山石或老树干的好材料。

2. 葡萄（*Vitis vinifera* L.）（图 3-53）

图 3-52　爬山虎

图 3-53　葡萄

（1）形态特征　葡萄科，葡萄属。落叶藤木，茎长达 15m；小枝光滑，或幼时有柔毛；卷须间歇性与叶对生。单叶互生，近圆形，基部呈心形，缘有粗齿，两面无毛或背面稍有短柔毛。花小，黄绿色，两性或杂性异株；圆锥状花序大而长，与叶对生。浆果，近球形，熟时呈紫红色或黄白色，被白粉。

（2）生态习性　分布广泛，我国南北均栽培。喜光，耐干旱，适应温带或大陆性气候。

（3）园林用途　用于庭院绿化，结合生产。

3. 蔷薇（*Rosa* sp.）

（1）形态特征 蔷薇科，蔷薇属。落叶藤状灌木，高达 3m。枝细长，呈上升或攀缘状，皮刺常生于托叶下。小叶呈倒卵状椭圆形，缘有尖锯齿，背面有柔毛，托叶呈篦齿状，附着于叶柄上，边缘有腺毛。花呈白色，芳香，圆锥状伞房花序。果近球形，呈红褐色。每年 5 ~ 6 月开花。

（2）生态习性 分布于我国黄河流域以南地区。性强健，喜光，耐寒，耐旱，也耐水湿，对土壤要求不严。

（3）园林用途 可作花篱，攀缘栅栏、拱门。

4. 紫藤（*Wisteria sinensis*）

（1）形态特征 豆科，紫藤属。落叶缠绕大藤木，茎左旋性，长可达 40m。羽状复叶互生，小叶呈卵状长椭圆形，先端渐尖，基部呈楔形，成熟叶无毛或近无毛。花呈蝶形，堇紫色，芳香；呈下垂总状花序，荚果，呈长条形，密生黄色绒毛。每年 4 ~ 5 月开花。

（2）生态习性 我国南北各地均有分布，并广为栽培。喜光，对气候及土壤的适应性强。

（3）园林用途 繁花浓荫，荚果悬垂，为良好的棚荫材料。

5. 猕猴桃（*Actinidia chinensis* Planch）（图 3-54）

（1）形态特征 猕猴桃科，猕猴桃属。落叶缠绕藤本；小枝幼时密生灰棕色柔毛，老时渐脱落，白色片状髓；叶为纸质，呈圆形、卵圆形或倒卵形，先端凸尖、微凹或平截，叶缘有刺毛状细齿，上面仅脉上有疏毛，下面密生灰棕色星状绒毛。花呈乳白色，后变黄色。浆果，呈椭圆形或卵形，有棕色绒毛，呈绿褐色。花期为每年 6 月，果熟期为每年 8 ~ 10 月。

图 3-54 猕猴桃

（2）生态习性 分布于我国淮河流域及以南各地区。喜光，略耐阴，喜温暖气候，有一定耐寒能力，喜深厚、肥沃、湿润而排水良好的土壤。

（3）园林用途 花较大，美丽芳香，是良好的棚架绿化材料。

6. 凌霄（*Campsis grandiflora*）

（1）形态特征 别名紫葳，紫葳科，凌霄属。落叶藤木，长达 10m，借气生根攀缘。羽状复叶对生，小叶呈长卵形至卵状披针形，缘有粗齿，两面无毛。花冠呈唇状漏斗形，红色或橘红色，花萼呈绿色，顶生聚伞状花序或圆锥状花序。蒴果，细长，先端钝。每年 7 ~ 8 月开花。

（2）生态习性 产于我国中部，各地常有栽培。喜光，颇耐寒。

（3）园林用途 夏季开红花，鲜艳夺目，花期甚长。常用以攀缘墙垣、山石、枯树、棚架或花廊。

3.3.4 任务实施

1. 准备工作

1）课前预习相关知识部分。

2）教师准备相关案例，课堂围绕案例进行讲解。

3）班级学生自由组合（每组 5 ~ 8 人）为几个学习小组，各学习小组自行选出小组长。

4）组长召集组员利用课外时间收集资料，讨论实施计划。

5）调查场所：校园、公园、小区、植物园等。

6）用具：钢卷尺、放大镜、笔、皮尺、修枝剪、笔记本等，常用藤本植物的枝、叶、花、果的腊叶标本。

2. 实施步骤

1）查阅资料（教材、期刊、网络），列出小区常用的藤本植物种类。

2）以小组为单位野外观察记载：藤本植物典型的形态特征、生态适应性。

3）采集标本。

4）标本识别，分组讨论。

5）编写调查报告。

6）小组代表汇报，其他小组和老师评分。

任务 3.4　常用棕榈类植物、竹类植物识别

3.4.1　任务描述

棕榈类植物是具有独特造景功能（"棕榈景观"）的植物类群，是展示独特热带风光的重要观赏植物。竹类植物是重要的造园材料，是构成中国园林的重要元素，是集文化美学、景观价值于一身的优良观赏植物。本学习任务是识别小区绿化常用的棕榈类植物、竹类植物，了解小区绿化常用棕榈类植物、竹类植物的分布区域；了解小区绿化常用棕榈类植物、竹类植物的生态习性及观赏特性；掌握本地区主要棕榈类植物、竹类植物的主要形态特征、生态习性和园林应用特性。能够识别本地常用的棕榈类植物、竹类植物；能正确选用小区绿化棕榈类植物、竹类植物。

3.4.2　任务分析

棕榈类植物为棕榈科植物在园艺上的统称，其茎干优美、叶片多姿、花果奇特。竹类植物属禾本科竹亚科，其枝杆挺拔、修长，亭亭玉立，婀娜多姿，四季青翠，凌霜傲雪。完成本任务要掌握的知识点有：棕榈类植物、竹类植物的概念；棕榈类植物、竹类植物的主要形态特征、生态习性和园林应用特性等。

3.4.3　相关知识

3.4.3.1　棕榈类植物

1. 苏铁（*Cycas revoluta* Thunb.）（图 3-55）

（1）形态特征　别名铁树、凤尾松。苏铁科，苏铁属。常绿棕榈状乔木，茎干粗短，不分枝。叶有两种：一种为互生于主干上呈褐色的鳞片状叶，其外有粗糙绒毛；另一种为生于茎端呈羽状的营养叶。羽状叶较长，厚革质而坚硬，羽片呈条形，边缘显著反卷；雌雄异株，各呈顶生大头状花序，无花被。种子呈核果状，每年 10 月成熟，熟时呈红色。

（2）生态习性　原产于我国南部。喜暖热湿润气候，不耐寒，在温度低于 0℃时易受害。生长速度缓慢，寿命可达 200 余年。

（3）园林用途　体形优美，有反映热带风光的观赏效果，北方常盆栽，布置于花坛的中心或布置于大型会场内供装饰用。

2. 棕榈（*Trachycarpus fortunei* H. Wendl.）

（1）形态特征　棕榈科，棕榈属。常绿乔木，高 10m；茎呈圆柱形，不分枝，具纤维网状叶鞘。叶簇生茎端，掌状深裂至中部以下，裂片较硬直，先端常下垂，叶柄两边有细齿。花小，单性异株，圆锥状花序，呈鲜黄色。

（2）生态习性　分布于我国华北南部至华南西南。稍耐阴，喜温暖湿润气候，稍耐寒，抗大气污染。

（3）园林用途　挺拔秀丽，树姿优美，可作园景树、行道树、盆栽。

3. 蒲葵（*Livistona chinensis* R. Br）

（1）形态特征　棕榈科，蒲葵属。常绿乔木，高达 20m；茎不分枝。外形似棕榈，叶裂较浅，裂片先端两裂并柔软下垂，叶柄两边有倒刺。花两性，肉穗状花序。

（2）生态习性　原产于我国华南地区，湖南、湖北、江西、四川均有栽培。喜高温多湿的热带气候，喜光、略耐阴、抗风能力强，不耐寒。

（3）园林用途　树形优美，叶大荫浓，可作园景树、行道树、盆栽。

4. 棕竹（*Rhapis excelsa*）

（1）形态特征　别名筋头竹。棕榈科，棕竹属。常绿丛生灌木，高达 3m。叶呈掌状裂，裂片较宽，叶柄顶端呈半圆形。

（2）生态习性　分布于我国华南及西南地区。喜阴，喜湿润的酸性土，不耐寒。

（3）园林用途　株丛挺拔，叶形清秀。用作庭院观赏、盆栽供室内绿化。

5. 椰子（*Cocos nucifera* L.）（图 3-56）

图 3-55　苏铁

图 3-56　椰子

（1）形态特征　棕榈科，椰子属。常绿乔木，高达 30m；树干具环状叶痕。羽状复叶集生于干端，柔中带刚，小叶呈条状披针形，先端渐尖，基部外折。花单性同序，花序生于叶丛之中。核果，直径约 25cm。

（2）生态习性　产于热带岛屿及热带海岸地区，我国华南地区也有栽培，以海南岛最多。要求排水良好，喜海滨和河岸冲积土、砂质壤土。耐瘠、耐碱。

（3）园林用途　苍翠挺拔，主干高耸，树姿优美，具热带风光。可作园景树、行道树。

6. 王棕（*Roystonea regia*）

（1）形态特征　别名大王椰子，棕榈科，王棕属。常绿乔木，高达30m；干呈灰色，光滑，幼时基部膨大，后渐中下部膨大。羽状复叶聚生于干端，小叶互生，呈条状披针形，叶鞘包干，绿色光滑。花单性同株，圆锥状花序。

（2）生态习性　原产于古巴、牙买加和巴拿马，现广植于热带地区。喜高温多湿和阳光充足，对土壤要求不严。

（3）园林用途　苍翠挺拔，树形雄伟，在华南地区多栽作行道树及园景树。

3.4.3.2　竹类

1. 佛肚竹（*Bambusa vertricosa* McClure）（图3-57）

（1）形态特征　别名佛竹，禾本科，刺竹属。丛生型竹类，灌木状。秆通常有两种形状：正常秆呈圆筒形；畸形秆，秆节甚密，基部显著膨大呈瓶状。箨叶呈卵状披针形；箨鞘无毛，箨耳发达，呈圆形或倒卵形；箨舌极短。叶片呈卵状披针形，两面同色，背面被柔毛。

（2）生态习性　广东特产。喜温暖、湿润气候，不耐寒。

（3）园林用途　竹秆畸形，状若佛肚，奇异可观，其他地区可盆栽观赏。

2. 孝顺竹（*Bambusa multiplex*）（图3-58）

（1）形态特征　别名凤凰竹、蓬莱竹。禾本科，刺竹属。秆丛生，高达8m。节间呈圆柱形，绿色，后变黄，无刺，近实心。秆箨宽硬，向上渐狭，先端近圆形。箨叶直立，呈三角形。箨鞘硬而脆，背面黄色无毛，腹面平滑而有光泽，箨耳不明显，箨舌不显著。叶呈条状披针形，无叶柄；叶鞘短，喉部有睫毛。

（2）生态习性　分布于长江流域及以南地区。喜光、喜温暖湿润气候。

（3）园林用途　可作庭院观赏、绿篱。

图3-57　佛肚竹

图3-58　孝顺竹

3. 紫竹（*Phyllostachys nigra*）

（1）形态特征　别名黑竹、乌竹。禾本科，刚竹属。散生型竹类，高6m，秆壁薄，秆环较隆起，箨环下有白粉。新竹有细毛茸，呈绿色，但节下常为紫色，以后渐转为棕紫色而至紫黑色。叶片呈披针形，质地较薄，下面基部有细毛。笋期为每年4月下旬。

（2）生态习性　原产于我国，各地均有栽培。耐寒，耐阴，忌积水，对土壤要求不严。

（3）园林用途　秆紫叶绿，扶疏成林，别具特色，可作庭院观赏。

4. 毛竹（*Phyllostachys heterocycla*）

（1）形态特征　禾本科，刚竹属。秆散生，高达15m，径14cm。新秆密被柔毛，有白粉；老秆节下有白粉环，后渐变黑。分枝下秆环不明显，箨环隆起。秆箨有厚革质，呈褐紫色，密被棕色毛和黑褐色斑点，在箨鞘先端密集成块；箨耳小，耳缘有毛；箨舌宽短，呈弓形，两侧下延；箨叶较短，呈长三角形至披针形，绿色，初直立，后反曲。叶呈披针形，叶舌隆起，叶耳不明显，有肩毛，后渐脱落。笋期为每年3月下旬至4月。

（2）生态习性　原产于我国秦岭以南。喜光，喜凉爽、湿润气候，对土壤要求不严。

（3）园林用途　秆形粗大，端直挺秀，清雅宜人。可作风景林、竹径。

5. 斑竹（*Phyllostachys bambusoida*）（图3-59）

（1）形态特征　禾本科，刚竹属。秆高15m，径8~10cm，中部节间长达40cm，秆环、箨环均隆起，新秆无蜡粉，无毛。箨鞘呈黄褐色，密被黑紫色斑点或斑块，常疏生直立短硬毛，一侧或两侧有箨耳和睫毛；箨叶呈三角形至带形，橘红色，绿边，皱折下垂。

（2）生态习性　原产于我国，淮河流域至长江流域各地均有栽培。喜深厚肥沃土壤，适应性较强，较耐寒，并耐盐碱。

（3）园林用途　可作庭院观赏。

6. 慈竹（*Sinocalamus affinis* McClure）（图3-60）

（1）形态特征　禾本科，慈竹属。秆丛生，秆高8m，顶梢呈弧形下垂。秆壁薄，节间呈圆筒形。箨鞘为革质，背部密被棕黑色刺毛，箨耳缺，箨舌呈流苏状，箨叶外反，先端尖，基部收缩略呈圆形。叶片着生在小枝先端，叶片薄。

（2）生态习性　产于我国西南及华中地区。喜温暖、湿润气候及肥沃、疏松土壤。

（3）园林用途　枝叶茂盛秀丽，适宜于庭院池旁、窗前栽植。

图3-59　斑竹

图3-60　慈竹

3.4.4　任务实施

1. 准备工作

1）课前预习相关知识部分。

2）教师准备相关案例，课堂围绕案例进行讲解。

3）班级学生自由组合（每组5~8人）为几个学习小组，各学习小组自行选出小组长。

4）组长召集组员利用课外时间收集资料，讨论实施计划。

5）调查场所：校园、公园、小区、植物园等。

6）用具：钢卷尺、放大镜、笔、皮尺、修枝剪、笔记本等，常用棕榈类植物、竹类植物的枝、叶、花、果的腊叶标本。

2. 实施步骤

1）查阅资料（教材、期刊、网络），列出小区常用的棕榈类植物、竹类植物种类。

2）以小组为单位野外观察记载：棕榈类植物、竹类植物典型的形态特征、生态适应性。

3）采集标本。

4）标本识别，分组讨论。

5）编写调查报告。

6）小组代表汇报，其他小组和老师评分。

任务3.5　常用草坪地被植物识别

3.5.1　任务描述

草坪地被植物是绿化的基调和底色，主要用于美化环境、净化空气、保持水土，提供户外活动和体育运动的场地。本学习任务是识别小区绿化常用的草坪地被植物，了解小区绿化常用草坪地被植物的科属、分布区域；了解小区绿化常用草坪地被植物的生态习性及观赏特性；掌握本地区主要草坪地被植物的主要形态特征、生态习性和园林应用特性。能够识别本地常用的草坪地被植物；能正确选用小区绿化草坪地被植物。

3.5.2　任务分析

草坪植物是用于铺设草坪的植物的总称，主要由禾本科和莎草科的植物组成。地被植物是指株丛紧密，用于覆盖地面，避免杂草孳生或水土流失的植物。完成本任务要掌握的知识点有：草坪地被植物的概念；草坪地被植物的主要形态特征、生态习性和园林应用特性等。

3.5.3　相关知识

3.5.3.1　暖季型草

1. 细叶结缕草（*Zoysia lenuifolia willd.*）

（1）形态特征　别名天鹅绒草。禾本科，结缕草属。多年生草本，茎纤细直立，叶呈线状内卷，革质。总状花序。小穗呈披针形，紫色或绿色。花期为每年夏秋两季。绿色期210d左右。

（2）生态习性　分布于中国、美洲。匍匐茎发达，耐旱，耐踏，耐潮湿，不需经常轧剪。不耐寒，不耐荫。常用块茎或匍匐茎铺植。

（3）园林用途　植株低矮稠密，茎、叶纤细，可作为居住区的草坪用草。

2. 狗牙根（*Cynodon dactylon*）

（1）形态特征　禾本科，狗牙根属。多年生草本，根茎匍匐地面，直立部分较高，叶片呈线形。

（2）生态习性　广布于世界各地的温暖地区。耐旱，耐热，耐践踏，但不耐阴，不耐寒，生命力强，对土壤要求不严。分根或用匍匐茎繁殖。绿色期为180d。

（3）园林用途　可作公园草坪、运动场草坪。

3. 匍茎剪股颖（*Agrostis stolonifera*）

（1）形态特征　别名四季青。禾本科，剪股颖属。多年生草本，匍匐茎节上生根。叶鞘无毛，稍带紫色，两面有小刺毛，粗糙。

（2）生态习性　分布于北温带。耐阴，不耐干旱及碱性土壤，多生于潮湿草地，在雨多的湿润肥沃地生长较好。耐寒性强，耐践踏。

（3）园林用途　可作观赏草坪。

4. 野牛草（*Buchloe dactyloides*）

（1）形态特征　禾本科，野牛草属。多年生草本，高25cm。叶呈线状披针形，两面疏生白柔毛，质地柔软，呈苍绿色。

（2）生态习性　原产于北美洲。生长迅速而均匀。耐践踏，再生力强，绿色期为180d左右。耐寒，耐旱，耐盐碱。

（3）园林用途　可作观赏草坪。

3.5.3.2　冷季型草

1. 草地早熟禾（*Poa pratensis*）

（1）形态特征　禾本科，早熟禾属。多年生草本，具细根状茎，根系发达。秆丛生直立，光滑。叶片呈条形，柔软细长，密生于基部，叶舌为膜质。

（2）生态习性　原产于欧洲、亚洲北部及非洲北部。喜生于湿润土壤，稍耐阴，耐寒性强，抗热、抗旱力弱。多秋播繁殖。

（3）园林用途　叶色鲜绿，叶面平滑光泽，耐践踏，为重要的草坪植物。

2. 黑麦草（*Lolium perenne*）

（1）形态特征　禾本科，黑麦草属。多年生草本。茎丛生，生长快，分蘖力强。叶片窄细，叶色浓绿。

（2）生态习性　原产于欧洲南部、非洲北部等地。抗寒，壤土及砂壤土生长最好。多秋播繁殖。

（3）园林用途　叶窄细，色浓绿，有光泽，分蘖力强，再生性能好，可形成密丛型草坪。

3. 紫羊茅（*Festuca rubra*）

（1）形态特征　禾本科，羊茅属。多年生草本，基部呈红色或紫色。分枝丛生，先匍匐而后直立，叶细长，线形内卷，光滑而呈油绿色；叶鞘基部破碎呈纤维状，分蘖叶的叶鞘闭合。

（2）生态习性　广布于北半球温寒地带。生长缓慢，喜冷凉，耐寒，耐剪，耐旱。

（3）园林用途　叶特细，可作观赏草坪。

4. 冰草（*Agropyron cristatum* Gaertn.）

（1）形态特征　别名扁穗鹅冠草、大麦草。禾本科，冰草属。多年生草本。叶片边缘内卷。

（2）生态习性　分布于我国东北至新疆。能抗极度干旱及寒冷，耐碱性强。砂质壤土至黏质壤土均可生长。

（3）园林用途　寿命长，达10~15年。适用于北方草坪。

3.5.3.3 其他地被植物

1. 过路黄（*Lysimachia christinae*）

（1）形态特征　别名走游草、大叶金钱草。报春花科，珍珠菜属。多年生草本植物。茎平卧延伸，幼嫩部分密被褐色无柄腺体；叶对生，呈卵圆形，叶柄比叶片短或近等长。花单生于叶腋；蒴果，呈球形。花期为每年 5～7 月。

（2）生态习性　分布范围较广，多生于沟边、路旁较阴湿处和山坡林下。春秋季生长较快，绿色期达 280d 左右。

（3）园林用途　叶色翠绿，花期时花黄叶绿，相映成趣，十分惹人喜爱，适宜作地被植物和观赏性草坪。

2. 万年青（*Rohdea japonica*）

（1）形态特征　百合科，万年青属。多年生常绿宿根草本，株高 50cm。叶丛生，呈倒阔披针形，硬革质，全缘；叶脉突出，呈深绿色，有光泽。顶生穗状花序，呈淡绿白色。浆果，呈球形，鲜红色，经久不凋。花期为每年 6～7 月，果熟期为每年 9～10 月。

（2）生态习性　原产于我国及日本。忌强光照射，喜温暖湿润环境，较耐寒；喜疏松、肥沃的微酸性土壤。地下茎萌蘖性强，早春分株繁殖。

（3）园林用途　叶挺拔深绿，冬季叶绿果红，有较高的观赏价值，是长江流域以南优良的林下地被植物，北方可盆栽。

3. 阔叶麦冬（*Liriope platyphylla*）

（1）形态特征　百合科，山麦冬属。多年生常绿宿根草本。木质根状茎较短，具肉质小块根。叶基生，呈丛生状，宽线形，有明显横脉。花梗高出叶丛，顶生总状花序，小花多而密，簇生，呈淡紫色或紫红色。浆果，呈黑紫色。花期为每年 7～8 月。

（2）生态习性　原产于我国中南部。喜阴湿，忌阳光直射，较耐寒，对土壤要求不严。多春季分株繁殖。

（3）园林用途　适于作林下地被，可丛植或与山石配植，也可盆栽。

4. 红花酢浆草（*Oxalis rubra*）

（1）形态特征　酢浆草科，酢浆草属。多年生草本，具地下块状根茎。叶呈丛生状，具长柄，叶呈倒心脏形，顶端凹陷，两面均有毛；花茎自基部抽出，伞形花序，呈淡红色或深桃红色。蒴果。花期为每年 4～11 月。

（2）生态习性　原产于巴西。喜温暖湿润、荫蔽的环境，耐阴性强。盛夏高温季节休眠，忌阳光直射，以春季分球繁殖为主。

（3）园林用途　植株低矮、整齐，叶色青翠，花色明艳，覆盖地面迅速，是优良的观赏地被植物。

3.5.4　任务实施

1. 准备工作

1）课前预习相关知识部分。

2）教师准备相关案例，课堂围绕案例进行讲解。

3）班级学生自由组合（每组 5～8 人）为几个学习小组，各学习小组自行选出小组长。

4）组长召集组员利用课外时间收集资料，讨论实施计划。

5）调查场所：校园、公园、小区、植物园等。

6）用具：钢卷尺、放大镜、笔、皮尺、修枝剪、笔记本等，常用草坪植物、地被植物的枝、叶、花、果的腊叶标本。

2. 实施步骤

1）查阅资料（教材、期刊、网络），列出小区常用的草坪植物、地被植物。

2）以小组为单位野外观察记载：草坪植物、地被植物典型的形态特征、生态适应性。

3）采集标本。

4）标本识别，分组讨论。

5）编写调查报告。

6）小组代表汇报，其他小组和老师评分。

任务3.6　常用花卉识别

3.6.1　任务描述

花卉是小区绿化的重要组成部分，小区绿化中，除了乔木、灌木的栽植，以及植物与建筑、小路、道路、水体等的配植形成各种景观外，还需种植一定数量的花卉，以最大限度地利用室外空间，创造出四季花团锦簇，季相变化万千的优美景象。本学习任务是识别小区绿化常用的花卉，了解小区绿化常用花卉的科属、分布区域；了解小区绿化常用花卉的生态习性及观赏特性；掌握本地区主要花卉的主要形态特征、生态习性和园林应用特性。能够识别本地常用的花卉；能正确选用小区绿化花卉。

3.6.2　任务分析

花卉种类繁多，色彩丰富，不但包括有花植物，还包括苔藓和蕨类植物。完成本任务要掌握的知识点有：花卉的概念、主要形态特征、生态习性和园林应用特性，多观察本地常用的花卉标本等。

3.6.3　相关知识

3.6.3.1　一、二年生花卉

1. 金盏菊（*Calendula officinalis*）（图3-61）

（1）形态特征　又名金盏花、常春花。菊科，金盏菊属。株高30～60cm，被糙毛，多分枝。单叶互生，叶片呈椭圆形或椭圆状倒卵形，略有肉质，全缘。头状花序单生，舌状花平展，呈黄色或金黄色、橘黄色。花期为每年1～6月。

（2）生态习性　原产于地中海沿岸。较耐寒，不耐暑热。生长迅速，适应性强，对土壤及环境要求不严。

（3）园林用途　可用于花坛、切花、盆花。

2. 百日草（*Zinnia elegans* Jacq.）（图3-62）

（1）形态特征　别名百日菊、步步高、鱼尾菊。菊科，百日草属。株高40～90cm，全株被短毛。单叶对生，呈卵形至长椭圆形，叶面粗糙，无柄。头状花序单生于枝顶，外围有舌状花一至多轮，呈红色、紫色、黄色、橙黄色等；筒状花呈黄色或橙黄色。花期为每年6～9月，果熟期为每年7～10月，

（2）生态习性　原产于南美洲与北美洲，现广泛栽培。喜光、喜温暖气候，耐旱。性强健，适应性强。喜疏松、肥沃及排水良好的壤土。

图 3-61　金盏菊

图 3-62　百日草

（3）园林用途　花较大，花期长，色彩丰富，可作花坛、花境、花丛。

3. 羽衣甘蓝（*Brassica oleracea* var. *acephala*）

（1）形态特征　别名叶牡丹、牡丹菜、花菜。十字花科，芸薹属。株高 30～40cm，抽薹开花时可高达 1m。叶呈矩圆倒卵形，宽大，被白粉，叶柄粗而有翼，着生于短茎上。外部叶片呈粉蓝绿色，内叶的叶色极为丰富，有紫色、红色、白色、黄色等，为主要观赏部位。顶生总状花序，小花呈黄色。花期为每年 4 月。

（2）生态习性　原产于西欧，我国多有栽培。耐寒、喜光，喜凉爽，极好肥，喜肥沃土壤。

（3）园林用途　可作盆栽。

4. 三色堇（*Viola tricolor*）

（1）形态特征　别名蝴蝶花、猫脸花、鬼脸花。堇菜科，堇菜属。株高 15～25cm，全株光滑，分枝多，稍匍匐状生长。叶互生，基生叶近心脏形，茎生叶呈宽披针形，边缘呈浅波状，托叶宿存，呈羽状深裂。花梗顶端着生一花，两侧对称。花萼呈绿色，花瓣状似蝴蝶，具白色、黄色、蓝色三色，故而得名。花期为每年 3～5 月。

（2）生态习性　原产于西欧，现栽培广泛。喜凉爽气候，耐寒，略耐半阴，但不耐暑热。要求肥沃湿润的沙质土。

（3）园林用途　用于花坛、花境、盆栽、切花。

5. 鸡冠花（*Celosia cristata*）

（1）形态特征　别名红鸡冠、鸡冠。苋科，青葙属。高 25～100cm，茎有棱线或沟。叶互生，有柄，呈卵形或线状，全缘，先端渐尖，叶色有绿色、红色等。花序呈扁平状，似鸡冠，花色有紫色、红色、黄色等。花期为每年 5～10 月。

（2）生态习性　原产于亚洲热带地区，现各地均有栽培。喜光，喜温暖，忌积水，喜排水良好的微酸性沙质土。

（3）园林用途　花形奇特，花期长，可作花坛、花台，亦可盆栽。

3.6.3.2　多年生花卉

1. 矮牵牛（*Petunia hybrida*）（图 3-63）

（1）形态特征　别名番薯花、碧冬茄、灵芝牡丹。茄科，碧冬茄属。多年生草本，常作一年生栽培。株高 40～60cm，全株具黏毛。茎直立或倾卧。叶呈卵形。全缘，几无柄。花单生于枝顶或叶腋间，花冠呈漏斗形，先端具波状浅裂。花形花色多变化，有单瓣、重瓣，瓣缘皱褶；花直径较大，可超过 10cm。花期为每年 3～11 月。

（2）生态习性　原产于南美洲，现各地广为栽培。喜光，喜温暖，不耐寒，忌积水，喜排水良好的微酸性沙质土。

（3）园林用途　花大色艳，花期长，开花繁茂。适宜花坛、花境布置，也可盆栽、吊盆、室内装饰。

2. 雏菊（*Bellis perennis*）

（1）形态特征　别名春菊、小白菊、延命菊。菊科，雏菊属。多年生草本，常作一、二年生栽培。株高15~20cm。叶基生，呈匙形或倒生卵形，先端钝；花葶高出叶面，顶生头状花序，具白色、粉色、紫色、红色、洒金色等，筒状花呈黄色，舌状花有数轮，呈平展放射状。花期为每年3~6月。

（2）生态习性　原产于西欧，各地园林普遍栽培。喜光，喜冷凉气候，南方可露地越冬；能耐半阴和瘠薄的土壤，忌炎热。

（3）园林用途　可盆栽观赏，也可用于花坛镶边和岩石园地栽。

3. 金鱼草（*Antirrhinum majus*）（图3-64）

（1）形态特征　别名龙头花、龙口花、洋彩雀。玄参科，金鱼草属。多年生草本，常作二年生栽培。株高30~90cm，茎直立，被软毛。单叶对生或上部互生，呈披针形或长椭圆形，全缘。顶生总状花序，小花密生具短梗。花冠呈筒状唇形，花色有红色、紫色、黄色、橙色、白色等。花期为每年5~6月。

图3-63　矮牵牛　　　　　　　　　　　　　　　　　图3-64　金鱼草

（2）生态习性　原产于地中海沿岸，各地广为栽培。较耐寒，喜夏季凉爽的气候条件，怕酷暑，耐半阴。要求排水及通透性良好的肥沃土壤。

（3）园林用途　花色繁多，可用于花坛、花境、岩石园、切花。

4. 一串红（*Salvia splendens*）（图3-65）

（1）形态特征　别名墙下红。唇形科，鼠尾草属。多年生草本，常作一年生栽培。茎直立，四棱，有分枝，高30~90cm，基部半木质化。叶对生，呈卵形，先端渐尖，缘有锯齿，有长柄。顶生总状花序，被红色柔毛，密集成串着生。苞片红色早落。花萼呈钟状，红色；花冠呈唇形，红色，花期为每年5~10月。

（2）生态习性　原产于巴西，现广泛栽培。喜光，略耐阴，喜温暖湿润、土壤疏松的肥沃环境，不耐寒，忌霜害。

（3）园林用途　用作花坛色块布置的主材料。

5. 美女樱（*Verbena hybrida*）（图 3-66）

（1）形态特征　别名四季绣球、铺地锦、美人樱。马鞭草科，马鞭草属。多年生草本，常作一、二年生栽培。株高 30～50cm，枝四棱，丛生而匍匐地面，全株被灰色柔毛。叶对生，有柄，呈长圆形或卵圆形，边缘有整齐的圆钝锯齿。顶生穗状花序，花小而密集，呈伞房状。花冠呈漏斗状，花有白色、粉色、红色、紫色、蓝色等。花期为每年 4 月至霜降。

（2）生态习性　原产于南美洲热带地区，我国各地均有引种栽培。喜光及温暖湿润环境，既不耐阴，也不耐干旱，有一定耐寒能力，对土壤要求不严。

（3）园林用途　分枝紧密，铺覆地面，花序繁多，花色丰富秀丽，可用于花境、花坛、花径、盆栽。

图 3-65　一串红

图 3-66　美女樱

6. 菊花（*Dendronthema morifolium*）（图 3-67）

（1）形态特征　别名秋菊、鞠、黄花。菊科，菊属。多年生宿根花卉，株高 20～150cm，老茎半木质化。单叶互生，叶呈卵形至长圆形，基部呈楔形，缘有粗锯齿或深裂。头状花序，单生或数朵聚生。花序边缘为舌状花，雌性；中部为筒状花，两性，共同着生在花盘上，花形花色丰富，花期一般为每年 9～11 月。

（2）生态习性　原产于中国，现世界各地广为栽培。喜光，喜气候凉爽、地势高燥、通风良好的环境条件。生长适宜温度为 18～21℃，要求富含腐殖质、肥沃疏松、排水良好的砂质壤土，忌连作，忌低洼积水。

（3）园林用途　用作花坛、花境、花丛、岩石园、盆栽、切花。

7. 鸢尾（*Iris tectorum*）（图 3-68）

（1）形态特征　别名蓝蝴蝶、扁竹叶。鸢尾科，鸢尾属。多年生宿根草本。根茎粗短，株高 30～40cm。叶呈薄纸质，淡绿色，直立挺拔呈剑形，交互排列成两行，花梗与叶片基本等长，单枝或分成两枝，每枝顶端着花 1～2 朵。花呈淡蓝紫色，花被基部联合，呈筒状，中部有鸡冠状突起及白色茸毛。花期为每年 5 月上旬。

（2）生态习性　原产于我国，现世界各国均有栽培。耐寒，喜排水良好、适度湿润的壤土，耐干旱，不耐水淹，喜光，耐半阴。

（3）园林用途　可作专类园，用于花坛、花境、花丛、切花。

图 3-67　菊花　　　　　　　　　　　　　　　　图 3-68　鸢尾

8. 郁金香（*Tulipa gesneriana*）

（1）形态特征　别名洋荷花、草麝香。百合科，郁金香属。多年生草本，鳞茎呈扁圆锥形，外被淡黄色或棕褐色皮膜，内有肉质鳞片。叶片着生在茎的中下部，呈阔披针形至卵状披针形。茎直立，光滑，被白粉。花单生于茎顶。花期为每年 3～5 月。

（2）生态习性　原产于地中海沿岸，现世界各地广为栽培。喜冬季温暖湿润、夏季凉爽干燥的气候，喜肥沃、腐殖质丰富、排水良好的砂质壤土，喜光，忌连作、积水。

（3）园林用途　品种丰富，多达一万多个，可作花坛、花境、切花。

9. 大丽花（*Dahlia pinnata* Cav.）

（1）形态特征　别名大理花、西番莲、地瓜花。菊科，大丽花属。多年生草本，株高 40～150cm；地下根肥大呈块状，外被革质外皮。茎直立、中空，叶对生，第一至三回有羽状深裂，头状花序，花色丰富，花期为每年 6～10 月。

（2）生态习性　原产于墨西哥、哥伦比亚等国，目前世界各地均有栽培。既不耐寒，也畏酷暑。喜阳光充足、通风良好的环境，在富含腐殖质和排水良好的砂质壤土中生长良好。

（3）园林用途　可用于盆栽观赏，品种多达三万多种。

3.6.4　任务实施

1. 准备工作

1）课前预习相关知识部分。

2）教师准备相关案例，课堂围绕案例进行讲解。

3）班级学生自由组合（每组 5～8 人）为几个学习小组，各学习小组自行选出小组长。

4）组长召集组员利用课外时间收集资料，讨论实施计划。

5）调查场所：校园、公园、小区、植物园等。

6）用具：钢卷尺、放大镜、笔、皮尺、修枝剪、笔记本等，常用花卉的蜡叶标本。

2. 实施步骤

1）查阅资料（教材、期刊、网络），列出小区常用的花卉。

2）以小组为单位野外观察记载：花卉典型的形态特征、生态适应性。

3）采集标本。

4）标本识别，分组讨论。

5）编写调查报告。

6）小组代表汇报，其他小组和老师评分。

项目小结

本项目包括6个任务，介绍了小区绿化常用园林植物134种（类），其中乔木树种51种；灌木树种35种；藤本植物10种；棕榈类植物6种、竹类植物6种；草坪地被植物12种（类）；花卉14种。介绍了这些植物的形态特征、生态习性和园林观赏特征。本项目内容见下表。

任　　务	基本内容	基本概念	基本技能
3.1　常用乔木树种识别	常绿针叶树、落叶针叶树、常绿阔叶树、落叶阔叶树	南洋杉、雪松、白皮松、油松、柳杉、侧柏、圆柏、罗汉松、金钱松、水杉、落羽杉，广玉兰、白兰花、香樟、高山榕、杨梅、石楠、枇杷、杜英、桂花、女贞、木荷，银杏、毛白杨、垂柳、枫杨、榆、朴树、桑树、白玉兰、鹅掌楸、枫香、悬铃木、垂丝海棠、桃、樱花、杏花、合欢、红叶李、梅花、凤凰木、刺槐、乌桕、重阳木、丝绵木、三角枫、鸡爪槭、栾树、枳椇、梧桐、木棉	能识别小区绿化常用的乔木树种，能正确选用适合本地区小区绿化的乔木树种
3.2　常用灌木树种识别	常绿灌木、落叶灌木	偃柏、含笑、狭叶十大功劳、海桐、檵木、火棘、枸骨、黄杨、大叶黄杨、茶花、杜鹃、栀子花、夹竹桃、珊瑚树、凤尾兰、紫玉兰、牡丹、蜡梅、麻叶绣球、珍珠梅、贴梗海棠、黄刺玫、棣棠、月季、榆叶梅、紫荆、木槿、结香、紫薇、石榴、丁香、连翘、迎春花、猬实、锦带花	能识别小区绿化常用的灌木树种，能正确选用适合本地区小区绿化的灌木树种
3.3　常用藤本植物识别	常绿藤木、落叶藤木	扶芳藤、常春藤、宝巾花、金银花，爬山虎、葡萄、蔷薇、紫藤、猕猴桃、凌霄	能识别小区绿化常用的藤本植物，能正确选用适合本地区小区绿化的藤本植物
3.4　常用棕榈类植物、竹类植物识别	棕榈类植物、竹类植物	苏铁、棕榈、蒲葵、棕竹、椰子、大王椰子、佛肚竹、孝顺竹、紫竹、毛竹、斑竹、慈竹	能识别小区绿化常用的棕榈类植物、竹类植物，能正确选用适合本地区小区绿化的棕榈类植物、竹类植物
3.5　常用草坪地被植物识别	暖季型草、冷季型草、其他地被植物	细叶结缕草、狗牙根、匍茎剪股颖、野牛草、草地早熟禾、黑麦草、紫羊茅、冰草、过路黄、万年青、阔叶麦冬、红花酢浆草	能识别小区绿化常用的草坪植物、地被植物，能正确选用适合本地区小区绿化的草坪植物、地被植物
3.6　常用花卉识别	一、二年生花卉，多年生花卉	金盏菊、百日草、羽衣甘蓝、三色堇、鸡冠花、矮牵牛、雏菊、金鱼草、一串红、美女樱、菊花、鸢尾、郁金香、大丽花	能识别小区绿化常用的花卉，能正确选用适合本地区小区绿化的花卉

思考题

结合本地区小区绿化的现状，分别列举适合本地区小区绿化的乔木、灌木、花卉各五种，简述其习性。

 测试题

1. 选择题

（1）银杏的叶片形状为_____。

A. 心形　　　　　　B. 肾形　　　　　　C. 手掌形　　　　　D. 扇形

（2）下列树种_____为世界五大园景树之一。

A. 雪松　　　　　　B. 水杉　　　　　　C. 国槐　　　　　　D. 桂花

（3）凌霄是借助于_____攀缘生长的。

A. 吸盘　　　　　　B. 缠绕茎　　　　　C. 气根　　　　　　D. 皮刺

（4）下列植物中能够栽种在树下或林缘的是_____。

A. 棕榈　　　　　　B. 二月兰　　　　　C. 菊花　　　　　　D. 火棘

（5）下列植物中喜酸性的是_____。

A. 茶花　　　　　　B. 银杏　　　　　　C. 刺槐　　　　　　D. 花椒

2. 判断题

（1）金银花为吸附类藤木。　　　　　　　　　　　　　　　　　（　　）

（2）圆柏、侧柏均为雌雄异株的树种。　　　　　　　　　　　　（　　）

（3）扶芳藤、常春藤、棕榈、鸡冠花都可用于垂直绿化。　　　　（　　）

（4）玉兰为著名的早春观花乔木，其根为肉质，故怕水淹。　　　（　　）

（5）杜鹃、茶花、栀子花、菊花等都是喜酸花卉。　　　　　　　（　　）

3. 简答题

写出下列树种进行叶形态识别的主要依据。

（1）银杏　（2）鹅掌楸　（3）三角枫

项目4

小区绿地规划设计与施工

学习目标

技能目标：能够对小区绿地进行规划设计；会配置小区园林植物；会栽植园林植物。

知识目标：了解小区绿地的概念、组成及分类；了解小区绿地施工过程；掌握小区绿地的设计方法；掌握小区园林植物种植设计的方法；掌握苗木栽植、草坪建植的方法。

任务 4.1　小区绿地规划设计

4.1.1　任务描述

小区绿地为居民创造了富有情趣的生活环境，是居住环境质量好坏的重要标志，小区绿地规划可为居民生活质量的提高创造更好的条件。本学习任务是能够对小区绿地进行规划设计，了解小区绿地的概念、组成及分类；熟悉小区绿地规划设计的规范，能够对小区各种类型的绿地进行规划设计。

4.1.2　任务分析

小区绿地是城市绿地系统的重要组成部分，它是改善城市生态环境的重要环节，同时也是城市居民使用最多的室外空间，是保障居民健康生活的必备条件。要保证小区绿地规划设计任务的顺利完成，应做好以下几点：

1）绿地类型是规划设计的依据，应了解小区绿地的类型。

2）小区绿地规划设计应符合国家标准，必须遵循一定的原则。

3）根据小区各种类型绿地的特点进行规划设计。

4.1.3 相关知识

小区绿地是指除小区建筑、道路以外的小区用地。狭义的小区绿地是指在小区用地上栽植树木、花草，改善小区小气候、创造优美环境的场地。为满足居民户外休闲活动的需求，小区应提供相应的休闲活动场地和设施。广义的小区绿地不仅包括种植绿色植物的场地，还包括活动场地、园林建筑、景观小品和步行小路等。

4.1.3.1 小区绿地的分类

小区绿地（图4-1），按照其功能、性质及大小，可以分为小区中心绿地、专用绿地、组团绿地、宅旁绿地和道路绿地。它们共同构成小区"点、线、面"相结合的绿地系统。从宏观角度看，小区绿地是城市园林绿化系统的点、线、面中的"面"，是最接近居民的最为普遍的绿地形态。

1. 小区中心绿地

小区中心绿地是为居民提供工余活动休息的场所。小区中心绿地往往与公共服务设施、青少年活动中心、老龄人活动中心等相结合，形成居民日常生活的游憩场所，是深受居民喜爱的公共空间。

图4-1 小区绿地景观

2. 专用绿地

专用绿地又称为公共建筑附属绿地，包括小区的医院、学校、影剧院、图书馆、老龄人活动中心、青少年活动中心、托幼设施等专门使用的绿地。

3. 组团绿地

组团绿地是直接靠近住宅的公共绿地，通常是结合建筑组群布置，服务对象是组团内居民，主要作为老人和儿童活动及休息的场所。

4. 宅旁绿地

宅旁绿地是指环绕在住宅周围的绿地，包括宅前、宅后、住宅山墙一侧的绿地，以及建筑物本身的绿化。它属于居民使用的半私有空间或私有空间，是住宅空间的转折与过渡，也是住宅内外结合的纽带。

5. 道路绿地

道路绿地是指道路两旁的绿地，包括行道树、停车场绿地等。

4.1.3.2 小区绿地规划设计的基本要求

1. 小区绿地规划设计规范

小区绿地规划设计应按《城市居住区规划设计标准》（GB 50180—2018）中的有关规定进行。

1）新区应配套规划建设公共绿地，并应集中设置具有一定规模，且能开展休闲、体育活动的居住区公园。

2）旧区改建可采取多点分布以及立体绿化等方式改善居住环境，但人均公共绿地面积不应低于相应控制指标的70%。

3）居住街坊内的绿地应结合住房建筑布局设置集中绿地和房旁绿地。

4）集中绿地的规划建设规定：新区建设不应低于 $0.50m^2/$ 人，旧区改建不应低于

$0.35\mathrm{m}^2/$人；宽度不应小于8m；在标准的建筑日照阴影线范围之外的绿地面积不应少于1/3，其中应设置老年人活动场地与儿童活动场地。

2. 小区绿地的特点

1）绿地分块布置，整体性不强。

2）绿地面积小，设计的创造性难度比较大。

3）在建筑的北面会产生大量的阴影区，影响植物的生长。

4）绿地设计在安全防护方面要求高，如防盗、亲水、无障碍设计等。

5）绿地兼容的功能多，如交通、休闲、景观、生态、游戏、健身、消防等。

6）绿地中管线多，它不仅包含绿地建设自身的管线，同时还有大量的建筑外部管网及公共设施，设计容易受制约。

7）小区中由于建筑多呈行列式排布，形成大量的东西向条状"同质"化空间。

8）绿地和建筑的关系十分紧密，在入口大门、架空层、屋顶绿化等区域，绿地和建筑需要紧密配合设计。

3. 小区绿地规划设计的基本原则

小区绿地规划设计需要依据自身的特点，扬长避短、因势利导地运用有创造力的设计手法，同时必须遵循以下原则：

（1）以人为本　小区绿地规划设计应赋予环境景观亲切宜人的艺术感召力，通过美化生活环境，体现社区文化，促进人际交往和精神文明建设；应注重绿化空间的社会实用性，并提倡公共参与设计，具有社会功能的绿化空间对人才会产生明确的吸引力；应区分游戏、晨练、休息与交往的区域，或做类似的提示；应充分利用绿地，尽可能做到满足不同年龄居民多方面的活动需要，丰富居民的文化娱乐生活。

（2）生态原则　小区绿地规划设计应尽量保持现存的良好生态环境，改善不良生态环境，将可持续发展的思想运用到环境景观的塑造中去；应尽量节省造价，降低消耗，顺应市场需求及地方经济状况，注重节能、节材，注重合理使用土地资源。

（3）系统性原则　小区绿地的规划设计必须将绿地的构成元素，结合周围建筑的功能特点、居民的行为心理需求和当地的文化艺术因素等综合考虑，多层次、多功能、序列完整地布局，形成一个具有整体性的系统，为居民创造幽静、优美的生活环境。

（4）服从城市的总体规划　小区绿地规划设计必须符合城市总体规划、分区规划及详细规划的要求，从场地的基本条件、使用者的需求及市政配套设施等方面分析设计的针对性、可行性和经济性。依据小区的规模和建筑形态，从平面和空间两个方面入手，通过合理的设计，适宜的景观层次安排，必备的设施配套，达到公共空间与私密空间的优化，住区自然环境及绿化风格塑造的和谐。

（5）因地制宜　小区绿化应注意充分利用自然地形和现状条件，尽量利用劣地、坡地、洼地及水面作为绿化用地，以节约土地。对原有的树木，特别是古树名木、珍稀植物应加以保护利用，这样不仅可节约建设资金，早日形成绿化效果，还保护了该地的生态环境。

（6）以植物为主　小区绿化应以植物造园为主进行布局，以充分发挥绿地的卫生防护功能。为了居民休息和景观等的需要，可适当布置园林小品，其风格及手法宜朴素、简洁、统一、大方。小区绿化中既要有统一的格调，又要在布局形式、植物选择等方面做到多种多样、各具特色，以提高小区绿化水平。

[案例4-1]　天津的"水晶城"居住区占地$466\mathrm{hm}^2$，位于历史悠久的天津玻璃厂原址上，是一个合理利用现状进行规划设计，将原有的环境改造成为成功的居住区的范例之一。

进行小区绿化规划设计时合理利用了原有植物，在短时间内形成了良好的住区生态环境。社区形成"Y"形轴线，规划当中几条主要的道路和出入口基本上也保持了原厂区的格局，这样可以最大程度地保护原入口和道路两旁的大树。小区内的休闲步行街景观独特，有一条带有旧枕木的铁轨被完整保留下来，与步行街并行。步行街两旁是保留的大树（图4-2）。

进行小区绿化规划设计时合理利用了原有构筑物和材料，节约了资源，降低了改造费用。小区中的一个街角保留了一座高耸的烟囱，这对大面积的外貌相似的住宅有很好的识别性；在小区的许多地方的绿地内保留着不少20世纪五六十年代的卷扬机、消防栓、站台钢架等物品，绿地的铺地也是由该厂的耐火砖铺的；原厂区内超大规模吊装车间的框架及部分墙体也被保留下来（图4-3），内部则穿插布置为现代风格的运动馆。

　　　图4-2　社区休闲步行街局部景观　　　　　　　图4-3　社区某庭院景观

案例分析　老厂区的种种遗迹都在规划设计中被有意识地保留下来，形成了小区独特的景观：第一，它们有"历史与文化"的内涵；第二，它们有强烈的识别性和心理归属感；第三，使项目的整体规划和单体的设计更富有逻辑性和人文色彩；第四，它表明了一种态度，即对旧有的东西不是采取简单的一折了之的做法，而是尊重历史，尊重自然环境。这种小区绿化规划设计很好地体现了以人为本、生态环保、因地制宜的设计原则。

想一想　如果你是物业公司的一名绿化工，针对这一小区的绿化特点，在绿化管理上应侧重哪些方面？

4.1.3.3　小区各种类型绿地的规划设计

1. 小区中心绿地的规划设计

（1）小区中心绿地的平面布置形式　小区中心绿地既可以是小区公园，也可以是小游园，一般可结合小区商业中心、文化中心进行布置。

1）按照设置的内容，小区中心绿地有广场式、草坪式、组景式、混合式四种布置形式。

①广场式（图4-4）。这种绿地面积不大，以铺地广场为主，广场周围环以绿地，广场上点缀树木、花坛。它能够为居民创造一个集体活动的中心，这对组织小区文化活动有利，如聚会、跳舞、表演、儿童游戏等。应注意在广场上适当栽植树木，形成宜人的树下空间，地面铺装应考虑硬性与软性的结合，避免大而无用空旷的硬质铺装。

②草坪式。这种绿地以开敞式的草坪为主，树木较少，视野开阔，大面积的绿色与建

筑形成对比，在视觉上明快舒畅；但生态效益不足，多数草坪只允许看不允许进入，降低了绿地的利用率。应适当增植乔木，引入可进入的铺装场地，提高利用率。

③组景式（图4-5）。这种绿地利用地形、植物、围墙等划分景区，追求空间变化，以游赏路线组织景观及活动区，有意模仿传统园林或城市公园的设计手法。由于小区游园离住宅都很近，在游园的整体景观构图中，周围住宅的影响总是存在的。如果住宅比较呆板，可用树丛、地形加以适当遮掩；如果造型较好，就可以引入到景观构图中。进行设计时，应使用有现代气息的景观要素，利用地形和灌木来划分空间和引导视线，仔细考虑树木栽植的疏密变化与地形起伏。

图4-4　广场式小区中心绿地

图4-5　组景式小区中心绿地

④混合式。这种绿地是上述几种类型的混合，各组成元素的比例比较接近，力图满足居民的多种需求。充分利用人工的广场与自然植被、地形的对比来产生美感，是混合式的特点。这种绿地多以广场为中心，环境意向比较明确，但是仅适于面积较大的小区绿地。

2）根据设置的位置，小区中心绿地有外向式和内向式两种布置形式。

①外向式小区中心绿地。中心绿地常设在小区一侧，沿街布置，或设在建筑群的外围。这种布置形式将绿化空间从居住小区引向"外向"空间，与城市街道绿地相连，既是街道绿地的一部分，又是居住小区的公共绿地。其优点是既为小区居民服务，又面向城市市民开放，利用率较高；不仅为小区居民游憩所用，而且还能美化城市、丰富街道景观。沿街布置绿地，以绿地分隔居住建筑与城市道路，具有减少尘埃，降低噪声，防风，调节温度、湿度等生态功能，使小区形成幽静的环境。

②内向式小区中心绿地（图4-6）。中心绿地设在小区中心，成为"内向"的绿化空间。小区中心绿地至小区各个方向的服务

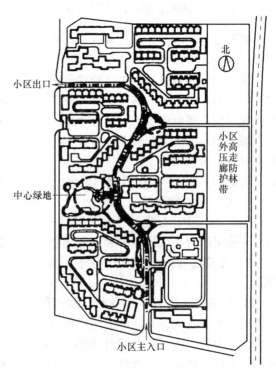

图4-6　内向式小区中心绿地示意图

距离均匀，便于居民使用。小区中心的绿地，在建筑群环抱之中，形成的空间环境比较安静，受外界人流、交通影响较小，有利于增强居民的领域感和安全感。

（2）小区中心绿地的位置　中心绿地的位置要适中，要让居民方便使用，并注意充分利用原有的绿化基础。中心绿地在小区中心时，其服务半径为：如是小区公园，800~1000m；如是小游园，400~500m。

（3）小区中心绿地的规模　中心绿地的规模是根据其功能要求来确定的，国家规定小区公共绿地的规模为平均 $1~2m^2/$ 人，小区公园的最小规模为 $1hm^2$，小游园的最小规模为 $0.4hm^2$。

（4）小区中心绿地的内容设置　中心绿地的布局根据功能不同有不同的分区，可利用植物分隔空间，开辟出儿童游戏场、青少年运动场和成人、老人活动场等。

1）入口。入口应设在居民的主要来源方向，数量一般为 2~4 个，要与周围道路、建筑结合起来考虑具体位置。入口处应适当放宽道路或设小型内外广场，以便集散。入口内可设花坛、假山石、景墙、雕塑、植物等作对景。

2）场地。中心绿地一般包括以下场地：

① 儿童游戏场。其位置要便于儿童前往和家长照顾，也要避免干扰居民，一般设在入口稍靠边缘的独立地段上。儿童游戏场不需要很大，但活动场地应铺草皮或选用持水性较小的砂质土铺地或海绵塑胶面砖铺地。

② 青少年运动场。它应设在中心绿地的深处或靠近边缘地带独立设置，以免干扰附近居民，主要供青少年活动，应以铺装地面为主，适当安排运动器械及坐凳。

③ 成人、老人活动场。它既可单独设置，也可靠近儿童游戏场，应多设桌椅板凳，便于下棋、打牌、聊天等。该场地一定要铺装地面，不能黄土裸露，也不要铺满草坪，以便开展多种活动。铺装地面要预留种植池，种植高大乔木以供遮阳。

3）园路。园路是中心绿地的骨架，它可将中心绿地合理地划分成几个部分，并把各活动场地和景点联系起来，使游人感到方便和有趣味，同时也是居民散步游憩的地方。园路设计的好坏，直接影响绿地的利用率和景观效果。在进行园路设计时，随着地形的变化，可弯曲、转折，可平坦、起伏。一般在园路弯曲处设建筑小品或地形起伏等以组织视线，并使其园路曲折自然。园路的宽度与绿地的规模和功能有关。绿地面积在 $0.5hm^2$ 以上的，主路宽 3m，次路宽 2m，可兼作成人活动场所；绿地面积在 $0.5hm^2$ 以下的，主路宽 2.5m，次路宽 1.2m。根据景观要求，园路的宽度可稍做变化，使其活泼。通常，园路也是绿地排除雨水的渠道，必须保持一定的坡度，横坡一般为 1.5%~2.0%，纵坡为 1.0% 左右。

2. 组团绿地的规划设计

（1）组团绿地的特点　组团绿地（图 4-7）实际上是宅间绿地的扩大或延伸，由若干幢住宅组合成一个组团，具有以下特点：

1）组团绿地面积不大，靠近住宅，居民尤其是老人和儿童使用方便。其规划形式与内容丰富多样。

2）组团绿地服务半径小，一般为 80~120m，步行 1~2min 可到达，既使用方便，又无机动车干扰，这就为居民提供了一个安全、方便、舒适的游

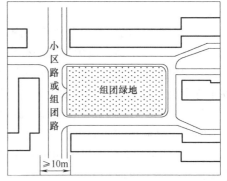

图 4-7　组团绿地示意图

憩环境和社会交往场所。

3）组团绿地用地小、投资少、见效快、易于建设，一般用地规模为0.1~0.2hm²，建设方式十分灵活，能够充分利用建筑组团形成的空间。

（2）组团绿地的位置 随着组团绿地的布置方式和布局手法的变化，其大小、位置和形状随之有相应变化。组团绿地在居住组团中的位置有以下几种类型（图4-8）：

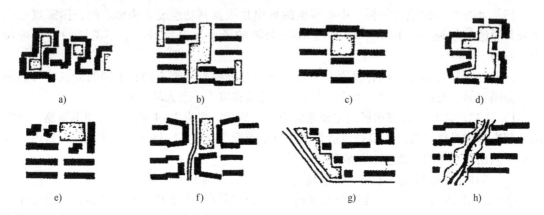

图4-8 组团绿地的不同位置类型

a）周边式住宅组团中间 b）行列式住宅的山墙之间 c）扩大的住宅间距之间 d）自由式住宅组团的中间
e）住宅组团的一侧 f）住宅组团之间 g）临街布置 h）沿河带状布置

1）周边式住宅组团中间。这种组团绿地将楼与楼之间的庭院绿地集中起来，有封闭感，有利于居民从窗内看管在绿地上玩耍的儿童。在建筑密度相同时，这种形式可以获得较大面积的绿地。

2）行列式住宅的山墙之间。行列式布置的住宅对居民干扰较小，但空间缺乏变化，比较单调。适当增加山墙之间的距离来开辟绿地，可为居民提供一块阳光充足的半公共空间，打破行列式布置的山墙间所形成的狭长胡同的感觉。这种组团绿地的空间与位于它前后庭院绿地的空间相互渗透，丰富了空间变化。

3）扩大的住宅间距之间。在行列式布置的住宅之间，适当扩大间距达到原间距的1.5~2倍，就可以在扩大的间距中开辟组团绿地。在北方，小区组团常采取这种形式布置绿地。

4）自由式住宅组团的中间。在住宅组团呈自由式配置时，组团绿地穿插配合其间，空间活泼多变，院落来回穿插，组团绿地与院落绿地相配合，使整个住宅组团的面貌显得活泼。

5）住宅组团的一侧。利用组团内地形不规则的场地，以及不宜建造住宅的空地布置绿地，可充分利用土地，避免出现消极空间。

6）住宅组团之间。这是一种在组团内用地有限时，为争取较大的绿地面积而采用的一种布置手法，有利于布置活动设施与场地。

7）临街布置。临街布置绿地，既可为居民使用，也可向其他市民开放；既是组团的绿化空间，也是城市空间的组成部分，与建筑产生高低、虚实的对比，构成街景。

8）沿河带状布置。沿河两岸的住宅组团，利用河滩地，呈带状配置绿地，将整个住宅组团连成一体，可向居民开放，既是住宅组团的绿化空间，又是居民的休闲场所。

（3）组团绿地的布置 组团绿地的设置应满足有不少于1/3的绿地面积在标准的建筑

日照阴影范围线之外的要求，并便于设置儿童游戏设施和适于成人游憩活动，其设置形式有开敞式、半封闭式、封闭式三种，其中的院落式组团绿地还应满足表4-1的要求。

1）开敞式。开敞式绿地可供游人进入绿地开展活动，在绿地面积较大时多采用开敞式布置。

2）半封闭式。半封闭式绿地内除留出游步道、小广场、出入口外，其余空间均用花卉、绿篱、树丛、草地作封闭布置。

3）封闭式。封闭式绿地一般只供观赏，游人不入内活动，虽然管理方便，但无活动场地，群众可望而不可即，效果较差。

表 4-1　院落式组团绿地的设置规定

封闭型绿地		开敞型绿地	
南侧多层楼	南侧高层楼	南侧多层楼	南侧高层楼
$L \geqslant 1.5L_2$ $L \geqslant 30m$	$L \geqslant 1.5L_2$ $L \geqslant 50m$	$L \geqslant 1.5L_2$ $L \geqslant 30m$	$L \geqslant 1.5L_2$ $L \geqslant 50m$
$S_1 \geqslant 800m^2$	$S_1 \geqslant 1800m^2$	$S_1 \geqslant 500m^2$	$S_1 \geqslant 1200m^2$
$S_2 \geqslant 1000m^2$	$S_2 \geqslant 2000m^2$	$S_2 \geqslant 600m^2$	$S_2 \geqslant 1400m^2$

注：L——南侧两面间距（m）；L_2——当地住宅的标准日照间距（m）；S_1——北侧为多层楼的组团绿地面积（m^2）；S_2——北侧为高层楼的组团绿地面积（m^2）。

（4）组团绿地的内容设置　组团绿地的内容设置有绿化种植部分、安静休息部分、游戏活动部分等，还可附有一些建筑小品或活动设施。具体内容要根据居民活动的需要来安排，按居住地区的规划设计统一考虑。

1）绿化种植部分。此部分的绿化率一般在50%以上，常设在绿地周边及场地间的分隔地带，可种植乔木、灌木和花卉，铺设草坪，还可设置花坛，也可设棚架种植藤本植物，置水池种植水生植物。

2）安静休息部分。此部分一般作为老人闲谈、阅读、下棋、打牌及练拳等的场地。该部分应设在绿地中远离周围道路的地方，内可设桌、椅、坐凳及棚架、亭、廊等作为休息设施，也可设小型雕塑及布置大型盆景供人观赏。

3）游戏活动部分。此部分设在远离住宅的地段，在绿地中设置幼儿和少年儿童的活动场地，可设沙坑、滑梯、攀爬等游戏设施，还可安排乒乓球台等。

3．宅旁绿地的规划设计

（1）宅旁绿地的功能　宅旁绿地是住宅内部空间的延续和补充，主要功能是美化生活环境、阻挡外界视线、减小噪声和减少灰尘，促进邻里交往，密切人际关系，为居民创造一个安静、舒适、卫生的生活环境。

（2）宅旁绿地的空间布置　宅旁绿地（图4-9）的布置应与住宅的类型、层数、间距及组合形式

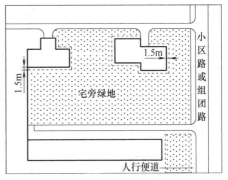

图4-9　宅旁绿地位置示意图

密切配合，既要注意整体风格的协调，又要保持各幢住宅之间的绿化特色。

1）根据小区建筑的不同排布方式和建筑空间，宅旁绿地有行列式、周边式、自由式、散点式等布置形式（图4-10）。

   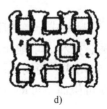

a)　　　　　　　　b)　　　　　　　　c)　　　　　　　　d)

图4-10　宅旁绿地的不同形式

a）行列式　b）周边式　c）自由式　d）散点式

2）根据不同领域属性及其使用情况，宅旁绿地有近宅空间、庭院空间、余留空间等布置形式。

① 近宅空间包括底层住宅小院、底层架空层、楼层住宅阳台、屋顶花园；以及单元门前用地，如单元入口、入户小路、散水等。前者为用户领域，后者属单元领域。

② 庭院空间包括庭院绿地、活动场地及宅旁小路等，属于宅群或楼栋领域。

③ 余留空间是上述两项用地领域外的边角余地，大多是住宅群体组合中领域模糊的消极空间。宅旁绿地中一些边角地带、空间与空间的连接与过渡地带，如山墙间、小路交叉口、住宅背对背的间距、住宅与围墙的间距等空间，需做出精心安排，尤其对一些没有被利用或归属不明的消极空间应加以利用（图4-11）。

图4-11　宅旁绿地的消极空间利用

（3）宅旁绿地的设计内容

1）宅间活动场地的绿化。此种绿化包括以下类型：

① 树林型。这种类型是在宅间绿地中，以高大树木为主形成树林。这是一种比较简单、粗放的绿化形式，利于夏季和冬季采光，方便居民在树下活动。高大的乔木离建筑墙面的距离至少应有5m，以免影响室内通风。在住宅北侧，由于地下管道较多，而且背阴，应栽植耐阴的花灌木及草坪，这样层次、色彩都比较丰富，可以起隔声、遮挡和美化作用；在住宅的东西两侧，种植一些落叶大乔木，或者设置绿色荫棚，种植豆类等攀缘植物，把朝东（西）的窗户全部遮挡，可有效地减少夏季东西方向的日晒；在靠近房基处应种植一些低矮的花灌木，不能遮挡窗户，以方便室内采光。

② 游园型。如果宅间距较宽时，可在其中开辟园林小径，设置小型游戏和休息园地，配置层次、色彩都比较丰富的乔木和花灌木。在落叶大树下可设置秋千架、沙坑、爬梯、坐凳等，方便老人和儿童就近休息。

③ 草坪型。这种类型以草坪绿化为主，在草坪的边缘等处种植一些乔木、灌木、草花之类；或以常绿植物、开花植物组成绿篱，围成院落，构成各种图案，有利于楼层的俯视艺

术效果，形成高视点景观。

④ 棚架型。这种类型以棚架立体绿化为主，采用开花结果的蔓生植物，有花架、葡萄架、瓜豆架等，居民既可观赏，又能在棚架下进行各项活动。

2）住户小院的绿化。此种绿化包括以下类型：

① 底层住户小院的绿化（图 4-12）。底层或多层住宅，一般结合单位平面，在宅前自墙面至道路留出 3m 左右的空地，给底层每户安排专用小院，用花墙、绿篱、栏栅围合起来。院内根据住户的喜好进行绿化，但由于空间较小，可搭设花架攀绕藤萝，进行空间绿化。

② 独户庭院的绿化。独户庭院的绿化在我国有很长的历史，形式也是多种多样，南北方各具特色。每户房前留有较大面积的庭院，庭院绿化面积占用地面积的 1/2~2/3。设计时应满足室外活动的需要，将室内室外统一起来安排，将庭院作为室内活动的外延区域。可在庭院内设置小水池、草坪、花坛、山石，搭花架攀绕藤萝，种植观赏花木或果树，形成较为完整的绿地格局。

3）住宅建筑本身的绿化。住宅建筑本身的绿化包括架空层绿化，屋基绿化，窗台、阳台绿化等几个方面，是宅旁绿化的重要组成部分，它必须与整个宅旁绿化和建筑的风格相协调。

① 架空层绿化（图 4-13）。在新建的小区中，常将部分住宅的首层架空形成架空层，并通过绿化向架空层渗透，形成半开放的绿化休闲活动区。架空层绿化设计与一般游憩活动绿地的设计方法相似，但在植物品种选择方面应以耐阴的小乔木、灌木和地被植物为主，适当布置一些与整个绿化环境相协调的景石、园林建筑小品等。

图 4-12　底层住户小院的绿化　　　　　　　　图 4-13　架空层绿化

② 屋基绿化。屋基绿化是指墙基、窗前、墙角和入口等围绕住宅周围的基础栽植。

墙基绿化可使建筑物与地面之间增添一点绿色，用灌木进行规则式的配植，也可种上攀缘植物将墙面进行垂直绿化。

窗前绿化：窗前绿化在室内采光、通风、隔声、遮挡视线等方面起着相当重要的作用，可栽植竹子、灌木，设置花坛、花池。

墙角绿化：墙角种小灌木、竹或灌木丛，形成墙角的绿柱、绿球，可打破建筑线条的生硬感觉。

入口绿化：单元门前的入口处对住户来说是使用频率最高的，同时也是最亲切的过渡性小空间，是每天出入的必经之地。绿化设计时应在这里多加考虑，适当扩大使用面积，作一定的围合处理，如作绿篱、短墙、花坛、座椅、铺地等，应适应居民的日常行为，使这里成为主要由本单元使用的单元领域空间。

③ 窗台、阳台绿化。窗台、阳台是人们在楼层室内与外界自然接触的媒介，在此进行绿化，不仅能使室内获得良好的景观，还丰富了建筑立面造型并美化了城市景观。此处绿化可选择叶片茂盛、花美色艳的植物。

窗台绿化：窗台绿化以盆栽形式为主，根据窗台的大小，要考虑置盆的安全问题，可选择喜阳耐旱植物。

阳台绿化：阳台有凸、凹、半凸半凹三种形式，日照及通风情况均不同，也形成了不同的小气候，要根据具体情况选择不同习性的植物。

4. 道路绿地的规划设计

道路绿地是小区绿化系统的一部分，也是小区"点、线、面"绿化系统中的"线"的部分，它起到连接、导向、分割、围合等作用，沟通和连接小区公共绿地、宅旁绿地等各项绿地。

(1) 道路设计要求　道路系统应着重考虑车行与人行的分离以及避免车行对人的影响。

1) 居民对小区道路的布置要求。居民一方面希望能顺利进入城市道路，另一方面又不愿意无关的车辆与人流进入小区，干扰他们的居住安静，影响他们的安全，对必须进入的车辆要迫使它们不得不降低速度。所以，小区道路的布置原则应该是"顺而不穿，通而不畅"。在有地形起伏的地区，道路断面可以在不同的高度上。道路绿地则应按不同情况进行绿化布置。

2) 道路绿化。主路两旁的行道树树种可不与城市道路的树种相同，要体现居住区不同于街道的特色。绿化设计要灵活自然，要与两侧的建筑物、各种设施相结合，要疏密相间、高低错落、富于变化。

(2) 小区各级道路绿化设计　小区各级道路的绿化应以小区的道路布局结构为基础。小区的道路布局结构是小区整体规划结构的骨架，在小区内根据功能要求和规模大小，道路一般可以分为小区级道路、组团级道路和宅前小路，各自的绿化设计有以下特点：

1) 小区级道路。小区级道路是联系小区内外的主要通道，是组织和联系小区各空间的纽带，对居住小区的绿化面貌有很大影响。

① 小区主干道。小区主干道路面宽阔，可选用体态雄伟、树冠宽阔的乔木，可使干道绿树成荫，但要考虑不影响车辆通行。行道树的主干高度取决于道路的性质、与车行道的距离，以及树种的分枝角度，距车行道近的可定为3m以上高度，距车行道远、分枝角度小的则不要低于2m。在道路的交叉口及转弯处种植树木不应影响行驶车辆的视距。在人行道和居住建筑之间，可多行列植或丛植乔木与灌木。以草坪、灌木、乔木形成多层次复合结构的带状绿地，可起到防尘、降噪的作用。

② 小区次干道。小区次干道是联系小区各部分的道路，行驶车辆虽较主干道要少，但绿化布置时仍然要考虑交通的要求。当道路与居住建筑的间距较小时，要注意防尘隔声。小区次干道的树木配置要活泼多样，应根据居住建筑的布置、道路走向以及所处位置、周围环境等加以考虑。

2) 组团级道路。组团级道路是联系住宅组团之间的道路，一般以通行非机动车和人行为主，绿化与建筑的关系较为密切，应在适当地段放宽铺装道路，安排自行车停放，并结合绿化丰富建筑的面貌。另外，道路还需要满足救护、消防、运货、清除垃圾及搬运家具等车辆行驶的要求，路面宽度一般为4~6m，当车道为尽端式道路时，绿化还需与回车场结合，使活动空间自然优美。

3）宅前小路。宅前小路是联系各住户或各居住单元的小路，主要供人行，一般宽度为2.5~3m。绿化布置时道路两侧的种植应适当后退，以便必要时急救车和搬运车等可驶近住宅。有的步行道及交叉口可以适当放宽，与休息活动场地相结合。宅前小路的路旁植树不必按照行道树的方式排列种植，可以断续、成丛种植，与宅旁绿地、公共绿地的布置结合起来，形成一个相互关联的整体。

5. 专用绿地的规划设计

专用绿地是由各单位使用、管理并按其功能需要进行布置的。这类绿地的规划设计可参阅有关园林规划设计方面的书籍，在此不再赘述，本书只简要介绍一下这类绿地规划设计的要求。

1）小区内的教育场所绿地应符合儿童学习环境需要，尽可能营造符合儿童心理需求的多样性空间，并根据儿童身体发育特点提供不同的活动场地。

2）小区内的商业、服务中心是与居民生活息息相关的场所，这些服务设施规模较小但人流量较大，充满了邻里交往的可能性。因此，在此类设施的入口空间应作空间退让，留出足够的绿地空间，便于居民驻足停留、等候、交流。此处的绿地空间可设置一定数量的座椅、花坛、果皮箱等服务设施，并可采用美丽的铺装。

3）小区内的锅炉房、变电站、垃圾站是不可缺少的设施，但又是最影响环境清新、整洁的因素，所以应对这些地区进行有效的保护环境、隔离污染源、隐藏杂乱、改变外部形象的绿地规划设计，利用攀缘植物进行垂直绿化也是行之有效的方式。

[案例4-2] 北京·香山甲第别墅区总规模约为132870m²，总建筑面积为97787m²，位于北京市西北部，西临香山，北接玉泉山，地理位置十分优越，周边环境得天独厚。北京·香山甲第别墅区设计是尊重历史、尊重文脉的范例之一。

1. 空间结构

香山甲第别墅区的空间是"中心开放空间—组团开放空间—院落空间—建筑空间—私密空间"的递进层次，利用空间形态的多样性和连续性提供不同的邻里交往空间和景观效果。

入口区结合会所形成入口公共空间，是模拟北京胡同既有交通功能又是邻里交往的公共场所这种传统设计模式。在入口区与中心区之间通过道路、景观轴线形成一个过渡带，使入口区与中心区既互相联系，又保持一定的隔离，减少了入口公共建筑对小区内部的影响。而中心游园开放空间与组团绿地通过放射状道路绿化的联系，使组团绿地与中心绿地在视线与空间关系上取得连续而有变化的组合。

组团绿地与院落绿地的空间处理更重要的是完成从公共空间到半公共空间的过渡，通过建筑底层的局部架空、建筑间距的设计、地形处理、绿化和人行道的设计形成空间序列。院落到建筑庭院的过渡主要是形成从公共空间到半私密空间的联系。

每个建筑单体中设计了一个内庭，像四合院的中心庭院，将内庭的采光、通风功能和空间过渡效果相结合，并给人们提供了一个具有相对私密性的邻里交往空间，构成了一个家庭内部的交流场所，并为内庭周围的房间提供了良好的视觉感受。

2. 绿地设计

绿地环境设计构思围绕独特的香山景观，将传统融入时尚，形成一个"点""线""面"相结合的绿化景观体系。结合空间布局在小区中心形成大面积的公共绿地空间

（图 4-14），沿着地下输水管线，形成数
条向外发射的景观绿廊，延伸到各组团
绿地和宅前绿地的院落中，形成大集中、
小分散的点、线、面相结合的绿化景观
体系。

图 4-14　香山甲第别墅区公共绿地效果图

　　入口区从入口的影壁开始，经过"井
田广场""荷香拂岸""绿意四方"等一
系列景点，构成一条纵贯南北的明显的中
轴线，与拥有开阔水面的中心区绿地空间
形成别墅区中心游园（图 4-15），一组组
建筑群围合形成组团绿地。设计时主要
从功能和人的居住舒适性方面考虑，如
有变电箱的绿地，利用地形处理和植物配置，使变电箱不易为人所察觉；同时，为孩子们设
计了活动空间，在空间内布置雅趣的涂鸦墙、松软的沙坑、神秘的古树、可攀爬的器械，带
给他们无限的欢乐。

　　宅前绿地以院落的形式为主（图 4-16），每个院落都有自己的特色而又不失统一，院落
植物种植方面以地被植物作为背景，突出主景，以整齐为主。

图 4-15　香山甲第别墅区局部平面

图 4-16　香山甲第院落式的宅前绿地

　　案例分析　香山甲第别墅区的创新之处在于，它在小区规划、绿地景观、空间设置等方
面借鉴了北京传统民居的空间组合形式四合院和胡同等元素的精华，并利用现代科学技术手
段加以改造，使其既富有老北京的神韵，又符合现代人的生活习惯，创造了一种独特的中国
居住文化。

　　想一想　如果你是物业公司的绿化主管，在接管这一类型的物业时，在绿化管理上应采
取哪些措施来体现这一设计思想，尽量发挥绿化设计的效果？

4.1.4　任务实施

1. 准备工作

1）课前预习相关知识部分。

2）教师准备相关案例，课堂围绕案例进行讲解。

3）班级学生自由组合（每组 5~8 人）为几个学习小组，各学习小组自行选出小组长。

4）组长召集组员利用课外时间收集资料，讨论实施计划。

5）取得某小区用地和周边的地形图，到现场核实现有地物，查对图纸，要求图纸和原地形完全一致。

6）收集其他相关资料，包括水文、地质、气象、土壤资料，当地人力、物力资源情况。

7）现场踏勘，对设计内容要做到心中有数，补充资料中的遗漏部分。

2. 实施步骤

1）绘制小区绿地的等高线设计图。

2）绘制小区绿地的平面设计图。

3）绘制小区绿地的设计效果图。

4）分组讨论修改。

5）制作工程预算表。

6）制作设计说明书。

7）小组代表汇报，其他小组和老师评分。

任务 4.2　小区园林植物种植设计

4.2.1　任务描述

在自然界，植物很少单独生长，一般都聚集成群。小区园林植物种植设计是指借鉴植物自然群落的组成、结构等特征，将其引入到小区绿化中来，把人工的小区环境与大自然相结合，创造满足小区绿化要求的植物景观。本学习任务是能够进行小区园林植物种植设计，了解小区绿化植物的生态习性和观赏特性；熟悉小区园林植物种植设计的原则，能够对小区各种类型的园林植物进行合理搭配、栽植。

4.2.2　任务分析

小区园林植物种植设计能完善园林景观的艺术构图。随着城市化的推进，小区园林植物种植设计越来越受到重视，通过各种配置方式的运用，能在有限的空间中形成最接近自然的园林景观，并可最大限度地发挥改善环境、保护环境的生态作用。要保证小区园林植物种植设计的顺利完成，应做好以下几点：

1）小区园林植物种植设计必须遵循一定的原则。

2）乔木与灌木是园林植物种植中最基本的元素，是绿化的骨架。

3）花卉是小区绿化中经常用作重点装饰和色彩构图的植物材料。

4）攀缘植物是绿地中常用的植物材料。

5）草坪与地被植物是小区绿化的重要组成部分。

6）水体是园林的基本组成要素之一，水生植物配置的好坏直接关系到水体美的发挥。

4.2.3　相关知识

4.2.3.1　小区园林植物种植设计的原则

园林植物的种植设计，也称为园林植物的配置，是指按照园林植物的形态、习性和园林布局的要求，进行合理的选择和搭配，发挥植物在造景和保护生态环境方面的综合功能。植物是园林景观创作中最灵活、最生动、最出色的要素，由于植物是有生命的有机体，在其存活期间不断地生长、变化，所以植物的种植设计是长期复杂的工作，在种植设计的过程中必须遵循一些基本的原则。

1. 适地适树原则

适地适树原则是指使栽植树种的特性（主要是生态学特性）和栽植地的立地条件相适应，达到在当前技术、经济条件下的较高水平，以充分发挥所选树种的最大生长潜力、生态效益与观赏功能。这是园林植物栽植的一项基本原则，是其他一切管理工作的基础。

2. 功能选择原则

园林植物具有多方面的功能，在植物选择中，要明确植物所发挥的主要功能是什么，所选植物要具备最能满足栽植目的的条件。小区绿化所用植物都各有所长，通过设计师的巧妙设计，能发挥出植物个体或群体的效果。植物组合的空间效果见表4-2。

表4-2　植物组合的空间效果

植物组合形式	植物高度/cm	空 间 效 果
灌木、花卉	40～45	产生引导效果，界定空间范围
灌木、竹类、藤本类	90～100	产生屏障功能，改变暗示空间的边缘，限定交通连线
乔木、灌木、藤本类、竹类	135～140	分隔空间，形成连续完整的围合空间
乔木、藤本类	高于人水平视线	产生较强的视线引导作用，可形成较私密的交往空间
乔木、藤本类	高大树冠	形成顶面的封闭空间，具有遮蔽功能，并改变天际线的轮廓
花卉、草坪	13～15	能覆盖地面，美化开敞空间，在平面上暗示空间

3. 经济性原则

园林植物的种植设计要注意经济性原则，这主要体现在两个方面：一方面，要尽可能减少施工与养护成本，选择苗源广、繁殖较容易、苗木价格低、移植成活率高、养护费用低的植物，做到投资少，绿化效果好；另一方面，所选植物应有一定的经济开发前景，适合于综合利用，可获得适当比例的木材、果品、药材、油料、香料等产品，能满足市场的需求。

4. 生态环保原则

园林植物的种植设计要注意生态环保，所选植物对人应具有一定的安全性，不能选择有毒有刺的植物；同时，所选植物对环境不产生过多的卫生污染，少用一些开花时会产生飞毛、飞絮的树种，或者浆果类的树种。

4.2.3.2　乔木、灌木的种植设计

在小区绿化环境中，乔木、灌木是园林植物种植中最基本的元素，是绿化的骨架。乔木树冠高大，有遮阳效果，且寿命较长，其树干占据的空间少，不会妨碍游人在树下的活动；灌木浓密丰满，形体姿态富于变化，可以做乔木的陪衬，增加植物群落的层次，突出花、果、色方面的优势。植物种植设计的形式多种多样，变化无穷，分类方法不尽统一，分类的方法不同，种植设计的形式也不同。

1. 按种植点的平面设计

按种植点在一定平面上的分布格局，乔木、灌木的种植设计可分为规则式、自然式和混合式种植设计。

（1）规则式种植设计（图4-17）　这种设计是指树木的栽植是按几何形式和一定的株

距、行距，有规律地栽植。这种设计的特点是中轴对称，株距、行距固定，同相可以反复延伸，排列整齐一致，具体表现为整齐端庄、严谨规整。

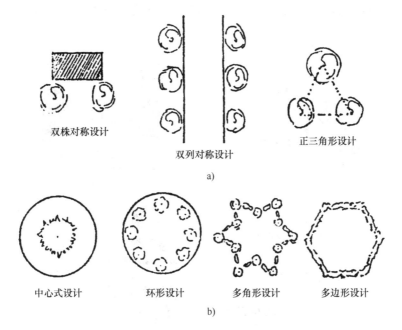

双株对称设计　　双列对称设计　　正三角形设计

a)

中心式设计　　环形设计　　多角形设计　　多边形设计

b)

图 4-17　规则式种植设计

a) 左右对称式种植设计　b) 中心对称式种植设计

（2）自然式种植设计（图 4-18）　这种设计是仿效树木自然群落构图的设计形式，强调变化，搭配自然，有远有近，有疏有密，有大有小，相互掩映，生动活泼，宛若天生。不要求株距、行距一定，可将同种或不同种的树木进行孤植、丛植、群植和营造风景林等，具有活泼愉快的气氛。自然式种植设计，不论组成树木的种类、株数多少，均要求搭配自然。

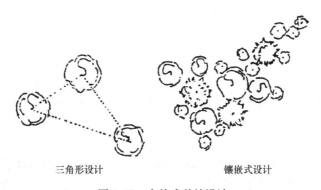

三角形设计　　　　　　　　镶嵌式设计

图 4-18　自然式种植设计

（3）混合式种植设计　在某一植物造景中同时采用规则式和自然式相结合的设计方式，称为混合式种植设计。在实践中，一般以某一种方式为主而以另一种方式为辅结合使用，要求因地制宜，融洽协调，注意过渡转化要自然，强调整体的相关性。

2. 按种植的景观效果设计

（1）孤植（图 4-19a）　孤植是指孤立种植观赏树木的种植方式。单株栽植的孤立树，无论是以遮阳为主，还是以观赏为主，都是为了突出树木的个体功能。孤植树作为主景，反映的是自然界植株个体的自然美，但必须注意其与环境的对比与烘托关系。一般应选择比较开阔的地点，如草坪、花坛中心、道路交叉点或转折点、岗坡及宽阔的湖池岸边等处栽植。

1.常绿针叶树 2.落叶阔叶树 3.灌木

图4-19 树木种植设计类型
a）孤植 b）对植 c）丛植 d）群植 e）篱植

（2）对植（图4-19b） 对植是指用两株树按照一定的轴线关系相互对称或均衡栽植的种植方式。对植作为园林空间构图上的配景，主要用于强调公园入口、建筑入口、道路起始点、广场的入口等，用于引导游人视线。同时，也用于荫蔽的休息空间，在空间构图上作为配景使用。

（3）丛植（图4-19c） 丛植是指由2～9株树组合种植而成的种植形式，又叫树丛。丛植的功能以庇荫为主，也可用于观赏。丛植的组合，一方面体现其群体美，另一方面又表现出单株树木的个体美。丛植可用于草坪、水边、河畔、岛屿、岗坡、道旁、花境、花坛，以及庭院角落、建筑一侧、园路转折等处，布局自由灵活，形式多样，丰富多彩。

1）两株丛植（图4-20a）。两株丛植组合设计一般采用同种树木，或者形态和生态习性相似的不同种树木。两株树木的形态、大小不要完全相同，要有变化和动势，以创造活泼的景致。两株树木之间既有变化和对比，又有联系，相互顾盼，共同组成和谐的景观形象。

2）三株丛植（图4-20b）。三株丛植组合设计宜采用两种或三种不同的树木。三株树通常呈"2＋1"式的分组设置，最大和最小的树靠近栽植成一组，中间体型的树木稍偏离些栽成另一组，这样两组之间具有动势呼应，整体造型呈不对称式均衡，平面布置呈不等边三角形。若为三种树，应同为常绿树或落叶树，或同为乔木或灌木等，树木大小和姿态要有所变化；若三株树木为两种，则同种的两株分居为两组，而且单独一组的树木体量要小，这样的丛植景观才具有既统一又变化的艺术效果。

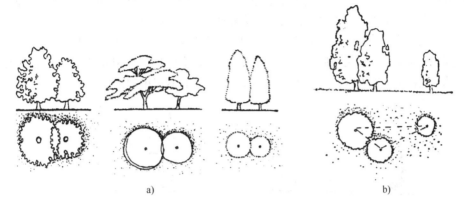

图 4-20　两株和三株丛植

a）两株丛植　b）三株丛植

3）四株丛植（图 4-21）。四株丛植组合设计宜用一种或两种树木。用一种树木时，在形态、大小、距离上要有变化；用两种树木时，则要求同为乔木或灌木。同种树的布局以

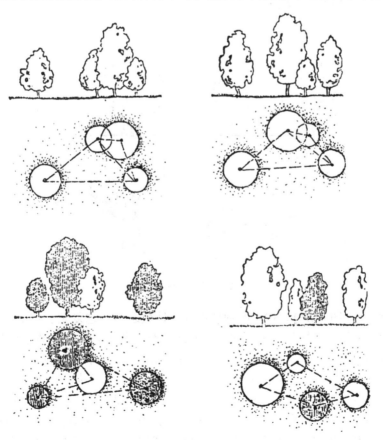

图 4-21　四株丛植

"3+1"式的分组设置,三株中的两株靠近,一株偏远,方法同三株丛植,单株一组通常为第二大的树,整体布局可呈不等边三角形或四边形。两种树木布局时,树量比为3:1。仅一株的树种,其体量不宜最小或最大,也不能单独一组布置,应与另一种树木进行"2+1"式的组合配置。

4)五株丛植(图4-22)。五株丛植组合设计,若为同一树种,则树木个体形态、动势、间距各有不同,并以"3+2"式的分组布局为佳,最大树木位于三株组。三株组与二株组各自的组合方式同三株丛植和二株丛植。五株丛植也可采用"4+1"式的组合配置,其中单独的树木不能为最大,两组距离不宜过远,动势上要有联系,相互呼应。五株丛植若用两种树木,株数比以3:2为宜,在分组布置时,最大树木不宜单独成组。

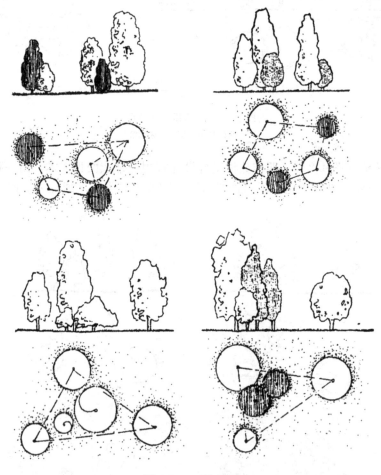

图4-22 五株丛植

5)多株配合(图4-23)。树木的种植设计,株数越多就越复杂。理解了五株丛植的设计方法,则六株丛植、七株丛植……就可以依此类推。多株配合的关键是在调和中求对比,在对比中求调和,株树越少,树种越不能多;株数增多时,树种可逐渐增多。

(4)群植(图4-19d) 群植也叫树群。群植主要表现出群体美,株数一般从十几株到几十株不等。群植实际上是由许多树木组合而成的群落,其组成上可以是单一树种构成的,也可以是多个树种混植;可以是乔木混交,也可以是乔木、灌木混交;可以是单层的,也可以是多层的。乔木层居中,亚乔木居四周,灌木在外缘。树木栽植的距离要疏密有间,构成

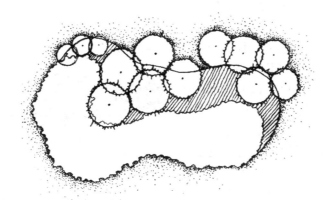

图 4-23　多株配合

不等边三角形，切忌成行、成排、成带栽植，应混交组合，应该采取复层混交、小块混交与点状混交相结合的方式。

（5）篱植（图 4-19e）　篱植是指利用灌木或小乔木以规则的种植形式密植后，形成的单行或多行的紧密结构。由此形成的条带状群植称为绿篱或绿墙。其一般由单行、双行或多行树木构成，虽然行距较小且不太严整，但整体轮廓鲜明而整齐。篱植的宽度或厚度较小，长度不定且可曲可直，变形较多；高度一般为 20 ～ 160cm，高的可以达到 210cm。篱植一般由单一树种组成，常绿、落叶或观花、观果树种均可，但必须具有耐修剪、易萌芽更新和脚枝不易枯死等特性。

（6）带植　带植所形成的林带，实际上就是带状群植，但垂直投影的长轴比短轴长得多。小区林带的设计也须注意园林艺术布局，应兼有观赏、游憩的作用。带植的平面设计可以是规则的，也可是自然的，目前多采用正方形、长方形或等腰三角形的规则式设计。带植的树种选择以乔木树种为主，可单一树种设计，也可多树种混交设计。

4.2.3.3　花卉的种植设计

花卉是小区绿地中经常用作重点装饰和色彩构图的植物材料。花卉种类繁多，色彩鲜艳，易繁殖，在丰富绿地景观方面有独特的效果。

1. 花卉的种植设计要求

1）花卉的设计造型应与周围的地形、地势、建筑相协调，平面要讲究简洁，边缘装饰要朴实，不能喧宾夺主。其中，花卉植物的体形、色彩、开花期等在生长过程中都有很大变化，设计时要周密考虑，科学安排。

2）植物体形的高矮、大小都应搭配合理，最高的宜布置在中心，较矮的布置在外围或边缘；如靠近建筑物时，可把较高植株配在后面，自后向前逐渐降低，以形成高低层次的变化。

3）一般将多年生的花卉栽在远离道路、广场的地方；而选用一、二年生的花卉栽在路边、水旁、广场和建筑物周围，作为季节性的装饰花卉使用。

2. 花卉的种植设计形式

在小区绿化中，花卉有花池、花坛、花境、花箱、花台等不同的种植方式，可根据要求适当选用。

（1）花池　由草皮、花卉等组成的具有一定图案画面的地块称为花池。因其内部组成不同又可分为草坪花池、花卉花池、综合花池等。

（2）花坛 花坛（图4-24）是指在具有一定几何形轮廓的种植床内栽植各种色彩的观赏植物，构成华美艳丽的纹样和图案的种植形式。花坛一般中心部位较高，四周逐渐降低，倾斜面为5°~10°，以便排水；边缘用砖、水泥、瓶、磁柱等做成几何形镶边。根据种植设计的形式不同，花坛可分为独立花坛、带状花坛、花坛群、花丛花坛和模纹花坛。

图4-24 花坛

（3）花境（图4-25） 花境是介于规则式和自然式构图之间的一种长形花带。从平面布置来说，它是规则的，从内部植物栽植来说则是自然的。花境中的观赏植物要求造型优美、花色鲜艳、花期较长、管理简单。在设计上既要注意个体植株的自然美，还要考虑整体美。为了取得较长期的观赏效果，可用两种花期稍有早迟的植株设计，如芍药和大丽花、水仙花与福禄考、鸢尾与唐菖蒲等；为了增强趣味性，还可将疏松的满天星和茂密的洋地黄配在一个花丛中。花镜设计时要注意植物生长季节的变化，深根系与浅根系的搭配。

（4）花箱（图4-26） 用木、竹、瓷、塑料制造的，专供花灌木或花卉栽植使用的箱称为花箱。花箱可以制成各种形状，摆成各种造型的花坛、花台外形，可机动灵活地布置在室内、窗前、阳台、屋顶、大门口及道旁、广场中央等处。

图4-25 花境

图4-26 花箱

（5）花台 在40~100cm高的空心台座中填土，栽植观赏植物，称为花台。它是以观赏植物的体形、花色、芳香及花台造型等综合美为主的。花台的形状各种各样，有几何形体，也有自然形体。一般在上面种植小巧玲珑、造型别致的植物，如松、竹、梅、丁香、天竺、铺地柏、枸骨、芍药、牡丹、月季等。

4.2.3.4 攀缘植物的种植设计

攀缘植物是绿地中常用的植物材料。当前小区绿化的用地面积十分紧张，充分利用攀缘植物进行垂直绿化是拓展绿化空间、增加小区环境绿量、提高整体绿化水平、改善生态环境的重要途径。攀缘植物可分为缠绕类、吸附类、卷须类和蔓生类，在绿地中常见的种植设计有附壁式、篱植式、棚架式、立柱式、悬蔓式，以及阳台、窗台的绿化几种。

1. 附壁式

（1）附壁式的特点　附壁式为最常见的垂直绿化形式，依附物为建筑物或土坡等的立面，如墙面、断崖悬壁、挡土墙、大块裸岩等。附壁式绿化能利用攀缘植物打破墙面呆板的线条，吸收夏季太阳的强光，柔化建筑物的外观。

（2）附壁式的配置　附壁式在配置时应注意植物材料与立面的色彩、形态、质感的协调，并考虑建筑物或其他园林设施的风格、高度、墙面的朝向等因素。表面较粗糙的，如砖墙、石头墙、水泥砂浆抹面等可选择枝叶较粗大的种类，如具有吸盘的爬山虎，有气生根的常春卫矛、凌霄等；表面光滑、细密的，如马赛克贴面则宜选用枝叶细小、吸附能力强的种类，如络石、小叶扶芳藤、常春藤、蜈蚣藤等。

2. 篱植式

（1）篱植式的特点　利用攀缘植物把篱架、矮墙、护栏、铁丝网等硬性单调的土木构件变成枝繁叶茂、郁郁葱葱的绿色围护，既美化环境，又隔声避尘，还能形成亲切安静的封闭空间。

（2）篱植式的配置　篱植式通常以卷须类植物为主，根据篱植的类型选择适宜材料。

1）竹篱、铁丝网、围栏、小型栏杆的绿化应选择茎柔叶小的草本和柔软木本种类，如茑萝、香豌豆、牵牛花、络石等。

2）在庭院里应充分考虑攀缘植物的经济价值，选用可供食用或药用的种类，如丝瓜、苦瓜、扁豆、豌豆、菜豆等蔬菜，金银花、何首乌等药用植物。

3）栅栏绿化若为透景之用，应选择枝叶细小、观赏价值高的种类，如矮牵牛、茑萝、络石、铁线莲等，种植宜稀疏。如果栅栏起分隔空间或遮挡视线之用，则应选择枝叶茂密、花朵繁茂、艳丽的木本种类，将栅栏完全遮挡，形成绿篱或花篱，如胶州卫矛、凌霄、蔷薇等。

4）普通的矮墙、石栏杆、钢架等，可选植物更多，如缠绕类的使君子、金银花、探春、何首乌；具卷须的炮仗花、香豌豆；具吸盘或气生根的爬山虎、蔓八仙、钻地枫等。蔓生类攀缘植物如蔷薇、藤本月季、云实等应用于墙垣的绿化也极为适宜。

5）在污染严重的地区宜选用葛藤、南蛇藤、凌霄、菜豆等抗污染植物。

6）小区临街的砖墙，如用蔷薇、凌霄、爬山虎等混植绿化，既可衬托道路绿化景观，又可延长观赏期。

3. 棚架式

（1）棚架式的特点　棚架式（图4-27）的依附物为花架、长廊等土木构架。棚架式多用于人们活动较多的场所，可供居民休息和谈心。棚架的形式并不固定，可根据地形、空间和功能确定，但应与周围的环境在形体、色彩、风格上相协调。

图4-27　棚架式绿化

（2）棚架式的配置　棚架式的攀缘植物一般选择卷须类和缠绕类，如紫藤、中华猕猴桃、葡萄、木通、五味子、炮仗花等。部分蔓生种类也可用于棚架式造景，如叶子花、木香、蔷薇等。

1）若用攀缘植物覆盖长廊的顶部及侧方，以形成绿廊或花廊、花洞，宜选用生长旺盛、分枝力强、叶幕浓密、花果秀美的种类，目前最常用的种类是北方用紫藤，南方用炮仗花。

2）花朵和果实藏于叶丛下面的种类如葡萄、猕猴桃、木通，尤其适于棚架式造景，人们坐在棚架下休息、乘凉的同时，又可欣赏这些植物的花果之美。绿亭、绿门、拱架一类的造景方式也属于棚架式的范畴，但在植物选择上更应偏重于花色鲜艳、枝叶细小的种类，如铁线莲、叶子花、蔓长春花、探春等。

3）居住小区内布置的花架，宜选择色彩明亮、具有芳香，尤其是花朵夜间开放的种类，如月光花、栝楼、夜来香等。

4. 立柱式

（1）立柱式的特点　灯柱、路标以及其他立柱式的装饰物，用藤本植物攀缘或缠绕，可使景色生动多变，更具生气。

（2）立柱式的配置　吸附式的攀缘植物最适于立柱式造景，很多缠绕类植物都可应用。

1）可选用适应性强、抗污染的种类，如五叶地锦、爬山虎等。

2）可选用耐阴种类，如木通、南蛇藤、络石、金银花、小叶扶芳藤等。

3）可选用观赏价值高的种类，如凌霄、络石、西番莲等。

4）绿地中保留的一些枯树如能加以绿化，也可给人以枯木逢春的感觉，如可在千年古柏上分别用凌霄、紫藤、栝楼等进行绿化，景观各异，平添无限生机。

5）一些管架支柱，在不影响安全和检修的情况下，也可用爬山虎或常春藤等进行美化，形成一种特色景观。

5. 悬蔓式

（1）悬蔓式的特点　悬蔓式绿化（图4-28）是攀缘植物的逆反利用，利用种植容器种植藤蔓或软枝植物，不让其沿引向上，而是凌空悬挂，形成别具一格的植物景观。

（2）悬蔓式的配置

1）如为墙面进行绿化，可在墙顶做一种植槽，种植小型的蔓生植物，如探春、蔓长春花等，让细长的枝蔓披散而下，与墙面向上生长的吸附类植物相配合，相得益彰。

2）可在阳台上摆放几盆蔓生植物，让其自然垂下，这样不仅起到遮阳功能，微风徐过之时，枝叶翩翩起舞，别有一份风韵。

图4-28　悬蔓式绿化

3）在楼顶四周可修建种植槽，栽种爬山虎、迎春、连翘、蔷薇、枸杞、蔓长春花、常春藤等拱垂植物，使它们向下悬垂或覆盖楼顶。

6. 阳台、窗台的绿化

阳台和窗台的绿化是家庭绿化的重要内容。阳台和窗台的绿化除摆设盆花外，常用绳索、竹竿、木条或金属线构成一定形式的网架、支架，选用缠绕或卷须型植物攀附形成绿屏或绿棚。适宜植物如牵牛、茑萝、忍冬、西番莲、丝瓜、苦瓜、葫芦、葡萄、文竹等。不设花架，在花槽或花盆内栽种蔷薇、藤本月季、迎春、云南素馨、蔓长春花等藤本植物，让其悬垂于阳台或窗台外，这样既丰富了阳台或窗台的造型，又美化了围栏和街景。北侧阳台光线较弱，应选择耐阴的植物，如常春藤、络石、蔓长春花、绿萝等。

4.2.3.5 草坪及地被植物的种植设计

草坪及地被植物是小区绿化的重要组成部分。草坪不仅能增加园林绿地中的植物层次，丰富园林景色，使人心情舒畅，还为人们提供了散步、休憩、锻炼的场所。草坪和地被植物同样能够改善小气候、降温增湿、防沙固土、护堤固坡、净化空气、保护环境、美化市容。在园林艺术构图上，草坪还用来扩大园林空间，开拓景观视野。它们在植物种植设计中位于植物群落的最下层，在发挥景观功能和生态功能中起着重要的作用。

1. 草坪种植设计要点

（1）草种选择要适当　应根据草坪的用途，当地的气候特点、土壤条件、技术水平及经济状况选择适合的草种或品种。

（2）要充分考虑草坪管理的效率　机械化作业一方面可以提高效率，降低管理费用，另一方面可以提高草坪修剪的质量。零碎、局部的草坪或草坪绿地中设置过多、凌乱的灌丛只能增加草坪修剪的难度，提高管理费用，降低景观的美学价值。

（3）要注意起伏地形　在自然式园林绿地设计中常采用起伏地形来增加景观的自然与变化。然而，地形变化给草坪的修剪、灌溉等管理措施带来了不便，特别是在干旱的北方，在无喷灌的条件下，常常是坡上的草坪植物出苗、生长不良，与其他部位的草坪植物很不协调，影响整体景观效果。坡度起伏越大，这种现象越明显。因此，在需要灌溉的北方，草坪绿地的起伏不易过大，除非有良好的喷灌系统。

（4）应考虑艺术性的需要

1）观赏用草坪的中央可以设置造型优雅的太湖石、孤植树、艺术雕塑等主景，成为视线的焦点，有突出主题、烘托气氛的艺术效果，使人赏心悦目。

2）在开阔的大面积游憩用草坪周围，应增加树丛群落和花卉进行点缀，可以形成疏林草地的田园景观，竖向地形设计要舒缓而富有高低起伏变化，草坪的边缘可布置点景卧石，创造山体余脉的景观效果，增加山林野趣。

3）草坪地形既要有单纯壮阔的气魄，又要有对比曲线结构的变化。草坪中的点缀植物要高低错落、忽隐忽透，以增加草坪风景的纵深感，产生恬静、柔美、清新的环境氛围和艺术效果。

2. 地被植物种植设计要点

地被植物的种植设计与草坪一样，依然要按照植物不同种类的生态特性和生长速度加以考虑。

1）要根据地被植物对环境的适应能力来进行种植设计。

2）要选择适合当地条件的地被种类。

3）要根据不同地被植物的生物学特性估算植物的生长速度，计算种植密度，掌握地面完全绿化所需时间。

常见的地被植物有砂地柏、偃柏、爬地柏、常春藤、爬山卫矛、箬竹、中国地锦、美国地锦、地被月季、白三叶、紫花地丁、二月兰、蛇莓、铺枝委陵菜、垂盆草、细叶麦冬等。

4.2.3.6 水生植物的种植设计

1. 水生植物种植设计的原则

水生植物（图4-29）常种植于湖水边用于点缀风景，也常作为规则式水池的主景；在园林中也可专设一区，创造溪涧、喷泉、跌水、瀑布等水景，汇于池沼湖泊，栽种多样化的水生花卉，布置成水景园和沼泽园。在有大片自然水域的风景区，也可结合风景的需要栽种大量的既可观赏，又有经济收益的水生植物。

（1）水生植物占水面的比例应适当 在园林河湖、池塘等水体中进行水生植物种植设计，不宜将整个水面占满，否则会因为水面拥挤，不能产生景观倒影而失去水体特有的景观效果。也不要在较小的水面四周种满一圈，避免单调、呆板。因此，水生植物种植设计总的要求是要留出一定面积的活泼水面，并且植物布置有疏有密、有断有续、富于变化，使水面景色更为生动。一般较小的水面，植物占据的面积以不超过水面面积的 1/3 为宜。

图4-29　水生植物景观

（2）因"水"制宜地选择植物种类 设计时要根据水体环境条件的特点，因"水"制宜地选择合适的水生植物种类进行种植设计。如大面积的湖泊、池沼，设计时应观赏结合生产，种植莲藕、芡实、芦苇等；较小的庭院水体，则点缀种植水生观赏花卉，如荷花、睡莲、王莲、香蒲、水葱等。

（3）控制水生植物的生长范围 水生植物多生长迅速，如不加以控制，会很快在水面上蔓延，影响整个水体景观效果。因此，进行种植设计时，一定要在水体下设计限定植物生长范围的容器或植床设施，以控制挺水植物、浮叶植物的生长范围。漂浮植物则多选用轻质浮水材料（如竹、木、泡沫草索等）制成一定形状的浮框，植物在框内生长，框可固定于某一地点，也可在水面上随处漂移，成为在水面上漂浮的绿洲或花坛景观。

2. 水生植物种植设计的方法

（1）浅水区植物种植设计 水深1m以下的水景区称为浅水区。在浅水区，通常选漂浮植物，挺水植物如植株高出水面的也可选用，如荷花、水葱、千屈菜、慈姑、芦苇、菖蒲等，可增加植物层次。

（2）深水区植物种植设计 水深1m以上的水景区称为深水区。在深水区，可选用浮叶植物。浮叶植物的茎、叶浮于水面之上，花朵开在水面上，如睡莲、王莲、芡实、菱等，可丰富水体景观。漂浮植物整株漂浮生长于水面或水中，不固定生长于某一地点，可运用到各种水深区用于点缀水面景色，如水浮莲、睡莲等。

（3）水岸区植物种植设计（图4-30） 水岸区植物往往作为水体的背景，它要求多层次且富于变化，一般选用姿态优美的耐水湿植物，如柳树、木芙蓉、池杉、素馨、迎春、水杉、水松等，可美化河岸、池畔环境，丰富水体空间景观。可以种植低矮的灌木，以遮挡河池驳岸，使池岸含蓄、自然、多变，创造出丰富的花木景观。可以种植高大的乔木，创造出水岸的立面景色和水体空间景观的对比构图效果，同时获得生动的倒影景观。也可适当点缀亭、榭、桥、架等建筑小品，进一步增加水体空间的景观内容和游憩功能，并且从视觉效果上来说，这种过渡区域能带来一种丰富、自然、和谐又富有生机的景观及多种水体形态。

（4）水生植物种植方式 大面积种植挺水或浮叶水生植物，一般使用耐水建筑材料，根据设计范围，沿边缘砌筑种植床壁，将植物种植于床壁内侧。较小的水池可根据种植植物

图4-30　水岸区植物种植设计

的习性，在池底用砖石或混凝土做成支墩以调节种植深度，将盆栽或缸栽的水生植物放置于不同高度的支墩上（图4-31）。如果水池深度合适，则可直接将种植容器置于池底。

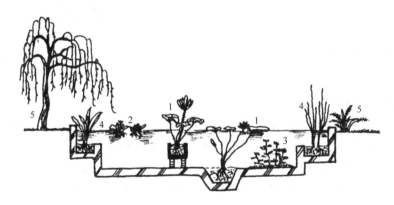

图4-31　小型水池种植方式
1—挺水植物（荷花）　2—浮叶植物（水葫芦）　3—沉水植物（金鱼藻）
4—沼生植物（海芋、香蒲）　5—水旁植物（垂柳、蕨类）

[阅读材料]

杭州地区住宅区植物景观研究

从早期的简单植树绿化，到如今的投入相当的资金来精心设计、施工和养护管理，杭州地区住宅区的植物景观已进入了一个新的发展阶段。经多个小区的调查发现，杭州地区住宅区的植物景观有以下特点：

1. 绿地格局形态丰富

住宅区注重居住环境的营造，在规划设计中精心组织了住宅建筑的外部环境。对建筑的形式与组合，在考虑景观的视觉感受的同时，注意其对环境光照、通风等的影响；并在规划阶段就统筹安排建筑、道路与绿地的布局，营造有序的、舒适的外部空间。从山水人家住宅区的平面图（图4-32）中可以发现，这种优化的外部空间，使绿地格局的形态更加丰富，为创造优美的植物景观提供了良好的条件。

2. 植物种植设计手法多样化

杭州地区住宅区的植物种植设计呈现出百花齐放的局面。南都德加住宅区中的植物配置借鉴了西方园林的模纹，结合园林大色块、大线条的特点，采用植物色带作底，在上层点缀各种乔木、灌木，追求一种简洁的现代风格。颐景园住宅区的植物种植设计则以传统的江南私家园林风格作为主调，采用传统的花木种植设计手法（图4-33）。新金都城市花园住宅区中既可以享受现代园林的大草坪空间，又可欣赏到西方园林中的模纹花坛。多种多样的植物种植设计手法使住宅区的植物景观丰富多彩。

图4-32　山水人家住宅区的平面图

图4-33　颐景园住宅区
的植物种植设计

3. 植物材料多样化

植物材料多样化是实现生态性的重要途径之一。完美的植物景观，必须具备生态性与艺术性两方面的高度统一，既要满足植物的生态习性，使植物在住宅区环境中合理共生，又要体现它的观赏性能；既要了解植物个体的质地、美感、色泽及绿化效果，又要注意植物种类间组合的群体美，以及具体的地理环境和条件，由此才能充分发挥植物绿化的美化特性，达到预期的景观效果。

4. 承载植物的空间多样化

各种地貌为植物的生长提供了干、湿、阴、阳、陡、缓等不同的生长环境，为植物景观的多样性提供了基础。如今，住宅区追求个性化的绿化环境，水与地形成为绿地中重要的景观元素。如桂花城住宅区中起伏的地形，与植物的错落变化相映成趣；白荡海人家住宅区绿地中的湖面倒映着绿树粉墙，组团绿地中的溪流两岸种植着成丛的鸢尾等水生植物，形成江南水乡住宅特色。

实例一　九溪玫瑰园住宅区小游园利用山谷的落差，在谷底依次布置瀑布、溪流、池塘及游泳池等一系列水景，两旁的谷坡上是保留下来的大片三角枫林，使流水、石径、木栈道、木平台、木亭掩映在一片绿荫之中（图4-34）。对原有植被的巧妙利用是该小游园植物景观获得成功的首要因素，其中架空木栈道的设置是植被得到保护的关键。在运用原来的三角枫林搭建起群落的上层骨架后，适当补充一些点景树如香樟、鸡爪槭、罗汉松，以及中下层的耐阴灌木和地被如桂花、杜鹃、金银木、木绣球、八仙花、鸢尾、玉簪、常春藤，使原先单调的植物景观变得丰富多彩。这样一来，九溪玫瑰园住宅区小游园在较短的时间内就形成了郁郁葱葱、层次分明的植物景观，既达到了美化环境的目的，又起到了维护生态环境的作用，是生态与艺术相结合的范例。

实例二　白荡海人家住宅区小游园的绿地临街布置，面积为4800m²，位于住宅区南部，面向文一路，丰富了街道景观，使行人观赏到更多的绿化空间。该小游园根据原地形的特点，开挖水面，以湖水景观为主题。湖面正好位于文一路上主入口的左侧，从主入口进入住宅区，便是以湖水为中心的游园。沿湖的主要植物有垂柳、八仙花、迎春。整个小游园植物种类丰富，层次分明。高层乔木主要有香樟、无患子、广玉兰、马褂木；中层乔木有桂花、晚樱、红叶李、紫薇、西府海棠、紫荆，中层灌木有杜鹃、八角金盘、洒金珊瑚、红花檵木、火棘等，形成层次分明，季相变化丰富的植物景观。

实例三　新金都城市花园的某组团绿地面积为 $1800m^2$，种植设计简单、朴素，但留出了满足居民活动的空间。该绿地分布着九棵香樟，树下是块石嵌草铺装和铸铁雕花座椅，四周配植桂花、杜鹃、红花檵木等花灌木，围合而通透，使人产生安定的场所感，满足了功能、景观与生态等多方面需求，是居民休憩的好去处（图 4-35）。

图 4-34　九溪玫瑰园住宅区小游园　　　　图 4-35　新金都城市花园的某组团绿地

人们对居住环境的需求不再限于一个简单的栽花种草的美化，而是需要置身于一个融汇着自然、文化、艺术的高品质生活环境。因此，通过对植物种植的科学设计，满足人们对住宅区绿化的生理和心理上的需求，不断推陈出新、精益求精，营造出优美舒适的居住环境。

4.2.4　任务实施

1. 准备工作

1）课前预习相关知识部分。

2）教师准备相关案例，课堂围绕案例进行讲解。

3）班级学生自由组合（每组 5~8 人）为几个学习小组，各学习小组自行选出小组长。

4）组长召集组员利用课外时间收集资料，讨论实施计划。

5）取得某小区用地和周边的地形图，到现场核实现有地物，查对图纸，要求图纸和原地形完全一致。

6）收集其他相关资料，包括水文、地质、气象、土壤资料，当地人力、物力和苗木资源的情况。

7）现场踏勘，对设计内容要做到心中有数，补充资料中的遗漏部分。

2. 实施步骤

1）选择小区绿化的园林植物种类。

2）绘制小区园林植物种植设计平面图。

3）绘制小区园林植物种植设计效果图。

4）分组讨论修改。

5）制作工程预算表。

6）制作设计说明书。

7）小组代表汇报，其他小组和老师评分。

任务4.3 小区绿化施工

4.3.1 任务描述

绿化施工是以有生命的绿色植物为主要施工对象的植物种植工程，施工内容包括苗木掘起、搬运和种植三个环节。本学习任务是小区绿化施工，了解施工前的准备工作，掌握小区绿化施工的知识，了解屋顶绿化与垂直绿化的施工工作，能够移植树木，能够栽植花卉，能够建植草坪。

4.3.2 任务分析

小区绿地规划设计要通过工程施工来实现，小区绿化施工是把规划设计变为现实的具体工作，为确保小区绿化施工任务的完成，必须做到以下几点：

1）熟悉图纸，遵照设计图进行施工。

2）搞好施工前的准备工作。

3）按照操作规程进行树木移植。

4）按照操作规程进行花卉栽植。

5）按照操作规程进行草坪建植。

4.3.3 相关知识

4.3.3.1 施工前的准备

1. 了解工程概况

绿地施工前，要对照绿地规划设计图，分析设计的意图、施工的要求，了解工程范围和工程量；了解施工现场的地上地下情况（管线、水线、电线等）；了解工程材料的来源及运输情况；了解工程投资和设计预算的定额；了解施工现场及附近的水准点，以及测量平面位置的导线点，以此作为定点放线的依据。

2. 现场勘察制定施工方案

在了解设计意图、方案和要求的基础上，勘察施工现场，了解水源、电源、土质等实际条件，了解苗木的来源、规格及质量，落实人力、工具、材料、机械、运输等，然后制定出切合实际的施工方案。

3. 场地整理

清理绿化场地包括清除杂物、整理场地、设置水源等。特别是残留下来的白灰、水泥、石头、沙砾等建筑垃圾要及时清除。对绿化区域的土壤进行化学分析，如土壤不符合植物的生长要求，要加以改良，包括翻松土壤、换土、施底肥，混炉渣、细沙等。

4. 定点放线

定点放线是指在现场确定苗木栽植的位置，测定株距、行距的过程。植物栽植的位置不同，定点放线的方法也不同。

（1）片状绿地定点放线　片状绿地定点放线的方法一般可分为三种。

1）交会法。采用交会法时，选取图纸上与施工现场相匹配的两个基点（建筑或原有植物等）作为参照物，分别测量出种植点与两基点的距离；然后以两基点为中心，以该基点与种植点的距离为半径分别画弧，两弧的交会点即是种植点，用白灰或标桩在场地上标明。此法误差较大，只能在要求不高的绿地施工中采用。

2）网格放线法。采用网格放线法时，按比例在图纸上和现场分别画出距离相等的方格，在图上用尺量出树木在方格网上的纵、横坐标，按比例定出现场相应的方格位置，钉木桩或撒白灰标明。此法适用于范围大而地势平坦的公园绿地。

3）平板仪定点法。范围较大，测量基点准确的公园绿地可用平板仪定点法。施工时，依据基点将单株位置及片林的范围线按设计图依次定出，并钉木桩标明，木桩上写清树种、数量。

（2）行道树定点放线　行道树定点放线时，一般是按设计断面定点，在有路牙的道路上以路牙为依据，没有路牙的则应找出准确的道路中心线，并以其为定点的依据；然后用尺定出行位，每隔10株钉一木桩，作为行位控制标记；然后用白灰标出单株位置。行道树要求栽植位置准确、苗木排列整齐。但道路绿化与市政、交通、居民等关系密切，植树位置除依据规划设计部门的配合协议外，定点后还应请设计人员验点。树木与管线、建筑物、构筑物的最小间距要符合表4-3、表4-4的规定。

表4-3　树木与管线的最小间距

管线名称	最小间距/m	
	至乔木中心	至灌木中心
给水管、闸井	1.5	不限
污水管、雨水管、探井	1.0	不限
煤气管、探井	1.5	1.5
电力电缆、通信电缆、通信管道	1.5	1.0
热力管（沟）	1.5	1.5
地上杆桩（中心）	2.0	不限
消防龙头	2.0	1.2

表4-4　树木与建筑物、构筑物的最小间距

建筑物\构筑物名称		最小间距/m	
		至乔木中心	至灌木中心
建筑物外墙	有窗	3.0~5.0	1.5
	无窗	2.0	1.5

建筑物\构筑物名称	最小间距/m	
	至乔木中心	至灌木中心
挡土墙顶内和墙脚外	2.0	0.5
围墙	2.0	1.0
铁路中心线	5.0	3.5
道路路面边缘	0.75	0.5
人行道路面边缘	0.75	0.5
排水沟边缘	1.0	0.5
体育用场地边缘	3.0	3.0
喷水冷却池外缘	40.0	—
塔式冷却塔外缘	1.5 倍塔高	—

4.3.3.2 树木移植

1. 选择苗木

根据设计选择合适的苗木规格和树种，要求根系发达，生长健壮。

2. 起苗

起苗时间和栽植时间最好紧密配合，做到随起随栽。起苗有露根起苗和带土球起苗两种方式。

（1）露根起苗　露根起苗也叫裸根起苗，适用于大多数阔叶树在休眠期的栽植。此法保存根系比较完整，便于操作，节省人力、运输费用和包装材料。但由于根部裸露，容易失水干燥和损伤弱小的须根。露根起苗若运输距离较远，需要在根苑里填塞湿草，或外包塑料薄膜进行保湿。

（2）带土球起苗　带土球起苗是指将苗木一定范围内的根系，连土一起掘削成球状，用蒲包、草绳或其他软材料包装起出。由于在土球范围内须根未受损伤，并带有部分原土，栽植过程中水分不易损失，对恢复生长有利。但操作比较困难，费工时，要耗用包装材料，同时土球十分笨重，增加了运输负担，产生的成本显著高于露根起苗。各类苗木根系和土球掘起的规格见表4-5。

表4-5　各类苗木根系和土球掘起的规格

树木类别	苗木规格	掘起规格	打包方式
乔木（包括落叶和常绿高分枝单干乔木）	胸径/cm	根系或土球直径/cm	
	3～5	50～60	
	5～7	60～70	—
	7～10	70～80	
落叶灌木（包括丛生和单干低分枝灌木）	高度/m	根系直径/cm	
	1.2～1.5	40～50	
	1.5～1.8	50～60	
	1.8～2.0	60～70	—
	2.0～2.5	70～80	

树木类别	苗木规格	掘起规格		打包方式
	高度/m	土球直径/cm	土球高/cm	
常绿低分枝乔木、灌木	1.0 ~ 1.2	30	20	单股单轴 6 瓣
	1.2 ~ 1.5	40	30	单股单轴 8 瓣
	1.5 ~ 2.0	50	40	单股双轴，间隔 8cm
	2.0 ~ 2.5	70	50	单股双轴，间隔 8cm
	2.5 ~ 3.0	80	60	单股双轴，间隔 8cm
	3.0 ~ 3.5	90	70	单股双轴，间隔 8cm

3. 挖穴

在栽苗木之前应严格按定点放线标定的位置、规格挖掘树穴。以定点标记为中心，沿四周向下挖穴，种植穴的大小根据土球规格及根系情况确定。裸根栽植的树苗，树穴应保证根系充分舒展，树穴直径应比根幅放大 1/2，树穴的深度为直径的 3/4。带土球栽植的树苗，树穴直径应比土球直径大 40 ~ 50cm，树穴的深度为直径的 3/4。土壤黏重板结地段，树穴尺寸可按规定再增加 20%。树穴的形状一般为圆形，要保证上下口径大小一致。

4. 定植

（1）栽植裸根苗　每三人为一个作业小组，一人负责扶树，要扶直和掌握深度；两人负责埋土。栽种时，将苗木根系妥善安放在坑内新填的底土层上，直立扶正；待填土到一定程度时将苗木拉到深度合适为止，并保证树身直立，不得歪斜，根系呈舒展状态；然后将回填坑土踩实或夯实。栽植时，尽可能保持原根系的自然状态，防止曲根和转根。栽植大苗时，将苗木直放树穴内，先用表土埋半穴，然后轻轻将苗向上提一提，摇晃一下，使根舒展，并与土壤密接，再踩实；踩后埋第二次土至与树穴平，略超过苗木根部原土印 1cm 左右，再踩实；最后埋第三次土至原土印以上 1 ~ 3cm，这次埋土不再踩实，以利保墒。

（2）栽植带土球苗木　先测量坑的深度与土球的高度，看是否一致。若有差别应及时将树坑挖深或填土，以保证栽植深度适宜。土球入坑定位，安放稳当后，应将包装材料全部解开并取出，即使不能全部取出也要尽量松绑，以免影响新根再生。填土时必须边填土边夯实，但不得夯砸土球，最后用余土围灌水堰。

（3）开堰浇水　树木栽好后，应沿树坑外缘开堰。堰埂高 20 ~ 25cm，用脚踩实。一般在树木栽植前或栽植期间不浇水，而在栽植完后浇水。浇水量要足，但过程要慢。在灌水之前最好在土壤上放置木板或石块，让水先落在石块或木板上后再流入土壤中，以减少水的冲刷，使水慢慢浸入土中，做到小水灌透。

5. 大树移植

移植胸径在 20cm 以上的树木，属于大树移植。带土球移栽的大树，土球规格一般过大，很难保证吊装运输的安全和不散坨，一般用方木箱包装移栽，较为稳妥安全。

（1）准备工作　移植前对大树的生长情况、立地条件、周围环境等进行调查研究，制定移植的技术方案和安全措施。选定移植树木后，在树干南侧做出明显标记，标明树木的朝阳面，同时建立树木卡片。根据有关规定办好所有权的转移及必要的手续，并做好施工所需工具、材料、机械设备的准备工作。在移植前 1 ~ 2 年分期断根、修剪。

1）根据树木的种类、株距、行距和干径确定在植株根际留土台的大小。一般可按苗木胸径（即树木高1.3m处的树干直径）的7~10倍确定土台尺寸。不同胸径树木应留土台尺寸和所用木箱规格见表4-6。

表4-6 不同胸径树木应留土台尺寸和所用木箱规格

树木胸径/cm	15~17	18~24	25~27	28~30
土台尺寸和所用木箱规格/m²（长边长×宽）	1.5×0.6	1.8×0.70	2.0×2.70	2.2×0.80

2）土台的大小确定之后，要以树干为中心，按照比土台大10cm的尺寸，画一正方形线印，将正方形内的表面浮土铲掉，然后沿线印外缘挖一宽60~80cm的沟，沟深应与规定的土台高度相等。挖掘树木时，应随时用箱板校正，保证土台的上端尺寸与箱板尺寸完全匹配，土台下端可比上端略小5cm左右。土台的四个侧壁，中间可略微突出，以便装上箱板时能紧紧抱住土台，不得使土台侧壁中间凹两端高。

3）装箱。修整好土台之后，应立即上箱板。

（2）吊装、运输 吊装、运输必须保证树木和木箱的完好以及人员的安全。每株树的质量超过2t时，需要用起重机吊装，用大型卡车运输。

（3）栽植 栽植包括以下几个步骤：

1）挖坑。栽植前，应按设计要求定好点，放好线，测好标高，然后挖坑。栽植坑的直径，一般应比大树的土台大50~60cm；土质不好时，应是土台尺寸的2倍。需要换土的，应用砂质壤土，并施入充分腐熟的优质堆肥50~100kg。坑的深度，应比土台的高度大20~25cm。在坑底中心部位要堆一个厚70~80cm的方形土堆，以便放置木箱。

2）吊树入坑。先在树干上包好麻包或草袋，然后用两根等长的钢丝绳兜住木箱底部，将钢丝绳的两头扣在吊钩上，即可将树直立吊坑中。

3）拆除箱板和回填土。树身支稳后，先拆除上板，并向坑内回填一部分土，待土填至坑的1/3高度时，再拆去四周的箱板，接着再向坑内填土，每填20~30cm厚的土应夯实一次，直至填满为止。

4）开堰浇水。填完土之后，应立即开堰浇水。第一次浇水要浇足，隔一周后浇第二次水，以后根据不同树种的需要和土质情况合理浇水。每次浇水后，待水全部渗下，应中耕松土一次，中耕深度为10cm左右。

4.3.3.3 花卉的栽植

花卉应按照设计图定点放线，在地面准确画出位置线、轮廓线。这里以花坛为代表来说明花卉的栽植。花坛栽植包括定点放线、砌筑边缘石、花坛种植床的整理、图案放样、栽植等几道工序。

1. 定点放线

根据设计图和地面坐标，在地面上测量花坛中心点坐标，再把纵横中轴线上的其他中心点的坐标测设下来，将各中心点连线即为花坛的纵横轴线。

2. 砌筑边缘石

（1）开挖石基槽 放线完成后，沿着已有的花坛边线开挖边缘石基槽。基槽的开挖宽度应比边缘石基础宽10cm左右，深度可以是12~20cm。槽底土面应整平、夯实；松软处应进行加固；槽底垫3~5cm厚的粗砂垫层，作基础施工找平用。

（2）砌墙饰面　用1:2水泥砂浆和MU10标准砖砌筑高15～45cm的矮墙，回填泥土将基础埋上，并夯实泥土。再用水泥和粗砂配成1:2.5的水泥砂浆，抹平墙面。最后，按照设计，用磨制花岗石石片、釉面墙地砖等材料贴面装饰。有些花坛边缘可能设计有金属矮栏花饰，应在边缘石饰面之前安装。

3. 花坛种植床的整理

1）翻土、清除土中杂物。若土质太差应换土，并施基肥。

2）填土。一般花坛，其中央部分填土应该稍高，边缘部分填土应低一些。单面观赏的花坛，前边填土应低些，后边填土应高些。花坛土面应做成坡度为5%～10%的坡面。在花坛边缘地带，土面高度应填至边缘石顶面以下2～3cm；以后经过自然沉降，土面即降到比边缘石顶面低7～10cm处，这就是边缘土面的合适高度。花坛内土面一般要填成弧形面或浅锥形面，单面观赏花坛的上面层则要填成平坦土面或是向前倾斜的直坡面。填土达到要求后，要把土面的土粒整细、耙平，以备栽种花卉植物。

3）花坛种植床整理好之后，应在中央重新打好中心桩，作为花坛图案放样的基准点。

4. 图案放样

花坛的图案、纹样，要按照设计图放大到花坛土面上。放样时，若要等分花坛表面，可从花坛中心桩牵出几条细线，分别拉到花坛边缘各处，用量角器确定各线之间的角度，就能够将花坛表面等分成若干份。以等分线为基准，比较容易放出花坛面上对称、重复的图案纹样。有些比较细小的曲线图样，可先在硬纸板上放样，然后将硬纸板剪成图样的模板，再依照模板把图样画到花坛土面上。

5. 栽植

（1）起苗　起花苗前，先灌水浸湿圃地，这样起苗时根部土就不易松散。同种花苗的大小、高矮应尽量保持一致，过于弱小或过于高大的都不要选用。

（2）栽苗　花卉的栽植时间，在春、夏、秋三季基本都适合。花苗运到后应及时栽种。栽植花苗时，一般的花坛都从中央开始栽，栽完中部图案纹样后，再向边缘部分扩展栽下去。在单面观赏花坛中栽植时，则要从后边栽起，逐步栽到前边。若是模纹花坛和标题式花坛，则应先栽模纹、图线、字形，后栽底面植物。在栽植同一模纹的花卉时，若植株高矮不齐，应以矮植株为准，对较高的植株栽得深一些，以保持顶面整齐。

4.3.3.4　草坪建植

1. 草坪草种的选择

应根据草坪的用途，当地的气候特点、土壤条件、技术水平及经济状况选择适合的草种或品种。

（1）按照小环境条件不同考虑选用不同草种　树荫下可选用耐阴强的草种；土质差的地方可选择综合抗性强的草种；在冷凉湿润的环境下可选用冷季型草；在温暖小气候条件下可选用暖季型草。

（2）按照设计草坪的主要功能选择草种　装饰性观赏草坪可选用精细草种，如剪股颖类；运动草坪可选用耐践踏且恢复力强的草种，如结缕草。

（3）按照工程造价和后期管护条件选择草种　以简单覆盖、护土护坡为目的的草坪可选用野牛草、羊胡子草等粗放管理的草种。在经费充足，人力物力和管护技术允许的条件下，可选用养护要求高、美化效果好的精细草种；反之，则应该选择可粗放管理的草种。

2. 草坪建植程序

（1）坪床准备　草坪要求有良好的土壤通气条件、水分和矿质营养，因而无论采取什么方法建植都应细心准备坪床。坪床的准备主要包括场地的清理、耕作、整地、土壤改良、施肥及灌溉设施的安装等步骤，这些与苗圃作业一样。

（2）建植方法　草坪建植的方法有很多种，这主要取决于草种或品种的特性。播种建植是最常见的草坪建植方法。除此之外，还可以用直铺草皮、栽植草块、撒播匍匐茎和根茎等方式建植。

1）种子建植。直接将草坪草种子播撒于坪床上，让种子与土壤混合建植草坪的方法称为种子建植。大部分冷季型草能用种子建植法建植。

2）营养体建植。利用草坪草的营养繁殖体建植草坪的方法称为营养体建植，包括铺草皮、栽草块、栽枝条和匍匐茎。其中，铺草皮的方法用得最多，这种方法见效快，对于大多数草坪草来讲，由于不能生产出活性种子，营养体建植是很好的建植方法。

4.3.3.5　屋顶绿化与垂直绿化的施工

1. 屋顶绿化

屋顶绿化就是在平屋顶或平台上建造人工花园。屋顶绿化与露地造园在植物种植上的最大区别是，屋顶绿化是把露地造园和种植等园林工程搬到建筑物上或构筑物上，它的种植土是人工合成的，并且不与自然土壤相连。

（1）屋顶绿化的基本条件　屋顶绿化最关键的是结构安全，屋顶应具备安全承重和不渗漏的条件。因此，要考虑屋顶的面积、承重、顶层形状、方位等因素，在绿化的结构上下功夫，制定切实可行、经济合理的技术方案。

1）屋顶种植的植物及各种附加材料的全面重量分析。对屋顶绿化使用的各种材料，如排水层材料、人造土（种植土、基质）、植物等，以及当地的最大降雪量、降尘量等都应进行统计分析，准确计算出屋顶最大的承重量，一定要将重量控制在平屋顶或平台的允许静荷载极值之内。

① 掌握土壤的干重和湿重，确定配合比和铺设厚度，了解常用种植土材料的物理性质（表4-7）。种植土关系到园林植物能否健壮生长和房屋结构承重等问题，因此各地都选用人工配制的轻型基质，如砂壤土、木屑、蛭石、珍珠岩、稻壳等，以满足质量小、持水量大、通风排水性好、营养适中、清洁无毒、材料来源广的要求。

表4-7　常用种植土材料的物理性质

材料名称	密度/(t/m³)		持水量（%）	孔隙度（%）
	干	湿		
砂壤土	1.58	1.95	35.7	1.8
木屑	0.18	0.68	49.3	27.9
蛭石	0.11	0.65	53.0	27.5
珍珠岩	0.10	0.29	19.5	53.9
稻壳	0.10	0.23	12.3	68.7

② 了解植物材料的质量。植物本身的自重也是不能忽视的荷载，同时应根据各种植物对种植土的要求确定人造土的厚度。屋顶花园种植区土层厚度与荷载量见表4-8。

表 4-8　屋顶花园种植区土层厚度与荷载量

类　　别	地被	小灌木	大灌木	浅根乔木	深根乔木
植物生存种植土最小厚度/cm	15	30	45	60	90～120
植物生长种植土最小厚度/cm	30	45	60	90	120～150
排水层厚度/cm	—	10	15	20	30
植物生存荷载/(kg/m²)	150	300	450	600	600～1200
植物生长荷载/(kg/m²)	300	450	600	900	1200～1500

③ 掌握排水层的厚度与重量。屋顶绿化的排水层设在防水层之上，过滤层之下，通常是在过滤层下用轻质骨料铺成 100～200cm 厚的排水层，骨料可用砾石、焦渣、陶粒等。

④ 了解当地历年来的最大降雪量和降尘量。

根据以上了解的情况对重量进行分析，最后控制总重量在平屋顶的允许静荷载极值之内，才能确保安全。

2）重物的选择。亭台、假山、水池、棚架、大树的种植槽重量大，必须建造在承重墙和承重柱上。

3）植物的选择。应选择与屋顶生态环境相适应的植物，所选植物应具备以下特点：

① 品种强壮，具有抵抗极端气候的能力。

② 适应种植土浅薄、少肥的土壤环境。

③ 能忍受干燥、潮湿、积水。

④ 耐夏季高温，能露地越冬，能抗屋顶大风，管理粗放。

（2）屋顶绿化施工　根据平屋顶的承载能力和屋顶绿化的目的，选择不同功能的屋顶绿化形式，进行总体设计。施工时，先用粉笔在屋面上根据设计要求画出花坛、花架、道路、排水孔道、浇灌设备的位置，然后按以下步骤施工：

1）做防水层。用新型防水材料来代替传统的油毡防水层，改热操作为冷操作的施工工艺，确保防水层达到预期效果。

2）做排水层。在防水层上填 10～20cm 厚的轻质材料，如砾石、焦渣、陶粒等。

3）做过滤层。在排水层上铺设一层尼龙窗纱或玻璃纤维布与石棉布做过滤层，防止种植土中的细小颗粒和骨料随浇灌而流失。

4）种植土层做法。选用预先堆积发酵的木屑、蛭石、稻壳等作为基质，掺入一定量的棉籽渣；或者用砂壤土、腐殖土、草炭土按 1∶1∶1 比例混合，铺设在过滤层上。

（3）栽植　栽植方法与露地栽培差不多，应注意使根系舒展，剪去过长的根，使土壤与根系紧密结合，栽后立即浇一次透水。

2. 垂直绿化

垂直绿化是运用藤本植物沿墙面和其他设备攀附上升形成垂直方向上的一种绿化形式。

（1）栽植方式　垂直绿化一般用栽植槽和容器进行栽植。

1）栽植槽。在近墙地面，用砖、水泥砌成各种几何形状的槽，深度为 40～50cm，大小根据栽种植物的需要确定，槽底留几个排水孔，排水孔尽量与下水道相连通。先在槽内铺一层碎石排水层，排水层上铺一层棕丝或尼龙窗纱，其上再铺种植土，土面比池口低 5cm。

2）缸盆栽植。它是将植物栽在缸盆内的栽植方式。缸盆的直径为 50～70cm，缸盆底打 2～3 个排水孔，孔上盖 2～3 片碎瓦片。在缸盆内铺碎石，以便排水通气，然后放土。缸盆为圆形，占地少，可放在屋角或拐弯处。

3）木箱栽植。它是用木箱装土，将植物栽到木箱内的栽植方式。根据需要制作木箱，箱底板留有泄水孔、槽。这种方式适于阳台绿化，但木箱必须安置牢固。

（2）栽植土壤　藤本植物一般对土壤要求不严，以肥沃、疏松、排水良好的土壤为宜；黏土、砂质土、污染土不能使用。

（3）栽植　栽植方法与一般植物的栽植方法一样，要求根系舒展不窝根，初期留 1～2 个枝蔓，缚扎或牵引在支撑物上，使其攀缘或附壁生长。

[阅读材料]

北京市居住区绿化美化标准

1）要合理规划布局，不留裸露土地。应把居住区绿化、道路、铺装地面统一规划，合理布局，把有限的楼间充分利用起来。楼南侧阳面应统一绿化到建筑散水，有条件的绿地要抬高 30～40cm，便于养护管理。道路尽量靠北侧阴面。楼拐角、山墙处也必须绿化，不能绿化的地方要铺装，不留空地。

2）多栽落叶乔木和攀缘植物。各居住区及各楼间的树种选择可有所不同，以求其有所区别，但都应以落叶乔木为基干树种，使其夏日有荫，冬季不遮阳，便于管理，利民生活。要尽量利用墙面栽植攀缘植物，以增加绿视率。

3）应有一定数量的耐阴木和耐阴地被植物作为下木，形成上下两个层次或上、中、下三个层次，以增加叶面系数。

4）要有适当的草坪、宿根花卉或草花衬托美化环境。

5）铺装地面、甬路，外围要栽植浓荫的阔叶树，并适当设置石凳或坐台，供人乘凉、休息。原则上不搞景观小品，不堆假山。

6）在集中绿地或绿化面积较大的楼间，可设置老年人锻炼身体的地方和简便易管理的儿童游戏场。

7）阳台应保持整洁，尤其是临街区间道路的阳台要绿化美化，有条件的地方还可进行楼顶绿化。

8）要设专人按二级标准对绿化进行养护管理，楼间及周围不准有临时建筑、违章建筑，无摊群侵占绿地、围圈树林，不准堆放破烂物料，对机动车辆的出入要进行限制和管理。

4.3.4　任务实施

1. 准备工作

1）课前预习相关知识部分。

2）教师准备相关案例，课堂围绕案例进行讲解。

3）班级学生自由组合（每组 5～8 人）为几个学习小组，各学习小组自行选出小组长。

4）联系绿化施工企业，讨论实施计划。

5）取得小区绿化规划设计图，了解工程概况。

6）现场勘察并制定施工方案。

7）场地整理。

8）定点放线。

9）材料、工具准备。

2. 实施步骤

1）乔木、灌木栽植。

2）花卉栽植。

3）草坪建植。

4）分组讨论。

5）企业兼职教师和学校老师评分。

 项目小结

本项目包括3个任务：小区绿地规划设计、小区园林植物种植设计，以及小区绿化施工。各任务要点见下表。

任　　务	基本内容	基本概念	基本技能
4.1　小区绿地规划设计	小区绿地的分类、小区绿地规划设计的基本要求、小区各种类型绿地的规划设计	小区绿地、宅旁绿地、组团绿地	能够对小区绿地进行规划设计
4.2　小区园林植物种植设计	小区园林植物种植设计的原则，乔木、灌木的种植设计，花卉的种植设计，攀缘植物的种植设计，草坪及地被植物的种植设计，水生植物的种植设计	种植设计、适地适树、孤植、对植、丛植、花池、花坛	会配置小区园林植物
4.3　小区绿化施工	施工前的准备、树木移植、花卉的栽植、草坪建植、屋顶绿化与垂直绿化的施工	定点放线、屋顶绿化、垂直绿化	会栽植小区园林植物

 思考题

1. 什么是小区绿地，小区绿地规划设计的意义是什么？

2. 小区绿地设计的原则是什么？

3. 园林植物种植设计的基本原则是什么？

4. 在小区绿地中乔木、灌木种植的基本形式有哪些？

5. 营造水生植物生长环境的措施有哪些？

6. 草坪及地被植物在绿地中常见的种植设计手法及注意的问题有哪些？

7. 绿化场地定点放线有哪几种方法？

8. 建设屋顶花园的步骤是什么？

测试题

1. 填空题

（1）小区内绿地，按照其功能、性质及大小，可以划分为_____、_____和_____、_____。

（2）乔木、灌木的种植方式有_____、_____、_____、_____。

（3）网格放线法适用于大而平整的_____绿地。

（4）在小区绿化中，花卉的种植设计形式中有花池、_____、_____、

_____、花箱等不同的种植方式。

2. 选择题

（1）小区道路系统分为_____级。

A. 2　　　　　　　　B. 3　　　　　　　　C. 4　　　　　　　　D. 5

（2）下列种植方式中为攀缘植物的种植方式的是_____。

A. 对植　　　　　　B. 花坛　　　　　　C. 悬蔓式　　　　　　D. 栽植槽

（3）小区公共绿地，包括_____、小游园、组团绿地，以及儿童游戏场和其他的块状、带状公共绿地等为小区全体居民或部分居民提供的公共使用的绿地。

A. 宅旁绿地　　　　B. 道路绿化　　　　C. 小区公园　　　　D. 庭院绿化

（4）草坪种植方式主要有_____、扦插、分株、草皮移植等多种。

A. 排列式种植　　　B. 自然式种植　　　C. 群植　　　　　　D. 播种

（5）小区绿地常用植物种类有_____、攀缘植物、花卉、草坪，以及地被植物等。

A. 乔木、灌木　　　B. 水生植物　　　　C. 疏林草地　　　　D. 浅根性植物

项目5

小区绿化维护

学习目标

技能目标：能够进行松土除草、施肥、浇水、灾害防治及绿化保洁等工作；能够进行
园林植物的整形修剪工作；能够养护新植树木；能养护草坪。

知识目标：了解绿化改造知识；了解园林小品的维护知识；熟悉园林植物养护的基本
内容；掌握园林植物土、肥、水管理的基本技术；掌握园林植物的整形修
剪技术；掌握草坪养护技术。

园林植物在栽植后，能否尽快发挥绿化设计的功能效果，取决于养护水平的高低。"三
分在建，七分在管"，强调了养护工作的重要性，占具"七分"地位的养护管理，是物业管
理人员工作的重点。小区绿化维护的内容包括对植物的日常养护、整形修剪、空间绿化养护
及草坪养护等方面。

任务 5.1　园林植物的日常养护

5.1.1　任务描述

日常养护工作是小区绿化维护最基本的工作，也是维护园林绿化优美景观，使植物正常
生长发育的基本保证。本学习任务是熟悉园林植物日常养护的基本内容，掌握小区绿化中
土、肥、水管理的基本技术，了解小区绿化低温、高温、大风的危害及防治技术，掌握小区
绿化的日常保洁技术；会管理土壤、会施肥、会排灌，能够防治灾害，会绿化保洁。

5.1.2　任务分析

园林植物是一种活的生命体，它的健壮成长靠的是日常养护，日常养护工作做得好，可
以使植物生长得旺盛；相反，日常养护做不好，植物就会生长瘦弱，甚至死亡。完成本任务

要掌握的知识点有：松土除草、地面覆盖及土壤改良的方法，肥料种类、施肥量、施肥时间、施肥方法及施肥安全卫生，灌水、排水及喷雾，低温、高温、大风的危害及防治方法，植物叶面保洁、花盆保洁、绿化垃圾清运及清理残花黄叶等。

5.1.3　相关知识

5.1.3.1　土壤管理

1. 松土

（1）松土的作用　松土可切断表层与底层土壤的毛细管联系，减少土壤水分的蒸发，改善土壤的通气性，加速有机质的分解和转化，从而提高土壤的综合营养水平。小区公共绿地行人多，土壤被反复践踏而板结，透水性、排水性极差，土壤肥力受到影响，也不利于微生物活动，从而影响根系生长。只有通过松土，才能改善土壤状况。

（2）松土的深度和范围　松土的深度和范围因植物的类别不同而异，树木的松土范围在树冠投影半径的1/2以外至树冠投影外1m以内的环状范围内，深度为5～10cm；灌木、草本植物的松土可全面进行，深度为5cm左右。

（3）松土时间　松土可在晴天进行，也可在雨后1～2d进行。松土的次数，每年至少进行1～2次。也可根据具体情况确定：乔木、大灌木可两年一次；小灌木、草本植物可一年多次；主景区、中心区可一年多次；边缘区域可适当减少。

2. 除草

（1）除草的作用　为排除杂草对水、肥、气、热的竞争，避免杂草对植物的为害，需要经常清除杂草，应做到"除小、除早、除了"。除掉的杂草要集中处理，并及时清运。

（2）除草的方法　除草采用的方法有手拔、刀挑、锄头锄、化学除草等。化学除草是采用化学药剂杀死双子叶杂草，常用的除草剂如下：

1）2,4-D。全名2,4-D丁酯，为苯氧乙酸类激素型选择性除草剂，用于除单子叶植物草地中的双子叶杂草（如芫茜等）。可用72%的2,4-D乳油稀释800倍喷施。具体操作时先用少量水将其溶解后再用水稀释。应注意，挥发出的2,4-D会对附近的双子叶植物造成伤害，过量使用也会对单子叶植物造成伤害。

2）西玛津。它是选择性内吸传导型土壤处理除草剂，用于杀除多年生植物中的一年生单子叶杂草，有粉剂及悬浮剂两种，按说明书使用。应注意西玛津的残效期特别长，不宜用于周转较快的花圃，过量的西玛津也可对多年生植物造成伤害。

3）克芜踪。其别名为百草枯，遇碱性水分解，中等毒性，为速效触杀型灭生性除草剂，但只对接触的绿色部分产生药害，入土失效，用后会较快有新的杂草生出。克芜踪应按说明书使用。应注意，克芜踪对所有植物都有杀伤作用，水剂已于2016年在国内停止销售。

4）草甘膦。其别名有农达、镇草宁等，低毒，为内吸传导型广谱灭生性除草剂。它对多年生根深性杂草的杀伤力较强。应注意，不同浓度的草甘膦对草的杀伤力不同，高浓度对所有植物均有严重的伤害，使用时应该防止药雾漂移到附近的植物上。

（3）除草的次数和范围　除草的次数，乔木、灌木一般20～30d进行1次，花卉一般每年3～4次，散生和列植幼树一年除草2～3次。松土与除草可同时进行，也可分别进行。除草的范围，对树木来说，一般应在树盘以内。

3. 地面覆盖

利用植物及其他物质覆盖土面，可防止水分蒸发，增加土壤有机质，为园林植物生长创造良好的条件。

4. 土壤改良

土壤改良是指采用物理的、化学的以及生物的措施，改善土壤的理化性质，提高土壤的肥力。

（1）土壤深翻　园林树木栽植时，应深挖扩穴；成片种植的园林植物要深翻田地。深翻结合施肥是改良土壤结构和理化性质，促进团粒结构形成，提高土壤肥力的最好方法。深翻一般在秋冬两季进行，采取全面深翻和局部深翻的措施。深翻深度及次数，因土质、植物的不同而异，一般为 60～100cm 深度，4～5 年一次。

（2）土壤质地改良　土壤质地过黏、过沙都不利于植物根系生长。黏重的土壤会板结、渍水，通透性差，容易引起根部腐烂；沙性太强的土壤，会漏水、漏肥，容易发生干旱。可以通过增施有机质，采取"沙压黏"或"黏压沙"的方法进行改良。

（3）土壤 pH 值调节　园林植物对土壤的酸碱度有一定的适应范围，但过酸过碱都会对植物造成不良影响。对于 pH 值过低的土壤，主要用石灰改良；对于 pH 值过高的土壤，主要用硫酸亚铁、硫黄和石膏改良。

（4）盐碱土的改良　在滨海及干旱、半干旱地区，土壤盐分含量很高，根系很难从土壤中吸取水分和营养物质，引起"生理干旱"和营养缺乏症，对植物生长有害，必须进行土壤改良。改良的主要措施有灌水洗盐、深挖增施有机肥、改良土壤理化性质、地面覆盖减少地表蒸发、防止盐碱上升等。

5.1.3.2　施肥

1. 肥料的种类与用量

（1）肥料的种类　肥料分为基肥和追肥。基肥是在植物休眠期施入土壤中的作为底肥的肥料，为充分腐熟的有机肥；追肥是在植物生长期为了弥补植物所需各种营养元素的不足而追加施用的肥料。肥料根据作用效率可分为速效肥和缓效肥；根据肥料的性质可分为有机肥、化学肥、腐殖酸肥等。

1）有机肥为全效肥料，含有氮、磷、钾等多种营养元素和丰富的有机质，是迟效性肥料，常作基肥用。它包括堆肥、厩肥、圈肥、人粪尿、饼肥、植物枝叶、作物秸秆等。

2）化学肥为速效肥料，通过化学合成或天然矿石提炼而成，使用方便，常作追肥用。它包括氮肥（尿素、硫酸铵等）、磷肥（过磷酸钙等）、钾肥（氯化钾、硝酸钾等）、复合肥（磷酸二氢钾等）等。

3）腐殖酸肥，是以含腐殖酸较多的泥炭或草炭为原料，加入适当比例的无机盐制成的有机、无机混合肥料。其特点是肥效缓慢，肥质柔和，呈弱酸性，对土壤溶液有缓冲作用，改良土壤效果好。其既可作追肥，又可作基肥。

（2）肥料的用量　肥料的用量应以园林植物在不同时期从土壤中吸收所需营养的状况确定，各植物相差很大。喜肥的多施，如樟树、梧桐、牡丹花等；耐瘠薄的可少施，如刺槐、悬铃木、山杏等。树木一般按胸径大小计算施肥量，一般胸径 8～10cm 的树木，每株施堆肥 25～50kg；花灌木可酌情减少；花卉施肥量见表 5-1。

表 5-1　花卉施肥量　　　　　　　　　　　（单位：kg/亩）

花 卉 种 类		氮	五氧化二磷	氧 化 钾
一般标准	一、二年生草花宿根类	6.27～15.07	5.00～15.07	8.0～11.27
	一、二年生草花球根类	10.0～15.07	6.87～15.07	12.53～20.00

（续）

	花卉种类	氮	五氧化二磷	氧 化 钾
基肥	一、二年生草花宿根类	2.64~2.80	2.67~3.33	3
	一、二年生草花球根类	4.84~5.13	5.34~6.67	6
追肥	一、二年生草花宿根类	1.98~2.10	1.60~2.00	1.67
	一、二年生草花球根类	1.10~1.17	0.85~1.07	1.00

注：1 亩 = 666.7m^2。

2. 施肥时间

施肥的时间影响着施肥的效果，施肥的时间应是园林植物最需要的时候。施肥时间的确定应注意以下几个方面：

（1）注意植物的年生长发育期　基肥一般宜在秋季施，此时正值根系生长高峰，施基肥可促进根系生长，增强植物越冬能力，为来年生长打下物质基础。前期追肥在生产高峰期、开花前、花芽分化期进行；后期追肥在花后和花芽分化期施。

（2）要考虑天气条件　施肥宜选择雨后进行，因为这时土壤水分较多，有利于养分流动，可提高植物对养分的吸收利用。

（3）结合松土　松土后，土壤通气性好，土壤中的微生物活动较活跃，此时施肥，肥料的有效性会得到明显的提高。

3. 施肥方法

（1）土壤施肥　施入土壤中的肥料应有利于根系吸收，应根据植物根系的分布状况与吸收功能确定具体的施肥位置。对于园林树木来说，施肥的水平位置一般应在树冠投影半径的1/3处，垂直深度应在密集根层以上40~60cm。在土壤施肥过程中必须注意，一是不要靠近枝干基部；二是不要太浅，避免采取简单的地面喷洒；三是不要太深，一般不超过60cm。具体有以下几种施肥方法：

1）地表施肥。松土除草后，将肥料撒施到地里，同时结合松土或浇水，使肥料进入土层获得满意的效果，此法适用于小灌木及草本植物。

2）沟状施肥。此法可把营养元素尽可能施在根系附近，可分为环状沟施、放射状沟施等方法。

3）穴状施肥。在树冠投影半径的1/2以外至投影外1m以内的环状范围内，挖20个左右的穴，穴深40cm，直径50cm，将肥料放入后盖土填平并踩紧即可，此法适用于中壮龄以上的乔木、大灌木施肥。

4）淋施。用水将化肥溶解后，结合淋水进行，此法速度快、省工、省时，多用于小型植物或草坪植物。

5）打孔施肥。此法由穴状施肥衍变而来，在施肥区每隔60~80cm打一个30~60cm深的孔，将额定肥量均匀地施入各个孔中，达孔深的2/3；然后用泥炭藓、碎粪肥或表土堵塞孔洞，踩紧。此法可使肥料遍布整个根系分布区，大树及草坪中的树木可采用此法。

（2）根外追肥　根外追肥又称为地上器官施肥，它是通过对植株叶片、枝条、枝干等地上器官进行喷、涂或注射，使营养直接渗入植株体内的方法。

1）叶面施肥。叶面施肥又称为叶面喷肥，多是追肥。一般将化肥稀释后，用喷雾的方法喷在叶片上。施用的肥料主要由尿素、磷酸二氢铵、磷酸二氢钾及硝酸钾配制而成。在使用时，应严格掌握肥液浓度，浓度一般在0.3%~0.5%。喷洒量以肥液开始从叶片大量滴下为准，应在上午 10 点以前、下午 16 点以后进行。

2）树木注射。此法是将营养液直接注入树干，具体做法是将营养液盛在一个专用容器里，系在树上，把针管插入木质部或髓心，慢慢吊注数小时或数天。这种方法也可用于注射内吸杀虫剂和杀菌剂，防治病虫害。

4. 施肥注意事项

1）施用有机肥料要充分发酵、腐熟；化肥必须完全粉碎成粉状。

2）施肥后，必须及时灌入适量的水，使肥料渗入。否则，会造成土壤溶液浓度过大，对树根不利。

3）根外追肥，最好于傍晚喷施。

4）小区绿地施肥，在选择施肥方法、肥料种类以及施肥量时，应考虑到居民游憩和卫生方面的问题。

5.1.3.3 水分管理

1. 灌溉

灌溉是指为调节土壤湿度和土壤水分，满足植物对水分的需要而采取的人工浇灌的措施。

（1）灌溉时间　灌溉时间应根据植物生长发育期和天气、土壤等因素确定。通常可根据植株外部形态、测定的土壤含水量等来确定灌溉的具体时间。

1）休眠期灌溉。休眠期灌溉一般在秋冬季和早春进行，秋末冬初灌溉（北京为 11 月中上旬），一般称为灌 "冻水" 或 "封冻水"。冬季结冻可放出潜热，提高园林植物的越冬安全性，还可防止早春干旱。早春灌溉，有利于新梢和叶片生长，有利于开花坐果。

2）生长期灌溉。生长期灌溉分为花前灌溉、花后灌溉和花芽分化期灌溉。

3）灌溉的原则是，土壤水分不足就应立即灌溉。一般来说，夏秋季节盆栽花木类要求每天淋水 1～2 次，地栽花木也应每天淋水一次，乔木视情况每年淋透水 3～4 次。

（2）灌溉量　一次灌溉中，植物根系分布范围内的土壤湿度达到最有利于植物生长发育的程度即为最适宜的灌溉量，所以必须一次灌透。一般对于深厚的土壤，需要一次浸湿 1m 以上的土层，浅层土壤经改良后也应浸湿 0.8～1.0m 。掌握灌溉量的一个基本原则是，植物根系分布范围内的土壤湿度达到田间最大持水量的 70% 左右。

（3）灌溉方法　一般根据植物的栽植方式来选择灌溉方法。灌溉方法多种多样，在小区绿地中常用的有以下几种：

1）漫灌。此法适合于地势平坦的群植、片植的树木、草地及各种花坛。可采取分区筑埂，在围埂范围内放水淹及地表进行灌溉；待水渗完之后，挖平土埂，松土保墒。漫灌耗水较多，易造成土壤板结，应尽量避免使用。

2）单株灌溉。对于园林树木，可在每株树木的树冠投影内，先扒开表土做一土堰，灌溉至满，让水慢慢向下渗透。在实际灌溉中，单株灌溉又分为盘灌和穴灌。

①盘灌（围堰灌溉）。以干基为圆心，在树冠投影以内的地面筑埂围堰，形似圆盘，在盘内灌水。盘深 15～30cm ，灌水前先在盘内松土，便于水分渗透；待水渗完以后，铲平围堰，松土保墒。灌溉完毕，要加以覆盖。此法用水经济，但渗湿土壤范围较小，离干基较远的根系难以得到水分供应。

②穴灌。在树冠投影外侧挖穴，将水灌入穴中，以灌满为准。穴的数量根据树冠大小确定，一般为 8～12 个，直径 30cm 左右，穴深以不伤粗根为准，灌后将土还原。目前较先进的穴灌技术是在离干基一定距离处垂直埋设 2～4 个直径 10～15cm ，长 80～100cm 的羊毛蕊管或瓦管等永久性灌水设施，这种方法用于地面铺装的街道、广场等十分方便。

3）沟灌。成片栽植的园林植物，可每隔100～150cm开一条深为20～25cm的长沟，在沟内灌水，慢慢向沟底和沟壁渗透，达到灌溉目的。灌溉完毕，将沟填平。此法可比较均匀地浸湿土壤，水分蒸发与流失量少，可达到经济用水、防止土壤板结的效果，是地面灌溉中比较合理的方法。

4）喷灌。喷灌是在大面积绿地，如草坪、花坛或树丛内，可安装固定喷头进行人工控制的灌溉。采用喷灌基本上不产生深层渗透和地表径流，省水、省工、效率高，且能减免低温、高温、干热风对植物的危害，提高了园林植物的绿化效果。

2. 排水

排水主要是解决土壤中水、气之间的矛盾，防止水分过多给植物带来缺氧危害，主要方法有：

（1）明沟排水 在绿化地段沿纵横方向开浅沟，排除积水，沟底保持一定比降，如果是成片栽植，应全面安排排水系统。

（2）暗道排水 在绿地下挖暗沟或铺设管道，借以排出积水。

（3）地面排水 目前，大多数园林绿地采用地面排水至道路边沟的排水方法，即将地面改造成一定坡度，保证雨水顺畅流走，坡度的比降应合适。

3. 空气湿度管理

对于一些喜欢干燥的植物，要降低空气湿度；而对于一些喜欢潮湿的植物，应设法增大空气湿度。对于摆在室内的观叶植物，除应在花盆下套花缸或垫碟，保持一定水分增加湿度外，还应经常向植物叶面喷水以增加湿度；而对于仙人掌、仙人球类、景天类等，要加强通风透光，保持干燥环境。

5.1.3.4 低温、高温、大风的危害及防治

1. 低温危害及防治

（1）低温危害的基本类型 低温可伤害植物各组织和器官，致使植物落叶、枯梢，甚至死亡。根据低温对植物危害的机理，可以分为冻害、冻旱、寒害三种基本类型。

1）冻害。冻害是指气温在0℃以下，植物组织内部结冰所引起的伤害。植物组织结冰后，细胞进一步失水，细胞液浓缩，原生质沉淀，压力增加，细胞壁破裂，出现溃疡、冻裂、冬日晒伤、冻拔、霜害等症状。

2）冻旱。冻旱又称为干化，是一种因土壤冻结而发生的生理干旱。寒冷地区，冬季土壤冻结，根系很难从土壤中吸收水分，而地上部分的枝条、芽、叶仍进行蒸腾作用，不断散失水分，最终破坏水分平衡导致细胞死亡，枝条干枯，直至整株死亡，常绿植物遭受冻旱的可能性较大，比如杜鹃、月桂、冬青、松树等。

3）寒害。寒害又称为冷害，是指0℃以上低温对植物造成的伤害，多发生在热带和亚热带植物上，如三叶橡胶在0℃以上低温影响下，叶黄脱落。寒害主要是细胞内核酸、蛋白质代谢受到干扰，特别在喜温植物北移时，应考虑这一限制因子。

（2）低温危害的防治 在我国，园林植物种类繁多，分布广泛，且常有寒流侵袭，低温危害非常普遍。低温危害，轻者引起溃疡，显著削弱植物的生长势，重则导致植物死亡。因此，防止低温危害对发挥园林植物的功能效益有重要意义。

1）选择抗寒植物种类或品种。一般当地植物和经过驯化的外来植物种类和品种，已适应了当地的气候条件，具有较强的抗寒能力，应是园林植物栽植的主要种类。新引进的植物，一定要经过试种，证明有较强的适应能力和抗寒能力，才能推广。

2）加强抗寒栽培，提高植物的抗性。春季加强肥、水供应，合理应用排灌施肥技术，

可以促进新梢生长和叶片增大，提高光合效能；后期应控制灌溉，及时排涝，适当施用磷钾肥，有利于枝条及早结束生长，提高木质化程度，增加抗寒能力；夏季要适当摘心，促进枝条成熟，对减少低温危害有良好的效果。

3）改善小气候条件增加温度、湿度的稳定性。通过人为的措施改善小气候条件，促进空气对流，避免冷空气聚集，可以减轻低温特别是晚霜和冻旱的危害。

4）加强土壤管理和植株保护。一般采用浇冻水和春水防寒的措施。冻前灌溉，特别是对常绿植物周围的土壤进行灌溉，保证冬季有足够的水分供应，这对防止冻旱十分有效。对植株进行培土（如月季、葡萄等）、束冠、涂白、包草、树盘覆盖（用腐叶土、泥炭藓、锯末等），对常绿植物喷洒蜡制剂，可以预防并减少冬褐现象。

5）推迟萌动期，避免晚霜危害。利用生长调节剂或其他方法延长植物的休眠期，推迟其萌动，可以躲避早春寒潮的袭击，如用比久、乙烯利、萘乙酸、钾盐、顺丁二酰肼等溶液，在萌芽前或秋末喷洒在树上，可抑制植物的萌动。

6）合理修剪。对受冻害的植株进行修剪，控制修剪量，即将受害部分剪除，促进枝条更新生长。

7）合理施肥。适量施肥，能促进植物新组织形成，提高越冬能力。

8）加强病虫害预防。植物遭低温危害后，树势较弱，极易受病虫侵袭，可结合防治冻害施化学药剂。

9）伤口保护与修补。对伤口进行修整、消毒、涂漆。

2. 高温危害及防治

（1）高温危害的类型

1）高温的直接伤害，即日灼。夏秋季由于气温高，水分不足，蒸腾作用减弱，植物体温难以调节，造成枝干的皮层或其他器官表面的局部温度过高，伤害细胞膜，使蛋白质变性，导致组织或器官的损伤、干枯。

2）高温的间接伤害，即饥饿失水干枯。高温使植物光合作用降低，呼吸作用继续增加，消耗养分，蒸腾作用加剧，引起叶片萎蔫，气孔关闭，植株干化死亡。

（2）高温危害的防治　根据高温对树木危害的特点，可采取以下措施：

1）选择耐高温、抗高温的植物种类或品种。

2）栽植前进行抗性锻炼。在植物移栽前先加强抗高温锻炼，逐渐疏开树冠和庇荫树，以便适应新环境。

3）保持移栽植株较完整的根系。移栽时尽量保留比较完整的根系，使土壤与根系密接，以便顺利吸水。

4）树干涂白。涂白可反射阳光，缓和树皮温度的剧变，对减轻日灼有明显的作用，在秋末冬初进行。涂白剂配合比为：水 72% + 生石灰 22% + 石硫合剂 3% + 食盐 5%。

5）加强树冠的科学管理。修剪中，适当降低主干高度，多留辅养枝，避免枝干光秃和裸露。

6）加强综合管理。采取促进植物根系生长的措施，改善树体状况，增强抗性，防止干旱，避免损伤，防病治虫，合理施肥。

7）加强受害树木的管理。对已遭受伤害的树木应进行审慎的修剪，去掉受害枯死的枝叶，对焦灼处进行修整、消毒、涂漆，要适时灌溉、合理施肥。

3. 风害及防治

（1）风害　在沿海地区，每年6月底到11月初有台风侵袭。台风所过之处，大片树木被刮倒，对园林绿化造成极大损害。其他地区也偶尔会遭受大风侵袭，大风也会导致树木倒伏，树杈劈裂，除对绿化造成损失外，还对小区的安全构成威胁。

（2）风害防治

1）在台风季节应紧密注意天气预报，及时掌握台风动态。

2）合理修剪，做到树形、树冠不偏斜，冠幅体量不过大，叶幕层不过高和避免"V"形杈的形成。

3）对一些较靠近业主窗台、对业主有潜在危险的枝叶要剪除掉。

4）台风到来前准备电锯、手锯、清运车等工具，台风过后应及时清理现场。

5）对树体进行支撑加固，在树木背风面立支撑物进行支撑，用铁丝、绳索扎缚加固。

6）选择抗风树种，选深根性、耐水湿、抗风能力强的树种，如悬铃木、枫杨、无患子、香樟、枫香等。

7）及时扶正树木，精心养护风倒树木。

5.1.3.5 绿化保洁

小区的绿化除了要加强养护外，还必须做好保洁工作，创造一个良好清洁的园林环境，保洁工作包括叶面保洁、花盆及花槽保洁、绿化垃圾的清运、清理残花黄叶等。

1. 叶面保洁

叶面保洁在室内绿化和高档住宅区室外绿化中显得很重要。园林植物的叶面经常会被大量尘埃或药物、泥水污染，所以应定期对植物的叶面进行保洁。高档住宅区，一般要求每月用水冲洗一次室外植物。室内摆放植物或会场布置用植物要求在进入室内前先用抹布抹干净。

2. 花盆及花槽保洁

花盆及花槽是影响花卉观赏质量的重要因素之一，也经常是被园林工作者忽视的部分。而在室内摆放时，花盆和花槽经常是人们顺手丢烟头等垃圾的地方。因此，花盆及花槽也经常是物业评比检查的重点之一。为保证花盆的清洁卫生，一般要用抹布将花盆抹干净，盆面及花槽应保证不积水、无烟头杂物等。花槽在每次换花时都予以清扫。

3. 绿化垃圾的清运

绿化垃圾是指园林绿化改造、修剪、除草、种植等工作中产生的黄叶、杂草、烂盆、余泥、废弃花木等垃圾杂物。这些垃圾一般不属于生活垃圾的清运范围，但往往携带有植物病虫害，需要专门处理。小区内绝不允许焚烧绿化垃圾，应将大枝条的绿化垃圾粉碎后沤制成肥料，或用垃圾袋密封后运到指定填埋区填埋。

4. 清除残花黄叶

残花黄叶是影响小区景观的重要因素之一，也是病虫害的藏身之地。园林植物每天都在进行新陈代谢，产生残花黄叶在所难免，需要园林工作者勤于巡查、及时发现、及时清除。

5.1.4 任务实施

1. 准备工作

1）课前预习相关知识部分。

2）教师准备相关案例，课堂围绕案例进行讲解。

3）班级学生自由组合（每组 5~8 人）为几个学习小组，各学习小组自行选出小组长。

4）联系物业管理企业，讨论实施计划。

5）材料、工具准备。

2. 实施步骤

1）松土除草、地面覆盖、土壤改良。

2）土壤施肥、叶面喷肥。

3）浇水、排水。

4）灾害防治。

5）绿化保洁。

6）分组讨论。

7）企业兼职教师和学校老师评分。

[阅读材料]

园林植物养护管理工作月历

月份	养护管理内容
1	全年最冷月份，露地树木处于休眠状态 1. 冬季修剪：全面开展对落叶树的整形修剪作业，对悬铃木、大乔木、小乔木的枯、残、病枝及妨碍架空线和建筑物的枝杈进行修剪 2. 行道树检查：及时检查行道树的绑扎、立桩、铝嵌皮情况，发现问题及时整改 3. 防治害虫：冬季为消灭害虫的有利时期，可在疏松的土中挖集刺蛾的虫蛹、虫茧，集中烧死，注意蚧壳虫的活动 4. 绿地养护：绿地、花坛要注意挑出大型野草，草坪要及时挑草、切边，绿地要注意防冻浇水
2	气温较上月有所回升，树木仍处于休眠状态 1. 养护与1月份基本相同 2. 修剪：继续对悬铃木、大乔木、小乔木的枯枝进行修剪，月底前把各种树木修剪完 3. 防治害虫：继续以防治刺蛾和蚧壳虫为主
3	气温继续回升，中旬以后，树木开始萌芽，下旬有些树木开花 1. 植树：春季为植树的有利时机，土解冻，要抓紧植树，种植大、小乔木时要作好规划设计，预先刨好坑，挖、运、种、浇水同时进行，灌木也是如此 2. 春灌：因春季干旱多风，蒸发量大，为防止春旱，对绿地应及时灌溉 3. 施肥：土壤解冻后，对植物施基肥并灌溉 4. 此月为防病治虫的关键时期
4	气温继续上升，树木均萌芽开花或展叶，开始进入旺盛生长期 1. 继续植树：4月上旬抓紧时间种植萌芽晚的树木，对冬季死亡的灌木（如杜鹃、红花檵木等）应及时拔出补种，对新种树木要充分浇水 2. 灌溉：继续对养护绿地进行浇水 3. 施肥：对草坪、灌木结合灌溉，追施速效氮肥，或者根据需要进行叶面喷施 4. 修剪：剪除干枯枝条，可以修剪常绿绿篱 5. 防治病虫害：蚧壳虫在第二次蜕皮后陆续转移到树皮裂缝内、树洞及树干基部、墙角等处分泌白色蜡质薄茧化蛹，可以用硬竹扫帚扫除，然后集中深埋或浸泡，或者采用喷洒杀螟松等农药的方法杀除。天牛在本月开始活动，可采用嫁接刀或自制钢丝挑出幼虫，但是伤口要做到越小越好。同时，做好其他病虫害的防治工作 6. 绿地内养护：注意大型绿地内的杂草及攀缘植物的挑除，对草坪也要进行挑草及切边工作 7. 草花：替换冬季草花，注意做好浇水工作 8. 其他：做好绿化护栏涂漆、清洗、维修等工作

月份	养护管理内容
5	气温急骤上升，树木生长迅速 1. 浇水：此月为树木展叶盛期，需水量大，应适当浇水 2. 修剪：修剪残花，行道树进行第一次剥芽修剪 3. 防治病虫害：继续捕捉天牛，刺蛾第一代开始孵化，但尚未为害，应根据养护区内的实际情况作出相应措施。由蚧壳虫、蚜虫等引起的煤污病也进入了盛发期（紫薇、海桐、夹竹桃等多发）。在 5 月中下旬喷洒 10～20 倍的松脂合剂及 50% 三硫磷乳剂 1500～2000 倍液以防病害及杀死虫害（其他可用花保、杀虫素等农药）
6	气温继续上升 1. 浇水：植物需水量大，要及时浇水，不能"看天吃饭" 2. 施肥：结合松土除草、浇水、施肥以达到最好效果 3. 修剪：继续对行道树进行剥芽除蘖工作，对绿篱、球状类或部分花灌木实施修剪 4. 排水工作：有大雨天气时要注意低洼处的排水工作 5. 防治病虫害：6 月中旬，刺蛾进入孵化盛期，应及时采取措施，现基本采用 50% 杀螟松乳剂 500～800 倍液喷洒，或用复合乳剂进行喷施。继续对天牛进行人工捕捉。月季白粉病、青桐木虱等也要及时防治 6. 做好树木防汛防台风准备工作，对松动、倾斜的树木进行扶正、加固、重新绑扎
7	气温最高，中旬后出现大风大雨情况 1. 移植常绿树：雨季期间，水分充足，可移植针叶树和竹类，但要注意天气变化，一旦碰到高温天气要及时浇水 2. 排涝：大雨后要及时排涝 3. 施追肥：在下雨前干施氮肥等速效肥 4. 行道树处理：进行病虫害防治、剥芽修剪，对与电线有连接的树枝一律修剪，并对树桩逐个检查，发现松垮、不稳的应立即扶正绑紧。预先做好劳动力、物资材料、工具设备等方面的准备，并随时派人检查，发现险情及时处理 5. 防治病虫害：继续对天牛及刺蛾进行防治。天牛可以采用 50% 杀螟松 50 倍液（或果树宝、园科三号）注射，然后封住洞口，可达到很好的效果。香樟樟巢螟要及时剪除，并销毁虫巢，以免再次为害 6. 中耕除草、松土，特别加强花后花木的施肥，以补充体内营养 7. 对绿篱等整形式修剪的植物加强修剪 8. 做好防台风工作，处理被风吹倒的树木，及时扶正修剪等
8	仍为雨季 1. 排涝：大雨过后，对低洼积水处要及时排涝 2. 行道树防台风工作：继续做好行道树防台风工作 3. 修剪：除一般树木进行夏修外，还要对绿篱进行造型修剪 4. 中耕除草：杂草生长旺盛，要及时除草，并可结合除草进行施肥 5. 防治病虫害：以捕捉天牛为主，注意根部天牛的捕捉，对蚜虫、香樟樟巢螟要及时防治。潮湿天气要注意白粉病、腐烂病，要及时采取措施
9	气温有所下降 1. 修剪：行道树三级分叉以下要剥芽，绿篱进行造型修剪，绿地内除草，草坪切边，及时清理死树，做到树木青枝绿叶，绿地干净整齐 2. 施肥：对一些生长较弱、枝条不够充实的树木，应追施一些磷钾肥 3. 草花：迎国庆，更换草花，选择颜色鲜艳的草花品种，注意要浇水充足 4. 防治病虫害：本月为穿孔病（樱花、桃、梅等）发病的高峰期，采用 50% 多菌灵 100 倍液进行处理。天牛开始转向根部为害，注意根部天牛的捕捉，对杨柳上的木蠹蛾也要及时防治，并做好其他病虫害的防治工作 5. 国庆节前做好各类绿化设施的检查工作

月份	养护管理内容
10	气温下降，10月下旬进入初冬，树木开始落叶，陆续进入休眠期 1. 做好秋季植树的准备，下旬耐寒树木一落叶就可以开始栽植 2. 绿地养护：及时去除死树，及时浇水。绿地、草坪的挑草、切边工作要做好，草花生长不良的要施肥 3. 防治病虫害：继续捕捉根部天牛，香樟樟巢螟也要注意观察防治
11	土壤开始夜冻日化，进入隆冬季节 1. 植树：继续栽植耐寒植物，土壤冻结前要完成 2. 翻土：对绿地土壤进行翻土，暴露出准备越冬的害虫 3. 浇水：对于板结的土壤浇水，要在封冻前完成 4. 病虫害防治：各种害虫在下旬准备越冬，防治任务相对较轻
12	低气温，开始冬季养护工作 1. 冬季修剪：对一些常绿灌木、乔木进行修剪 2. 消灭越冬病虫害 3. 做好下一年的调整工作准备，待落叶植物落叶后，对养护区进行观察，绘制要调整的方位

任务5.2 园林植物的整形修剪

5.2.1 任务描述

整形是指对植株施行一定的技术措施，使之形成栽培者所需要的结构形态；修剪是指对植株的某些器官进行剪截或疏删的操作。通过修剪可达到整形的目的，而整形也要通过修剪来完成。本学习任务是对园林植物进行整形修剪，掌握园林植物的整形修剪方法，能够对各种类型的植物进行整形修剪。

5.2.2 任务分析

整形修剪是园林植物养护工作中的一项十分重要且技术性较强的工作，可以调节和控制园林植物的生长、开花、结果，促进新枝叶的抽生，延缓植物的衰老，满足观赏造型要求，发挥绿化的美化效果。完成本任务要掌握的知识点有：整形修剪的形式、原则、时期及修剪技术，乔木、灌木整形修剪的方法，树桩盆景的整形形式及修剪方法，雕塑造型、绿篱拱门、地被图案等造型植物的修剪方法，绿篱的修剪时间、整形方式、断面形式及更新复壮等。

5.2.3 相关知识

5.2.3.1 整形修剪的方法

1. 整形修剪的形式

在小区绿化中，每种植物都有其不同的生长特性及观赏特性，不同的造园目的对植物的形状也有不同的要求。因此，园林植物有不同的修剪方式，常见的修剪方式分为自然式修剪、整形式修剪及混合式修剪。

（1）自然式修剪（图5-1） 根据植物生长发育状况特别是枝芽习性的不同，在保持原有的自然株形的基础上,只对枯枝、病弱枝和少量影响株形的枝条进行修剪,称为自然式修剪。

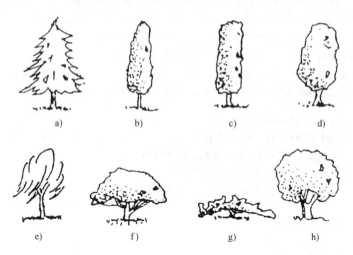

图5-1 常见园林植物的自然式修剪

a)尖塔形 b)圆锥形 c)圆柱形 d)椭圆形 e)垂枝形 f)伞形 g)匍匐形 h)圆球形

(2)整形式修剪(图5-2) 整形式修剪是指根据观赏的需要,将植物强制修剪成各种特定的形状。如按照人们的艺术要求修剪成各种几何体或动物形体,一般用于枝叶繁茂、枝条细软、不易折损、不易秃裸、萌芽力强、耐修剪的植物种类。

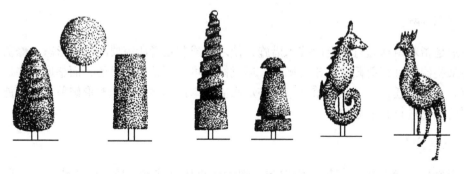

图5-2 常见园林植物的整形式修剪

(3)混合式修剪 混合式修剪是一种以园林植物原有的自然形态为基础,略加人工改造的整形方式,多用在观花、观果及藤本类植物的整形上。

2. 整形修剪的原则

(1)按需修剪 在园林绿化中,园林植物都有各自的作用和不同的栽培目的,不同的整形修剪措施会造成不同的后果,不同的绿化目的各有其特殊的整形要求。因此,修剪时必须明确植物的绿化目的与要求,根据需要进行修剪。

(2)因地制宜 园林植物与周围的环境是一个完整的整体,必须协调和谐,整形修剪时必须时刻注意这一点。

(3)随株作形、因枝修剪 如前所述,植物的生长习性(分枝方式、萌芽力、成枝力等)各不相同,可以形成不同的自然株形,因而应该采用不同的整形方式与修剪方法。

3. 修剪时间

(1)冬季修剪 冬季修剪是指自秋冬季至早春在植物休眠期内进行的修剪。落叶植物可在落叶以后一个月左右开始修剪，至早春萌芽前结束。此期间，植株内贮藏的养分较充足，修剪后枝条减少，更有利于集中利用贮藏养分。

（2）夏季修剪　夏季修剪是指在夏季植物生长季节内进行的修剪，自春季萌芽后开始至秋季落叶前结束。此期间，植株贮藏的营养较少，新梢生长旺盛，叶片浓密丰厚，消耗大量营养，修剪起到控制枝叶生长，加速果实生长的作用。对观果类的园林植物来说，这种作用十分明显，但对植株抑制作用较大，修剪宜轻。

（3）常绿植物的修剪　常绿植物一般无真正的休眠期，根系、枝叶终年活动，叶片不断进行光合作用，贮藏养分，一般终年可修剪，但要避开生长旺盛期。修剪时间以早春萌芽前后至初秋以前最好，比如绿篱、色块、黄杨球等的修剪在每年5月上旬和8月底以前进行。

4. 修剪技术

（1）截　截又称为短截，即剪去一年生枝条的一部分，对剪口下侧的芽有刺激作用，是修剪最常用的方法。根据截的程度可以分为以下几种：

1）摘心剪梢。将枝梢顶芽摘除或将新梢的一部分剪除，其目的是解除植物的顶端优势，促发侧枝。如绿篱植物进行剪梢可使绿篱枝叶密生，增加观赏效果和防护功能；草花摘心可增加分枝数量，培养丰满株形。

2）轻短截。只剪去一年生枝梢的1/4～1/3，起到缓和生长势，促进花芽分化的作用。

3）中短截。在枝条中上部的饱满芽处下剪，剪去枝条全长的1/2。剪口下可萌发几个较旺的枝，向下发出几个中短枝，可促进分枝，增强枝势。

4）重短截。在枝条中下部剪截，约剪去枝条的2/3。剪截后，成枝力低，生长势强，有缓和生长势的作用。

5）极重短截。在枝条基部留2～3个不饱满的芽，或在轮痕处下剪。剪后只能抽生1～3个较弱的枝条，可降低枝的位置，削弱的旺枝、徒长枝、直立枝的生长，以缓和枝势，促进花芽形成。

6）回缩。将多年生枝条的一部分剪掉。此方法修剪量大，刺激较重，有更新复壮的作用。

（2）疏　疏又称为疏删，即将枝条从分枝点处剪除。一般用于疏除枯枝、病虫枝、过密枝、徒长枝、竞争枝、衰弱枝、下垂枝、交叉枝、重叠枝、并生枝等，是减少树冠内部枝条数量的修剪方法。疏可使枝条分布均匀，改善通风透光条件，利于花芽分化。按疏的强度分为以下几种：

1）轻疏。疏枝量占全株枝数的10%以下。

2）中疏。疏枝量占全株枝数的10%～20%。

3）重疏。疏枝量占全株枝数的20%以上。

（3）伤　伤是用各种方法损伤枝条，达到缓和树势，削弱受伤枝条生长势的目的。常见的伤有以下几种：

1）环状剥皮。剥去枝或干上的一圈或部分树皮，一般在植物生长初期或停止生长期进行，剥皮宽度一般可为0.3～0.5cm。伤主要用于处理幼旺树的直立旺枝，阻止养分向下输送，有利于果实生长和花芽分化。

2）刻伤。用刀在芽的上方切口，深达木质部，一般在春季萌芽前进行，可阻止根部贮存的养分向上运输，使位于刻伤口下方的芽获得较多养分，有利于芽的萌发和抽新枝。这一技术广泛用于园林树木的修剪。

3）扭梢和折梢。在生长季节，将生长过旺的枝条扭伤或折伤，起到阻止无机营养向生长点输送，削弱生长势的作用。

（4）放　放是指对一年生枝条不作任何修剪，有利于营养物质的积累，促进花芽形成，使旺枝或幼旺树提早开花结果。

（5）变　变是一种改变枝条的生长方向，控制生长势的方法。如曲枝、拉枝、抬枝，可使顶端优势转位、加强或削弱。

（6）留桩修剪　留桩修剪是指在进行疏删、回缩时，在正常修剪位置上留一段残桩。因疏删、回缩产生的伤口减弱了下枝的生长势，留桩后可削弱这一影响。

（7）平茬（台刈）　平茬又称为截干，是指从地面附近全部去掉地上枝干，利用原有的发达根系刺激根颈附近的芽萌发更新，多用在灌木的复壮更新。

5.2.3.2　各类园林植物的整形修剪

1. 乔木的整形修剪

（1）行道树　在造型上，行道树要求有一个通直的主干，主干高度为3～4m，分枝点的枝下高度要在2.8m以上，以不妨碍交通和行人行走为原则。行道树的基本主干和供选择作主枝的枝条在苗圃阶段已经培养形成，树形在定植6年内形成，成形后不需要大量修剪，但需经常进行常规修剪（疏除病虫枝、衰弱枝、交叉枝、冗长枝等）（图5-3）。

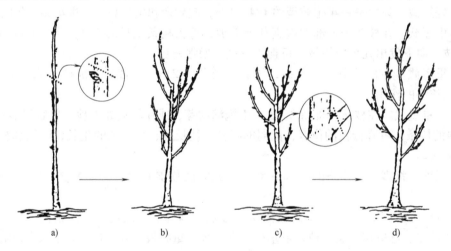

图5-3　行道树整形修剪

a) 中央去梢　b) 去梢后萌发枝　c) 树干疏枝条　d) 修剪后形成的幼年树形

行道树上方有管线经过时，通过修剪树枝给管线让路，称为线路修剪，常有以下几种类型（图5-4）：

1）截顶修剪。截顶修剪是指树木正上方有管线经过时截除上部树冠（图5-4a）。

2）侧方修剪。侧方修剪是指在大树与线路发生干扰时去掉其侧枝（图5-4b）。

3）下方修剪。下方修剪是指在线路直接通过树冠的中下侧，与主枝或大侧枝发生矛盾时，截除主枝或大侧枝（图5-4c）。

4）穿过式修剪。穿过式修剪是指在树冠中造成一个让管线穿过的通道（图5-4d）。

（2）庭荫树　庭荫树要求具有庞大的树冠，挺秀的树形，健壮的树干。修剪时要注意：一是要培养一段高矮适中，挺拔粗壮的树干，树木定植后尽早将树干上1.5m以下的枝条全部剪除，以后逐年疏除树冠下部的侧枝；二是尽可能培养大的树冠，一般树冠占树高的比例

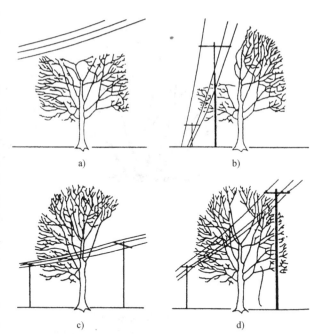

以 2/3 以上为佳，以不小于 1/2 为宜；三是当采用观花乔木作庭荫树时，多采用自然式树形。

2. 灌木的整形修剪

（1）观花、观果类灌木　修剪时必须考虑植物的开花习性、开花部位、花芽性质。

1）早春开花种类。这类灌木在前一年的夏秋季已分化形成花芽，休眠期可适当整形修剪，疏除过多、过密的枝条，对老枝、萌条、徒长枝要剪截掉，以利于通风透光，保持理想的树形和大小，促进开花。花落后 10~15d 将已开花枝条进行重短截，以利于来年促生健壮的新枝。对于具有拱形枝条的种类（如连翘、迎春等），可进行老枝回缩，以利于抽生健壮的新枝，充分发挥其树姿的特点。

图 5-4　线路修剪

a）截顶修剪　b）侧方修剪　c）下方修剪　d）穿过式修剪

2）夏秋季开花的种类。这类灌木是在当年新梢上开花，修剪一般于早春进行，短截与疏剪相结合。为控制树木高度，对于生长健壮的枝条应保留 3~5 个芽处短截，以促发新枝。

3）一年多次开花的灌木。这类灌木的修剪一般是在休眠季节剪除老枝，花后短截新梢，及时剪去残花，促使再次开花。

4）常绿阔叶灌木。这类灌木的修剪比落叶灌木要少，主要是摘心、剪梢，疏除弱枝、病枝、枯枝。

（2）观形类灌木　修剪时以短截为主，以促进侧芽的萌动，形成丰满的树形；保留适当的树枝，以保持内膛枝叶充实。可在每次抽梢之后轻剪一次，以利于期望树形的迅速形成。

（3）观叶类灌木　这类灌木在每年冬季或早春重剪，以后轻剪，以促发更多的健壮枝叶。

（4）放任灌木　这类灌木因种种原因错过修剪时机而多干丛生，参差不齐，外围小枝多而弱，内膛空虚，树形杂乱无章；生长多年的灌木常因过度荫蔽而容易光秃，降低了观赏价值，因此应修剪改造，注意定期疏干、平茬。灌木更新的方式可分为逐年疏干和一次平茬。逐年疏干是指逐步疏除老干，促发新干，这要花几年时间才能完成，一直到不再需要新干为止，注意要疏除过密枝干。树形变坏，萌芽力强的灌木全部切去老干，使其重新萌生，为一次平茬。灌木疏干更新如图 5-5 所示。

5.2.3.3　树桩盆景的整形修剪

1. 树桩盆景的造型形式

树桩盆景的造型形式多种多样，但都可以归纳为自然式和规则式两种，常见的有台式、二弯半式、斜干式、附石式四种造型形式（图 5-6）。

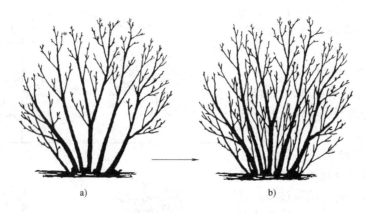

图 5-5　灌木疏干更新
a）疏除老干和过密干　b）生长季末长成的新干

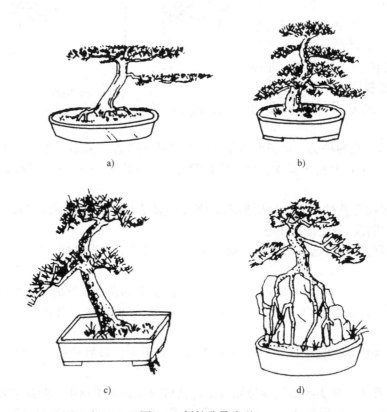

图 5-6　树桩盆景造型
a）台式（规则式）　b）二弯半式（规则式）　c）斜干式（自然式）　d）附石式（自然式）

2. 树桩造型修剪方法

（1）定型修剪　定型修剪分为直干类修剪和曲干类修剪，目的是形成不同形态树桩的基本骨架。

1）直干类定型修剪。其实质是截干养枝，使基本直立的树干略有弯曲，经过一个轻剪、重剪、轻剪的过程（图 5-7）。

2）曲干类定型修剪。其原则是"截直取曲，截干蓄枝"，即修正直立干，刺激侧芽萌

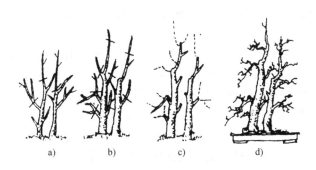

图 5-7　直干类定型修剪

a）第一次修剪　b）第二次修剪前　c）第二次修剪后　d）整形修剪期

发和生长，以获取弯曲树形（图 5-8）。

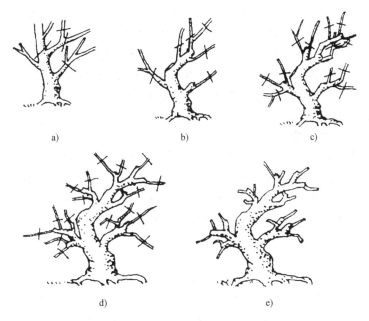

图 5-8　曲干类定形修剪

a）第一次修剪　b）第二次修剪　c）第三次修剪　d）第四次修剪　e）第四次修剪后

（2）修剪方法　修剪方法归纳起来有摘、截、回缩、疏、雕、伤 6 种。

1）摘。摘是指摘心与摘叶，是将新梢顶端的幼嫩部分和多余的叶子去掉。摘心可促进腋芽萌动，多分枝，扩大树冠；摘叶可使枝叶疏朗，提高观赏效果。如榆树、元宝枫在生长期全部摘叶，可使叶变小，变秀气，利于观赏。

2）截。截分为短截、中短截和重短截，自然式圆片和苏派圆片就是反复经过短截剪出来的，枝疏则截，截则密。

① 短截后形成的中短枝较多，单枝生长弱，可缓和枝势。

② 中短截后形成的中长枝多，生长势旺，可促进枝条生长。

③ 重短截的剪口下留 1～2 个旺枝，总生长量小，可促发强枝。

3）回缩。回缩对全枝有削弱作用，对剪口附近的枝芽有一定的促进作用，有利于更新复壮。挖野桩时和养坯过程中，经常利用此法，截去大枝以削弱树冠某一部分的长势，或加

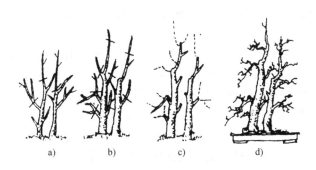

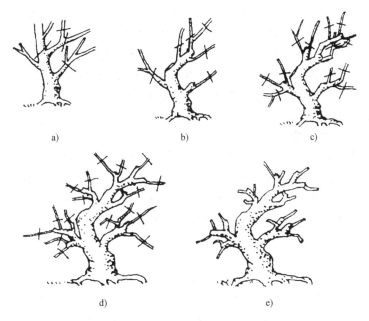

大削的力度使其有苍劲之感。实行多次回缩是缩小大树的有力措施，比如岭南派"大树型"的造型。

4）疏。疏对全桩起削弱作用，减少树体的总生长量，对剪口以下的枝条有促进作用，对剪口以上的枝条有削弱作用。这种作用与枝的粗细有关，可衰老桩头，疏除过密枝，改善通风透光条件，留下的枝条得到充足的养分、水分，保持枯木逢春的景象。

5）雕。对老桩树干实行雕刻，使其形成枯峰或舍利干，显得苍老奇特。用錾子或雕刀依造型要求将木质部雕成自然凹凸变化，是劈干式经常使用的方法。

6）伤。把树干或枝条用各种方法破伤其皮部或木质部，即为伤。如为了形成舍利干或枯梢式，采用的撕皮刮树木的方法；为使杆干变得更苍老，用锤击树干或用刀撬树皮，使树干隆起如疣等。

5.2.3.4 造型植物的整形修剪

1. 雕塑造型的整形修剪

雕塑造型的整形修剪是指选侧枝茂盛、叶片细小、枝条柔软、耐修剪的植物，通过扭曲、盘扎、修剪等手段，将植物整形成亭台、牌楼、鸟兽等各种主体造型，以点缀和丰富园景。首先应培养主枝和大侧枝构成骨架，然后将细小的侧枝进行牵引和绑扎，使它们紧密抱合生长，按照仿造的物体形状进行细致的修剪，直至形成各种绿色雕塑的雏形。然后不要让枝条随意生长，进行多次的修剪，对物体表面反复短截，以促发大量的密集侧枝，最终使得造型丰满逼真、栩栩如生。

2. 绿篱拱门的制作与修剪

绿篱拱门是为了方便人们进入稠密的绿篱所围绕的花坛和草坪，在适当位置断开绿篱而制作的一条进入绿篱圈内的通道。其制作方法是：在绿篱开口两侧各种植一棵枝条柔软的小乔木，两树之间保持 1.5～2.0m 的间距；在早春新梢抽生前将树梢相对弯曲并绑扎在一起；经常修剪，防止新枝横生下垂，始终保持较薄的厚度，使植物内腔通风透光，生长美观饱满。

3. 图案式修剪

地被图案一般较矮，造型清晰，色块鲜明，修剪时要注意修剪面要平滑，每个色块及图案间要修剪清楚，避免两个不同色块或图案的枝条拱在一块。冬季要清剪老枝弱枝，对于萌芽力较强且生长较快的植物，可以在冬季齐地剪去，并松土施加有机肥；春季发芽后再修剪定形。

[阅读材料]

龙爪槐三步整形法

龙爪槐是我国庭院绿化的传统材料之一，其树形如伞盖，姿态优美，深受喜爱。龙爪槐为蝶形花科槐属变种植物，以槐苗高接而成。嫁接成活后，如何培养出优美的树形，整形技术是关键。在龙爪槐的修剪养护过程中，有一套三步整形法，即春抹、夏补、冬剪。

1. 春抹

即春季抹除不当萌芽。在龙爪槐春季发出萌芽，长至 5～6cm 时，清除枝干上的内生芽、直立芽和弱势芽等多余萌芽。在龙爪槐枝条的重截剪口处，一般只留一个健壮芽。如剪口处生有两个平行芽，待其长到 15～20cm 时，选择一个形状和长势都较好的留下，另一个去除。此法可及时控制萌芽的长势及生长方向，为夏补和冬剪打下良好的基础。

2. 夏补

即用多余旺条补充树冠空隙。选择枝干上 40～50cm 长，粗壮的徒长枝或生长旺盛枝，对其进行合理捆缚，把枝条补充在树冠生长弱侧或偏冠侧。在合理位置把枝条固牢，翌年开春枝条定型后解除捆缚。此法可有效达到堵漏补缺的目的。

3. 冬剪

即对枝条进行合理修整。冬剪是龙爪槐树冠成形的关键，在其落叶后，对其进行合理有效的修剪。先剪除各枝干上的枯死枝、病害枝、内膛枝、交叉枝、直立枝等枝条。剪除枝条时，剪口要平行于枝条，最好离枝干0.5cm，这样剪茬在干枯脱落后，会留下自然疤痕。再对长势较好的枝条进行短截，短截时要本着留芽时留上不留下的原则（上部芽易于扩撑，下部芽易于下垂），这样可以有效地扩展树冠，强化枝干虬曲之美。最后对弱势枝进行重剪，重剪时要距枝干2~3cm，留1~2个芽，这样有利于促进第二年健壮芽的生成。此法可进一步完善前两步整形时留下的不足之处，美化树姿。

用此三步整形法对嫁接成活后的龙爪槐进行管理，2~3年即可生成优美的树冠，达到良好的整形效果，产生良好的经济效益。

5.2.3.5 绿篱的整形修剪

1. 修剪时间

绿篱定植后，让其自然生长一年。从第二年开始，再按照所确定的绿篱高度开始截顶。修剪的具体时间，主要根据树种确定。常绿针叶树种一般在春末夏初完成第一次修剪，立秋后，水肥充足，秋梢生长旺盛，进行第二次修剪。阔叶树种，春、夏、秋都可修剪，随时将突出于树丛的枝条剪掉。

2. 绿篱的整形方式

常见绿篱的整形方式有以下三种：

（1）自然式绿篱 这种类型的绿篱一般不进行专门的整形，只作一般的修剪，剔除老、枯、病枝。

（2）半自然式绿篱 这类绿篱不进行特殊整形，在修剪中剔除老、枯、病枝，使绿篱保持一定高度，在一定高度截去顶梢，以保证下部枝叶茂密。

（3）整形式绿篱 这类绿篱是指通过修剪，将篱体整形成各种几何形状或装饰形体。需保持绿篱应有的高度和平整而匀称的外形，经常将突出轮廓线的新梢整平剪齐，并对两面的侧枝进行适当的修剪。

3. 绿篱的断面形式

绿篱成形后，可根据需要剪成各种各样的形状，如几何形、建筑图案、动物形体等。修剪后的绿篱断面有以下几种（图5-9）：

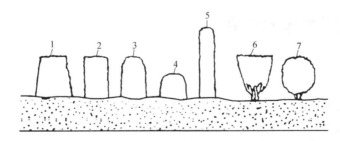

图5-9 绿篱的断面形式

1—梯形 2—方形 3、4—圆顶形 5—柱形 6—杯形 7—球形

（1）梯形 这种绿篱上窄下宽，修剪时先剪其两侧，使侧面形成一个斜平面，两侧剪

完，再修剪顶部，使整个断面呈梯形。

（2）方形　这种绿篱上下一样宽，比较整齐。但易遭雪压变形，下部枝条易枯死。

（3）圆顶形　这种绿篱适合在降雪量大的地区使用，便于积雪向地面滑落，防止篱体压弯变形。

（4）柱形　这种绿篱需选用基部侧枝萌发力强的树种，要求中央主枝能通直向上生长，不扭曲，多作背景屏障或防护围墙。

（5）杯形　这种造型显得美观别致，但上大下小，下部侧枝常因得不到充足阳光而枯死，造成基部裸露，不能抵抗雪压。

（6）球形　这种树形适用于枝叶稠密，生长速度比较缓慢的常绿阔叶灌木，单行栽植，以一株为单位构成球形。

4. 绿篱的更新复壮

用作绿篱的植物，萌发和再生能力很强，在衰老变形阶段，可以采用台刈或平茬的方法进行更新，不留主干或仅保留一段很矮的主干，将地上部分全部锯掉。一般常绿树在第一年5月下旬至6月底进行，落叶树以秋末冬初为佳。锯后1~2年内形成绿篱的雏形，两年后就能恢复成原有的规则式篱体。

5.2.4　任务实施

1. 准备工作

1）课前预习相关知识部分。

2）教师现场教学，示范讲解整形修剪技术。

3）班级学生自由组合（每组5~8人）为几个学习小组，各学习小组自行选出小组长。

4）联系物业管理企业，讨论、制定实施方案。

5）材料、工具准备。

2. 实施步骤

1）乔木、灌木整形修剪。

2）树桩盆景造型修剪。

3）造型植物修剪。

4）绿篱整形修剪。

5）成果展示，企业兼职教师和学校老师评分。

6）分组讨论、总结学习过程。

任务5.3　新植树木的养护

5.3.1　任务描述

树木栽植后的第一年是其能否成活的关键，在此期间若能及时进行养护，就能促进树木的水分平衡，恢复生长，增强树木对高温、干旱及其他不利因素的抗性。本学习任务是对新植树木进行养护，能够进行水分管理，会保护树体。

5.3.2　任务分析

新植树木抗逆性弱，容易遭受外界因素的干扰而受损伤，根系因挖掘而损伤，吸收水分、维持体内水分平衡的能力大为降低，如养护管理不当，轻则生长不良，重则导致死亡。要保证新植树木养护任务的完成，必须做到以下几点：

1）加强新植树木的水分管理，保持体内水分代谢平衡是新植树木养护管理的关键。

2）搞好树体支撑、修剪及树盘覆盖等保护措施。

3）调查成活情况，及时补植。

5.3.3　相关知识

5.3.3.1　水分管理

1. 地上部分保湿

（1）包干　包干是指用草绳、蒲包片、苔藓等材料严密包裹树干和较粗的枝条。包干所用材料应保湿性好、保温性强，经包干处理后，可以避免强光直射和干风吹袭，减少树干、枝条水分散失；可以贮存一定水分，使枝干经常保持湿润；可以调节温度，减少高温和低温对枝干的伤害。

（2）喷水　地上的枝、叶因蒸腾作用而散失水分，蒸腾量与枝叶表面的温度和湿度有关。喷水可有效降低叶面的温度，增加叶面的湿度，从而减少树体的蒸腾量，为树体提供湿润的小气候环境。喷水要求细而均匀，喷及地上各个部位和周围空间。喷水方法有以下几种：

1）用高压水枪喷雾。

2）将供水管安装在树冠上方，装上若干个细孔喷头进行喷雾。

3）在树枝上悬挂若干个盛满清水的盐水瓶，运用打点滴的原理，让瓶内的水慢慢滴在树体上。

（3）遮阳　架设荫棚为新植大树遮阳，可降低棚内温度，减少树体水分散失。一般要求全冠遮阳，从上午9点至下午16点，树冠要全处在棚荫下。荫棚上方及四周应与树冠保持50cm左右的距离，以保证棚内有一定的空气流动空间，防止日灼危害。遮阳面积一般为70%左右，让树体吸收一定的漫射光，有利于树体进行光合作用。此后，根据新植树体的恢复生长情况和季节变化，逐渐撤出遮阳物。

2. 促发新根

（1）控水　新植树木根系吸水力弱，对土壤水分需求量少。因此，只要保持土壤湿润即可。土壤含水量过大，会影响土壤的透气性，抑制根系呼吸，对发根不利，严重的会导致烂根死亡。应严格控制浇水量，栽植时浇足头水，以后应根据具体情况（如土壤质地、天气）谨慎浇水。同时要注意，防止喷水时有过多的水滴入根系；防止树穴积水，定植时留下的浇水穴或围堰应填平、铲平，树穴略高于周围地面即可；对于容易积水的地方，应挖排水沟；保持适当的地下水位高度（地面1.5m以下）。

（2）保护新芽　新芽萌出表明树木开始生理活动，是树木成活的表现，还可刺激根系萌发。对新芽应加以保护，让其抽枝发叶，待树体成活后再进行修剪整形。要加强喷水、遮阴、防病虫等养护工作，以保证嫩芽、嫩枝的正常生长。

（3）土壤通气　良好的土壤透气性有利于根系萌发，一方面要做好松土工作，防止板结；另一方面要检查土壤通气设备，发现堵塞积水时应及时清理疏通。

（4）扶正培土　雨水下渗和其他原因导致树体晃动倾斜的，应扶正培土。

5.3.3.2　树体保护

1. 支撑

为保护树木不受机具、车辆和人为的损伤，固定根系，防止被风吹倒，保持树干直立，凡胸径在5cm以上的乔木，均应考虑进行树体搭支架支撑。

（1）桩杆式支撑　桩杆式支撑分为直立式和斜撑式两种。

1）直立式（图5-10）。高达6m左右的树木，可将1~2根长2.0~2.5m的桩材或支柱，打入离干基15~30cm的地方，深约60cm。然后将一根橡胶管在树干的适当位置上圈成一圈，用铁丝连接起来，扭成"8"字形绕在立柱上。直立式支撑又有单立式、双立式和多立式之分。若采用双立式或多立式，相对的立柱可用横杆呈水平状紧靠树干连接起来。

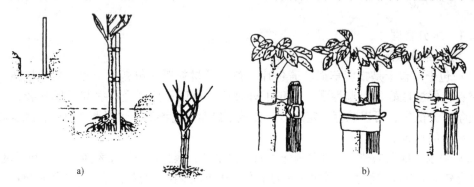

图 5-10　直立式支撑

a）栽植与支撑过程　b）立柱与主干的各种连接方法

2）斜撑式（图5-11）。用适当长度（1.5~2.0m）的三根支杆，以树干基部为中心，由外向内斜撑于树干1.0~1.5m高的地方，组成一个正三棱锥形的三脚架，进行支撑。三根支柱的下端入土30~40cm，上面与树干的交点以软管、蒲包等物将树干垫好连接在一起。

（2）牵索式支撑（图5-12）　牵索式支撑一般用1~4根金属丝或缆绳拉住加固，从树干高度约1/2的地方拉向地面，与地面的夹角为45°，索上端与树干的接触处，用防护套、橡胶套等软垫绕干一周连接起来，索下端固定在铁桩上。

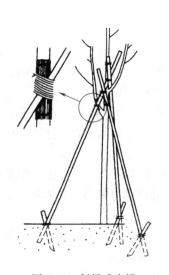

图 5-11　斜撑式支撑

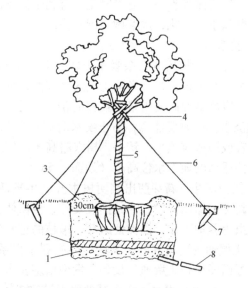

图 5-12　牵索式支撑

1—15cm厚石砾　2—15cm厚玻璃纤维垫层

3—水圈（堰）　4—防护套　5—裹干

6—支撑索　7—铁桩　8—排水管

（3）球门式支撑（图5-13）　行道树栽植点离道路较近，直立式支撑不稳固，斜撑式支撑又有碍交通，此时可采用球门式支撑。

2. 抹芽去萌补充修剪

树木在栽植时，已经过较大强度的修剪，栽植后，树干的树枝上可能萌发出许多嫩芽和嫩枝，消耗营养，扰乱树形。应在萌芽后，选留长势较好、位置合适的嫩芽、嫩枝，其余的尽早抹除。对于枯梢，应及时在嫩芽、幼枝以上部位剪除；对于截顶的树木，因留芽位置不准或剪口芽太弱，造成枯桩，应进行补充修剪，方法是：在靠剪口的新枝长至 5~10cm 时，剪去母枝上的残桩，剪口应平滑、干净，还要经消毒防腐处理。

3. 松土除草、树盘覆盖

及时松土除草，可促进土壤与大气的气体交换，有利于树木新根的生长与发育。但松土不能太深，以免伤及新根。用稻草、腐叶土或腐熟的有机肥料覆盖树盘，可减少地表蒸发，保持土壤湿润，保持土壤温度。

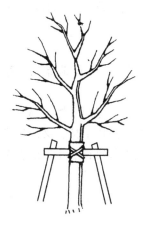

图 5-13　球门式支撑

5.3.4　任务实施

1. 准备工作
1）课前预习相关知识部分。
2）教师现场教学，示范讲解新植树木的养护技术。
3）班级学生自由组合（每组5~8人）为几个学习小组，各学习小组自行选出小组长。
4）联系物业管理企业，讨论、制定实施方案。
5）材料、工具准备。

2. 实施步骤
1）地上部分保湿、包干、喷水、遮阳。
2）促发新根、控水、护芽、松土、培土。
3）树体支撑搭架。
4）抹芽、去萌、整形修剪。
5）松土除草、树盘覆盖。
6）成果展示，企业兼职教师和学校老师评分。
7）分组讨论、总结学习过程。

任务 5.4　空间绿化的养护

5.4.1　任务描述

屋顶绿化和垂直绿化是增加绿地率，开拓绿化空间的一条重要途径。本学习任务是空间绿化的养护，了解空间绿化的特点，掌握空间绿化的养护方法，会养护屋顶绿化，会养护垂直绿化。

5.4.2　任务分析

空间绿化是指在平屋顶和墙体上建造人工花园。随着城市化的推进，以及人民生活水平的不断提高，将会出现越来越多的空间绿化。空间绿化与露地绿化在植物种植上有很大的区别，所以在绿化养护上也应不同。完成本任务要掌握的知识点有：屋顶绿化对水、肥的需求特点，垂直绿化对水、肥的需求特点等。

5.4.3 相关知识

5.4.3.1 屋顶绿化的养护

1. 浇水

因屋顶干燥、高温、光照强度大、风大，导致植物蒸腾量大、失水多，夏季易发日灼，枝叶焦边干枯，必须经常浇水，创造较高的空气湿度，减少蒸腾。夏天每日应多次浇水，其他季节每日浇水也应在 1 次以上，夏天还应采取措施遮阴保湿。

2. 施肥

屋顶土层较浅，需勤施肥以补充植物生长的营养。肥料以营养液或有机肥为主，有机肥要经过处理，无机肥要配以适当浓度的营养液。

3. 防寒

冬季风大，气温低，而栽植层又浅，植物可能受冻，应用稻草进行卷干防寒，盆栽的可搬入温室越冬。

5.4.3.2 垂直绿化的养护

1. 枝梢牵引

藤本植物要攀缘上爬，才能达到理想的绿化效果。新梢发芽生长后，必须做好新梢的引导工作，使其定向生长，快速见效，牵引方法有：

1) 斜支架式。用木棍或竹竿斜支到墙壁上，支架角度为 15°～30°，植物通过支架即可上墙。

2) 立架式。在栽植点直立约 3m 高的木杆，上端搭横杆与墙面相接，杆与杆之间用铁丝相连，形成棚架式通道，植株通过棚架爬上墙体。

2. 肥、水管理

藤本植物离心生长旺盛，需肥、水较多，应经常施肥灌溉。

3. 土壤管理

及时松土除草，每隔 2～3 年换土一次，换土时应切断部分根系，取出劣质土，补充疏松、肥沃土壤。

4. 整形修剪

生长期内摘心、抹芽可促使侧枝大量萌发，迅速达到绿化效果；花后修去残花，不使结实；冬季剪去病虫枝、干枯枝、过密枝。

5.4.4 任务实施

1. 准备工作

1) 课前预习相关知识部分。

2) 教师现场教学，示范讲解空间绿化的养护技术。

3) 班级学生自由组合（每组 5～8 人）为几个学习小组，各学习小组自行选出小组长。

4) 联系物业管理企业，讨论、制定实施方案。

5) 材料、工具准备。

2. 实施步骤

1）屋顶绿化的浇水、施肥、防寒。

2）垂直绿化的枝梢牵引，肥、水管理，土壤管理，整形修剪。

3）成果展示，企业兼职教师和学校老师评分。

4）分组讨论、总结学习过程。

任务5.5 草坪的养护

5.5.1 任务描述

草坪是小区绿化的重要组成部分，一个现代化的居住小区，必然是草木繁茂、鲜花盛开。草坪是绿地平面构成中的基本要素，也是绿地中各类景物的基调、底色，可形成开敞明朗的透视空间。本学习任务是能够进行草坪养护，了解草坪的等级，熟悉草坪养护的内容，掌握草坪养护的方法，会修剪草坪，会草坪施肥，会草坪浇水，会除草坪杂草，会更新复壮草坪。

5.5.2 任务分析

草坪的养护包括施肥、灌溉、修剪、除杂草、更新复壮等内容。完成本任务要掌握的知识面有：草坪分级方法及草坪的类型，草坪的修剪高度、修剪频率、修剪方向及修剪方法，草坪的施肥种类、施肥量、施肥次数、施肥时间及施肥方法；草坪的灌溉时间及灌水量，草坪杂草的防治及去除方法，草坪疏草、打孔、培沙、补种及补播等。

5.5.3 相关知识

5.5.3.1 草坪的分级

不同类型的草坪具有不同的功能，对养护的要求有很大的差别。为便于养护及控制养护成本，需要对草坪进行分级。一般将草坪分为特级、一级、二级、三级、四级等多个级别。

1. 特级草坪

特级草坪一般是指高尔夫球场、草地网球场、草地滚球场以及一些宾馆、会所处用于观赏的高级草坪等，这类草坪一般也称为专业草坪。特级草坪一般是专业公司按高标准建立，具有完善的人工土壤层次、完善的给排水系统，有些甚至还有地下加温设施。这类草坪的草种质地细密，观感性好，每年绿期在360d以上，整个草坪十分平整，没有凹坑，草坪草种单一无杂草，留茬高度控制为3~15mm之间，要求具有专业的剪草机、疏草机及打孔机等进行养护，对养护要求十分高。草坪草在生长旺季要求每1~2d修剪一次。

2. 一级草坪

一级草坪是指观赏要求较高的草坪，一般具有较完整的土壤结构及给排水系统，所采用的草种也较细密，如细叶结缕草、杂交狗牙根等。在华南地区要求这类草坪每年绿期在340d以上，并且冬季常播黑麦草等耐寒性草种以填补枯黄时间段。要求整个草坪平整，无直径20cm以上的秃斑，草坪无明显杂草，留茬高度为15~30mm，一般供观赏及家庭休憩用，生长旺季要求每5~10d修剪一次。

3. 二级草坪

二级草坪是指高级住宅区内比较平整或比较平缓地区的草坪，或一般住宅区内较大型的平整草坪。这类草坪一般属于开放型草坪，供公共休憩及轻度践踏。要求草种较耐践踏、细密且质感较好。在华南地区要求绿期在 320d 以上，留茬高度为 30~45mm，生长季节每 20~30d 修剪一次。

4. 三级草坪

三级草坪是指不太重要的地方或坡度较大、凹凸不平等地的草坪。其功能主要是作为地被植物，也可供人休憩、践踏。这类草坪较为粗糙，要求不高，一般每年修剪三四次即可。

5. 四级草坪

四级草坪主要是指用于荒坡覆盖、斜坡保护等的草坪。所用草坪草一般具有较强的根系，较粗糙。对草坪草的绿期要求不严，留茬高度要求也不严。

5.5.3.2 草坪修剪

1. 修剪高度

修剪高度是指修剪后草坪草的茎、叶高度。由于剪草机是行走在草坪草茎、叶之上的，所以草坪草的实际修剪高度应略高于剪草机设定的高度。

（1）草坪草的耐剪高度 每一种草坪草都有它特定的耐剪高度范围，在这个范围之内则可以获得令人满意的草坪质量。耐剪高度范围是草坪草能忍耐最高与最低修剪高度之间的范围，高于这个范围，草坪变得稀疏，易被杂草"吃掉"；低于耐剪高度，会发生茎、叶剥离，老茎裸露，甚至造成地面裸露。草坪草的耐剪高度受草坪草种类、气候条件、栽培措施等因素的影响，不同类型草坪草的参考修剪高度范围见表 5-2。

表 5-2 不同类型草坪草的参考修剪高度范围

冷 季 型 草	高度/cm	暖 季 型 草	高度/cm
匍匐剪股颖	0.35~2.0	美洲雀稗	4.0~7.5
草地早熟禾	3.75~7.5	狗牙根（普通）	2.0~3.75
粗茎早熟禾	3.5~5.0	狗牙根（杂交）	0.63~2.5
细羊茅	2.5~6.5	假俭草	2.5~7.5
羊茅	3.5~6.5	钝叶草	7.5~10.0
硬羊茅	2.5~6.5	结缕草（马尼拉）	1.25~5
紫羊茅	3.5~6.5	野牛草	2.5 或不剪
高羊茅	4.5~8.75	—	—
多年生黑麦草	3.75~7.5	—	—

（2）用途决定修剪高度 一般情况下是用途来决定草坪草的修剪方式和修剪高度。

（3）环境条件影响修剪高度 修剪和环境两者都可影响植物生长。环境条件是难以控制的，修剪高度则可以人为控制。在高温高湿或高温干旱期间，应提高修剪高度的取值。

（4）1/3 原则 对于一般的草坪，原则上每次修剪不要超过草坪草茎叶自然高度的1/3，否则地上茎叶生长与地下根系生长不平衡，会影响草坪草的正常生长，这称为 1/3 原则。

2. 修剪频率

修剪频率是指一定时期内草坪修剪的次数，修剪周期是指连续两次修剪之间的间隔时间。修剪频率取决于修剪高度，何时修剪则由草坪草的生长速度决定。一般冷季型草坪在春秋季每 5~7d 修剪一次，暖季型草坪在春夏季每 3~10d 修剪一次。

3. 修剪方向

修剪方向不同，草坪草茎、叶的取向、反光也不同，可产生许多明暗相间的条带。为了保证茎、叶向上生长，每次修剪的方向应该改变。

4. 剪草步骤

1）调整剪草机的修剪高度。

2）清除地上的石块、枯枝等杂物，劝走无关人员。

3）选择走向，如没有特殊需要，剪草走向与上一次剪草走向至少有30°以上的夹角，因为重复方向的修剪会引起草坪草偏向一侧。

4）剪草时，速度要保持不急不缓，路线要直，每次往返修剪的截角面应有10cm左右的重叠。

5）遇障碍物应绕行，四周不规则的草边应沿曲线剪齐，转弯时应调小剪草机的功率。

6）若草太长应分次剪短，不应让剪草机超负荷运作。

7）注意修剪边角位、树脚等处的草，及时清理剪下的草屑。

5.5.3.3 草坪施肥

1. 肥料的选择

（1）肥料的物理特性　肥料的物理特性好，就不易结块且颗粒均一，容易施用均匀。

（2）肥料的水溶性　肥料的水溶性影响到叶片产生烧灼的概率，以及施肥后起效的速度。缓效肥的有效期较长，每单位氮的成本较高，但施用次数少，省工省力，草坪质量稳定持久。

（3）肥料对土壤性状产生的影响　在进行施肥时，肥料对土壤性状产生的影响也不容忽视，尤其是对土壤 pH 值、养分有效性和土壤微生物群体的影响。

2. 施肥量

（1）氮肥施用量　每次安全施肥的最大数量取决于氮肥的类型、环境温度、施肥时间、草坪草的修剪高度和草坪草的类型。在良好生长条件下，一般第一次施用量不要超过 $6g/m^2$ 速效氮；温度高时，冷季型草坪的施氮量不要超过 $3g/m^2$。如施用缓释氮肥，可按 $6g/m^2$ 施用，但不得超过 $18g/m^2$。

（2）磷肥、钾肥施用量　可根据土壤测试结果，在氮肥施用量的基础上，按氮、磷、钾的配合施用比例来确定。一般情况下，氮∶钾 =2∶1，磷肥每年施用量为 $5g/m^2$。

（3）氮、磷、钾配合比施肥　适宜的氮、磷、钾配合比可缓解由于土壤 pH 值偏低对草坪造成的不良影响，当氮、磷、钾配合比达到 20∶8.8∶16 时，草坪能在 pH 值为 5.1 的土壤中保持良好的质量。

3. 施肥时间及施肥次数

（1）施肥时间　健康的草坪草每年在生长季节应施肥保证氮、磷、钾的连续供应。冷季型草坪草，于深秋施肥；暖季型草坪草，最佳的施肥时间是早春和仲夏。

（2）施肥次数　应根据草坪草的生长需要确定施肥次数，理想的施肥方案是，每隔一两周施一次肥，对大多数草坪来说，每年至少施两次肥。实践中，草坪施肥的次数取决于草坪的养护管理水平。养护管理水平低的，每年施一次肥；中等养护管理水平的，冷季型草坪每年施两次，暖季型草坪每年施三次；高养护管理水平的，每月施肥一次。

4. 施肥方法

草坪施肥主要以追肥的方式进行，有表施和灌溉施肥两种方法。

（1）表施　表施是指采取下落式或旋转式施肥机将颗粒状肥直接撒入草坪内，然后结合灌溉，使肥料进入草坪土壤中。

（2）灌溉施肥　灌溉施肥是指经过灌溉系统将肥料溶解在水中，喷洒在草坪上。在干旱灌溉频繁的地区，常采用这种方式施肥。

5. 施肥注意事项

1）尽量少施纯尿素类的速效性高氮肥，以免降低草坪草的抗性。

2）开花季节尽量少施磷肥与钾肥。

3）施肥要注意均匀性，避免草坪产生花斑或云斑。

4）施肥应当在一两天内完成，一般不在修剪前或刚刚修剪完施肥。

5）施肥后一般要浇水，避免造成灼伤。

5.5.3.4　草坪灌溉

水分通过降雨进入草坪土壤，经过草坪草叶面蒸腾、地面蒸发损失和向地下入渗，剩余的水分一般不能满足草坪草生长的需要，如不及时灌溉，草坪草可能会休眠或死亡。尤其是在太阳辐射强烈的夏季，草坪因蒸腾、蒸发损失大量的水分，必须及时灌溉以保证根系层的水分供应。

1. 灌溉时间

可在一天的大多数时间内进行灌溉，但夏季中午不能灌溉，因为此时灌溉易导致草坪烫伤，降低灌溉水的利用率。对于安装自动喷灌系统的草坪，可以在夜间灌溉；对于人工地面灌溉的草坪，可选择无风或微风的清晨和傍晚进行灌溉。

2. 灌溉量

单位时间灌溉量不应超过土壤的渗透能力，总灌溉量不应超过土壤的持水量。当土壤湿润到 $10 \sim 15cm$ 深时，草坪草就有充分的水分供给。夏天太阳辐射最强，因而草坪对水分的需要量最大，除了下雨外，一般高级草坪要求每 $2 \sim 3d$ 甚至每天灌溉 1 次。而冬季太阳最弱，草坪对水分的要求不大，可隔多日灌溉一次。

5.5.3.5　草坪杂草去除

草坪杂草指的是草坪中非栽培目标的植物。由于杂草适应性广、竞争力强，且观赏特性与栽培植物不一致，往往会对草坪造成巨大的破坏，并降低草坪的观赏性及实用性，导致草坪的退化。

1. 人工除草

利用人工拔出杂草，按区、片、块划分，定人、定量、定时完成除草工作。除草时要注意保护草坪，因拔出杂草造成的凹坑应及时铺沙填补。拔出的杂草应及时放于容器内，不可随处乱放，以免杂草传播。

2. 化学除草

化学除草是利用某些化学药剂将待建草坪区域内的植物杀灭，或有选择性地将草坪上的一些非栽培植物杀除的除草方式。化学除草具有高效率、杀除彻底的特点，在大范围除杂草时，往往采用化学除草。但化学除草要求较高，对其他植物危害较大，如果用药不当或浓度掌握不好极容易造成栽培植物大量死亡。因此利用化学除草方法一定要谨慎，一般要求在专业人士的指导下使用。

5.5.3.6　草坪的更新复壮

草坪在建植一定年限后，或因使用过度，或因人为破坏、病虫害，往往会退化，致使局部或全部降低观赏、使用价值。这时就需要对退化的草坪进行修复、更新复壮。草坪更新复壮的方法主要有疏草、打孔、培沙、补种与补播等。

1. 疏草

草坪生长一定年限后，草坪的下层会产生一层枯黄草垫，这层草垫会影响草根对水分、肥料的吸收，影响通气性，容易遭受病虫为害，影响草坪的健康生长。可利用疏草机疏除枯黄的草垫，增加草坪通气性与透水性，减少枯老枝叶，减少病虫栖身地，促发新根及新萌蘖的发生。

2. 打孔

建植时间久或过度践踏的草坪易板结，为了改善草坪的土壤结构，可以用打孔机打孔。打孔时，将打孔机的小金属管插入土中，抽走部分旧泥，再培入新沙，以增加土壤的通透性，改善土壤结构。

3. 培沙

培沙一般是在疏草、打孔、拔出杂草之后或新建草坪成坪之前进行，目的是为了填平草坪凹洼及改善草坪土壤结构、促进草坪成坪。

4. 补种与补播

对于损坏或退化严重，或杂草为害严重的地方，可将原草坪铲除，再铺上新草或播上草种。

（1）补草皮　对于使用较紧迫的草坪，一般采用铺草皮的方法，具体的步骤为：

1）铲去旧草皮，将下层土壤疏松改良，加基肥。

2）准备相应面积的新草坪，新草坪的草种与色泽应与原草坪相同或接近。

3）将接口处的旧草坪撬高约1cm，然后将新草坪逐块铺上，注意接口要紧实。

4）铺上一层薄沙，然后将新铺草坪及接口处滚压紧实。

5）浇足水。

（2）补播　先将旧草皮铲除，疏土施肥后将与旧草坪同品种的草种拌沙后均匀撒下，然后再在上面撒上一层薄沙，之后浇上适量的水。注意水分管理，出苗后经过2~3次修剪即可与原草坪一致。

5.5.4　任务实施

1. 准备工作

1）课前预习相关知识部分。

2）教师现场教学，示范讲解草坪的养护技术。

3）班级学生自由组合（每组5~8人）为几个学习小组，各学习小组自行选出小组长。

4）联系物业管理企业，讨论、制定实施方案。

5）材料、工具准备。

2. 实施步骤

1）草坪修剪。

2）草坪施肥。

3）草坪灌溉。

4）草坪杂草去除。

5）草坪更新复壮。

6）成果展示，企业兼职教师和学校老师评分。

7）分组讨论、总结学习过程。

任务 5.6　绿化改造

5.6.1　任务描述

小区绿化在使用一段时间后，由于人为破坏、自然灾害、病虫害的影响，以及植物自然衰老等原因，会出现植物生长不良、园林景观退化的现象。因此，必须对被破坏的园林景观进行改造翻新。本学习任务是做好小区绿化改造，了解小区绿化存在的问题，熟悉绿化改造的内容，掌握绿化改造的方法，会更换花坛植物，会改造旧园林。

5.6.2　任务分析

小区绿化最常见的破坏形式有人为践踏、树下植物生长不良、花坛及花镜植物衰老变形、园林建筑损坏，以及由于规划设计不合理造成的使用功能无法发挥等。绿化改造可以使小区绿化保持良好的景观，充分发挥其社会及经济效益。小区绿化改造内容包括花坛及花镜植物更换、自然及人为破坏景点的翻新、花坛更换、园路改造、衰老植物更新、园林建筑的翻新、室内植物更换等。

5.6.3　相关知识

5.6.3.1　花坛更换

用于花坛布置的花卉一般多为季节性的草花，也称为时花。当过了观赏季节后，花坛内的花卉就会衰败、残损甚至死亡。为了保持花坛的良好景观，应及时更换衰败的植株，并在整个花坛衰败植株超过 1/3 时将整个花坛植物全部更换。

1. 地栽花坛的更换

地栽花坛指的是花坛花卉直接脱盆栽入土中的花坛。更换步骤如下：

1）按花坛形状及观赏要求设计好花坛的造型、图案，确定花坛用花的品种及数量、规格。

2）准备好相关花卉，用广谱性农药喷杀处理。

3）清出花坛旧花，加入适量基肥后松土。

4）清理现场，将花坛边界铲清晰。

5）将新花按要求栽好。

6）淋足水，洒洗花卉叶面。

2. 摆设花坛的更换

摆设花坛的花卉一般连盆摆放构成图案。摆设花坛的机动性较大，可随时更换，但观赏周期短，一般为半个月到一个月。摆设花坛对花卉质量及花盆外观较为讲究，花卉要求在将盛开时换入，在使用时达到最佳观赏效果。摆设花坛更换步骤如下：

1）根据现场情况及要求制定方案，确定用花的品种、数量及规格。

2）根据方案准备好花卉，并将盆花去竹签，清除残花黄叶及盆面杂物。

3）将所有待换花卉喷一些无污染痕迹的广谱性杀虫除病剂。

4）将新花运到现场。

5）撤走旧花，并将花坛底部打扫干净。

6）按设计方案摆好花坛，调整盆花高度，一般要中间高两边低，前面低后面高。

7）清理工作现场，撤走多余材料。

5.6.3.2 小区绿化改造

小区绿化经过一定年限后，规划设计不合理、使用材料不当、施工不合理等原因造成的问题就会暴露无遗，直接破坏绿化景观。这时，就要根据具体情况进行优化改造，以保证良好的绿化景观。

1. 存在的问题

一般来说，使用一定年限的小区绿化会出现以下问题：

1）多处绿地被人踩出新路，主要原因是：

① 园路的分布不太合理，没有充分考虑人的出行要求。

② 社区文化不完善，人们保护绿化的意思淡泊。

③ 绿化保护标识不够。

2）黄土裸露，主要原因是：

① 随着乔木的长大，荫蔽的范围越来越大，阳性植物不适应而逐渐死亡。

② 管理不善造成部分植物死亡。

③ 人为破坏未及时补种。

3）排水不畅、积水，主要原因是：

① 土壤板结。

② 底部排水设施没有做好。

③ 排水坡向及排水坡度设计不合理。

4）植物生长不良，主要原因是：

① 管理不善，经常缺水或缺肥，受病虫害侵染。

② 植物品种不适应该地方的气候、土壤条件。

③ 居住小区人员及车辆经过时擦伤枝叶，踩实土壤。

④ 周围环境受到污染。

5）功能老化，原绿化的设计功能已不符合现在的要求。

2. 改造方案

（1）园路改造

1）对园路分布不合理且人流量较大的新路，在不影响园林美观的前提下，可考虑将绿地中的新路用汀步、砖草路等方式改造成供人行走的园路，而不应一味地靠补植封堵。

2）对管理不善造成的、人流量不是很大的新路，应用同种植物补植予以封堵，并在新封堵的植物边放置如"爱护绿化，请勿穿越"之类的保护绿化标识牌。

3）对设计时人、车流量考虑不够的主干路要适当拓宽，拓宽后两旁应建好路牙或栽上绿篱进行围护，避免两旁再无限制地自然加宽。

（2）植物改造

1）为保持原有的设计风格，改造补种的植物应与原设计植物的品种、规格相同。对于一些明显不适应所在地环境或原设计选择有误的，或经多次补植还是生长不良的植物品种，应考虑选用其他适应性较好的植物品种。

2）对于一些长期缺乏修剪而疯长、内部干枯或影响建筑物安全的植物，可适当进行较重的修剪。

（3）对黄土裸露处改造

1）对于太荫蔽的地方，应考虑使用耐阴性植物进行绿化，也可用蔓生性的虎耳草或绿萝等让其爬到树上进行立体绿化。

2）对于荫蔽且经常有人走动的地方，可考虑将部分地面硬化后增设一些圆凳、圆桌、雕塑小品予以装饰，也可开发成小区体育运动场所。

（4）土壤改良 绿化施工时，往往有大量的建筑垃圾埋于地下，这对植物生长不利。每年结合中耕除草逐步将泥中的建筑废料清除出去，并加入蘑菇肥、堆肥、厩肥等有机质含量较多的肥料进行改良。土壤 pH 值较高的地方，可适当施酸性肥料予以中和改良。草地土壤板结、排水不良的，可以用草坪打孔机打孔后培上适量的沙进行改良。

3. 实施方案

根据不同的管理模式结合实际情况确定改造的实施方案。较小的改造项目由负责日常管理的单位实施，较大的改造项目要考虑用招标的方式确定施工单位。如果小区绿化是自主管理模式的，在确定方案后就应及时做好施工计划、准备物资及与相关部门沟通，并做好业主的解释工作。如果要实行招标的，应根据改造工作量及难度确定应标施工单位的最低资质要求，并在招标后签订施工合同。

4. 施工管理

小区绿化改造一般是在一边使用一边施工的情况下进行的，这势必会对居民的日常生活带来一定影响，必须加强施工管理，减少不必要的麻烦。

（1）做好解释工作 施工时，应提前通知业主、住户，做好解释工作，并采取相应的临时补救措施减少对居民的影响。

（2）做好隔离 施工场地尽量使用木板或临时围墙与生活、营业场所隔离开，施工材料走专用通道，尽量减少施工材料对周围环境造成的污染。在影响业主、用户、客人的地方加上解释性致歉标识牌或警示牌。

（3）施工人员应严加管理 将全部参与施工的人员登记在册，并办理出入证件，凭出入证件进场施工，并且每天对进场的施工人员进行登记。在施工现场应有至少一名物业公司的人员进行现场管理，处理一些突发事件。非施工时间，除了必要的物资管理人员或现场管理人员外，一般不允许施工人员逗留现场。

（4）注意维护好现场卫生 对于出入施工场所的车辆、人员、工具等应在出入施工场所时用水清洗干净，以防将泥块、杂物带出施工区域。每天应派人清理现场，对施工人员使用的饭盒及剩饭剩菜应统一存放，并减少施工现场内的污水积留，避免产生蚊虫老鼠等。

（5）严格控制施工时间 居住小区的绿化改造应选择在早上 8 点到傍晚 19 点（大多数业主上班的时间）进行，以免影响业主休息。

5.6.4 任务实施

1. 准备工作
1）课前预习相关知识部分。
2）教师现场教学，示范讲解绿化改造技术。
3）班级学生自由组合（每组 5~8 人）为几个学习小组，各学习小组自行选出小组长。
4）联系物业管理企业，讨论、制定实施方案。
5）材料、工具准备。

2. 实施步骤
1）地栽花坛植物更换。

2）摆设花坛植物更换。

3）制定小区绿化改造方案。

4）实施园路改造、植物改造、黄土裸露处改造及土壤改良。

5）加强施工管理。

6）成果展示，企业兼职教师和学校老师评分。

7）分组讨论、总结学习过程。

任务5.7 园林小品的养护

5.7.1 任务描述

为了使小区绿化的功能得到更好发挥，不少小区绿化中建设有一定数量的园林小品，这些园林小品与绿化植物共同构成绿化景观，对小区居住环境的美化起着重要的作用。因此，必须对园林小品进行养护。本学习任务是园林小品的养护，了解园林小品的类型及常见的质量问题，熟悉园林小品养护的内容，掌握园林小品养护的方法，能及时发现园林小品的质量问题，会养护园林小品。

5.7.2 任务分析

园林小品包括建筑小品及环境小品。完成本任务要掌握的知识面有：建筑小品、环境小品的概念，园林小品常见的质量问题，园林小品的前期介入、巡视检查及养护措施等。

5.7.3 相关知识

5.7.3.1 园林小品的类型

1. 建筑小品

建筑小品指的是园林小型建筑作品，包括亭、舫、廊、园门、园墙、园桥、汀步、园路、圆凳、圆桌、护栏等。它们一般具有较强的独立性，以实用为主，并具有点缀绿化环境的功能。通过建筑小品可以把住宅和街景有机地联系起来，形成渐变的、自然而和谐的过渡，并对绿化景观起到画龙点睛的作用。另外，建筑小品往往也是小区居民聚集沟通及举行活动的地方，对增进居民间的感情及传播社区文化起到重要的作用。

2. 环境小品

环境小品是指用于点缀绿化环境的小品，如水池、喷泉、叠石、花坛、雕塑小品等。环境小品往往是绿化景点的中心，它们与植物景观一样是绿化观赏的主要对象，是小区绿化的重要组成部分。

5.7.3.2 园林小品常见的质量问题

1. 基础沉降、局部结构破损

在园林小品施工或养护过程中，由于回填土不实、冻土回填、灰土垫层密实度差或基础周围积水、走沙等原因造成局部的基础发生沉降，从而造成园林小品开裂、倾斜。

2. 局部开裂、松散、起砂、钢筋生锈外冒等

局部开裂、松散、起砂、钢筋生锈外冒等，多数是因为混凝土强度低，强度等级不能满足设计要求或早期养护阶段脱水过快或受不同程度冻害等。沿海地区用海沙制备混凝土也会导致这种质量问题。

3. 外露金属构件严重锈蚀

金属材料未经除锈、防腐处理而直接刷面漆，或受到酸性物质的腐蚀影响，外露金属构件严重锈蚀。

4. 木结构构件松脱、开裂

木材含水率高，未经干燥处理就使用，干缩变形大，或长期被水浸淋，蚊蚁消杀不力等，导致木结构构件松脱、开裂。

5.7.3.3 养护措施

1. 加强前期介入

如果有可能，尽量在园林小品的设计、施工阶段就介入，根据园林小品所处的地理环境和用途，检查园林小品设计及施工的用材、施工方法等，从管理方面提出合理化的建议，尽量减少因施工造成的先天隐患。在物业接管验收时，要加强对园林小品施工质量的验收。

2. 加强巡视检查

在日常管理中，要建立园林小品的检查制度，主要对园林小品的重点结构部位的变化情况进行检查，做好检查记录，随时掌握园林小品的完整程度，对出现问题的园林小品及时采取措施进行补救，消除隐患。发现问题及时解决，避免小问题积累成大问题。巡视检查的重点如下：

1）地基基础的变形、沉降、滑移、裂缝、稳定性、周围环境情况等。

2）墙、柱、基座等承重及砌体结构的风化、变形、剥落、碱蚀等情况。

3）木结构的变形和稳定性、受力构件的工作情况、木材的腐坏和虫蛀情况等。

4）混凝土结构梁、柱等连接点的弯曲、开裂变形情况。

5）金属结构焊接点有无开裂或锈蚀情况，有无刮毛、锐角等。

3. 养护

1）强化养护意思，加强保护宣传，减少人为的损坏。

2）选派有养护专业技能的员工对园林小品进行专业养护，明确养护范围和责任。

3）对微小问题要给予足够重视，及时修补，防止问题扩大，以延缓园林小品的老化或损坏速度。

4）对不同材料的园林小品进行针对性的科学管理。

5）加强园林小品周围的排水措施，尽量减少周围环境对园林小品的污染。

6）对季节性使用的园林小品，如喷泉、水池等，在北方寒冷季节应排除内部存水，并采取切实有效的防冻措施。

7）对金属、木材等构件要涂刷防锈、防腐的涂料、油漆加以保护。

5.7.4 任务实施

1. 准备工作

1）课前预习相关知识部分。

2）教师现场教学，示范讲解园林小品的养护技术。

3）班级学生自由组合（每组5～8人）为几个学习小组，各学习小组自行选出小组长。

4）联系物业管理企业，讨论、制定实施方案。

5）材料、工具准备。

2. 实施步骤

1）对在建的园林小品在设计、施工阶段介入。

2）对建成的园林小品进行巡视检查，发现问题。

3）针对问题采取对应措施。

4）成果展示，企业兼职教师和学校老师评分。

5）分组讨论、总结学习过程。

[阅读材料]

小区绿化的养护阶段划分

城市的居住环境和人们的生活习惯息息相关，人们都希望绿地消长有序，保持绿化恬静的氛围，树木要整洁且有序，若任其生长，就无法达到预期的目的。所以，必须及时删除演替中产生的杂乱无章和其他不符合设计目标的因素，这个过程就是养护。要取得较好的绿化效果，设计、定植（建设）及养护管理等环节是互为补充的。

绿化的养护阶段不仅以三维空间为基础，而且要考虑随时间的进程，绿化发生的改变。从建设阶段开始，树木就处于变化的状态中，时间因子对设计效果就开始产生影响。只有当种植的树木达到设计预期的规格和外形时，才能充分发挥其各种效益。

1. 初龄绿地

绿地定植（即建设竣工）后的 1~3 年，可划作初龄绿地，这是苗木成活的关键时期。此阶段主要是乔木与灌木定植、生根、成活到个体发育的开始。不同植物的耐移栽程度不同，从定植到恢复生长，需要的时间也不一样，快的当年就能发新芽，如意杨；慢的要 3~5 年才能恢复生长。

初龄绿地建设中，有两个环节应特别注意：一是绿地的土方一定要平整、饱满，使用的客土应该是可种植土；二是要注意种植时的苗木定位，应考虑尽量避免以后给树木发育和居民生活带来影响。

现在，有的绿地建设中，使用了大规格甚至超大规格的苗木，目的是希望绿地早日成形。但实际上即使树木规格再大，定植后仍然要经过成活阶段后才能再开始个体发育，植物的生长规律无法超越，因此仍属于初龄绿地。

有的绿地种植苗木在排列时不留株距与行距，只顾眼前的效果好，但用苗量大，造价高，调整间隔小，增加了病虫害发生的危险。另外，由于密植的灌木会影响乔木的根部受光和积温，长成僵苗，或者乔木生长旺盛，将灌木荫蔽，这两种情况都会使群落的培植处于不稳定的状态，从而增加养护的工作量。

初龄绿地的定植中，也有种植过稀的情况，或是苗木规格太小（胸径小于3cm），数量过少，或完全是草坪。这种绿地保存率低，需要补植，或长期封闭养护，直到主体乔木胸径达到5cm以上。

2. 中龄绿地

定植的苗木经过1~3年的恢复，第4~10年处于中龄。本阶段树木的个体发育速度加快，始终贯穿株间和种间激烈的生存竞争。中龄绿地的工作目标是：利用树木的竞争和演替，通过养护管理，取得理想的景观和生态效益。

1）中龄绿地的树木不断长大，由于生物竞争中的弱势淘汰和人工干预，总趋势是数量由多到少的变化，很难制定统一的量化指标，但可以参考以下衡量标准：乔木、灌木无论丛植或群植，都应保持自然完整的树冠；中下层苗木和草坪接受阳光或散射光，能正常生长。

2）中龄绿地是从定植到成形的重要过渡阶段，经历的时间较长，工作量大，养护任务繁重，要加强养护和调整，避免退化。

3. 成龄绿地

10 年以上的绿地进入成龄。

1）成龄绿地上，目前常用品种的乔木已到达或接近生长顶级，可充分展示本品种的体量和体征，生长速度减慢，群体演替趋于平缓。由于乔木树冠的伸长和舒展，阳光能够透射，下层形成稳定的地被层，中层由叶簇丰满的灌木点缀，绿视景观上满下空，构成适合居住区的成龄绿地格局——疏林草地。疏林草地是相对于定植初期的丛植、群植而言的，其特点为有孤植大树形成的视觉焦点景观。

通过长期的养护管理，树木生长接近或达到顶级，绿化与居民的生活、使用方式日趋交融，减少了人为损坏，专业养护量下降，资金的投入较前一阶段减少，绿地的建设和养护达到了成形的阶段目标。

成龄绿地会出现新的问题，如速生树会首先度过生长高峰而停止，病虫害与天敌、飞鸟与昆虫又形成了新的此消彼长的关系，更新、复壮措施逐步提到养护日程等。

2）成龄绿地树木到达成龄阶段，其成活率、保存率都趋于稳定，投入费用下降，绿地的价值提高。绿地成龄以后，要精心保护，即便是损失一棵大树再给补植，也需要付出很大的代价。有资料表明，一棵生长 100 年的孤植的水青冈（山毛榉），可以满足 10 个人一年的需氧量。假定这棵树被砍伐掉，就需栽种 2700 棵树冠体积为 $1m^3$ 的小树才能取得同样的效果，要耗费一笔为数不小的资金。因此，全社会都应重视保护和充分利用小区现有的大树。

项目小结

本项目包括 7 个任务：园林植物日常养护；园林植物的整形修剪；新植树木的养护；空间绿化的养护；草坪的养护；绿化改造；园林小品的养护。重点是园林植物的整形修剪，突出了园林树木的养护管理。本项目知识点见下表。

任 务	基 本 内 容	基 本 概 念	基 本 技 能
5.1 园林植物的日常养护	土壤管理、施肥、灌溉与排水、园林植物越冬越夏管理	土壤管理、肥料管理、水分管理、工作月历、有机肥、腐殖酸肥料	能进行松土除草、土壤深翻、土壤改良、施肥、灌溉、灾害防治及绿化保洁等工作
5.2 园林植物的整形修剪	整形修剪的方法、各类园林植物的整形修剪、树桩盆景的整形修剪、造型植物的整形修剪、绿篱的整形修剪	整形、修剪、自然式修剪、人工式修剪、疏、截、缩、平茬	能够进行园林植物的整形修剪工作
5.3 新植树木的养护	水分管理、树体保护	成活、树体包裹、树休支撑	能够养护新植树木
5.4 空间绿化的养护	屋顶绿化的养护、垂直绿化的养护	—	屋顶绿化浇水施肥的方法、垂直绿化搭支架牵引的方法
5.5 草坪的养护	草坪的分级、草坪修剪、草坪施肥、草坪灌溉、草坪杂草去除、草坪的更新复壮	修剪高度、1/3 原则	能够养护草坪

任　　务	基本内容	基本概念	基本技能
5.6　绿化改造	花坛更换、小区绿化改造	—	—
5.7　园林小品的养护	园林小品的类型、园林小品常见的质量问题、养护措施	建筑小品、环境小品	园林小品的养护方法

 思考题

1. 园林植物土壤管理的主要内容有哪些？
2. 园林植物施肥的方法有哪些？
3. 园林植物水分管理中的灌溉量如何确定？
4. 比较整形、修剪的概念及相互关系，简述整形的意义。
5. 举例说明截、疏、放几种修剪方法在实际修剪中的应用。
6. 花灌木的自然树形有哪几种？
7. 绿篱整形修剪中常用哪些断面形式？
8. 简述新植树木水分管理的技术要点。
9. 盆景最常用的造型形式是什么？
10. 总结盆景造型修剪的技术要点。

 测试题

1. 填空题

（1）常见的整形方式有_____、_____、_____三种。

（2）修剪的方法分为_____、_____、_____、_____、_____五种。

（3）施肥分为_____施肥和_____施肥。

（4）草坪的养护包括_____、_____、_____。

（5）园林小品包括_____小品和_____小品。

2. 选择题

（1）防止土壤板结的养护措施为_____。

A. 施肥　　　　　　B. 浇水　　　　　　C. 松土　　　　　　D. 掺沙

（2）剪去一年生枝条的一部分称为_____。

A. 回缩　　　　　　B. 疏　　　　　　C. 短截　　　　　　D. 放

（3）草坪的修剪高度必须遵循_____原则。

A. 2/3　　　　　　B. 1/4　　　　　　C. 1/2　　　　　　D. 1/3

（4）夏季给草坪灌溉最忌选择在_____。

A. 早晨　　　　　　B. 中午　　　　　　C. 下午　　　　　　D. 傍晚

（5）低温对植物的伤害主要有_____种类型。

A. 三种　　　　　　B. 四种　　　　　　C. 二种　　　　　　D. 五种

小区园林植物病虫害防治

任务 6.1 小区园林植物病虫害防治概述

6.1.1 任务描述

小区园林植物病虫害是影响园林植物健康成长的主要因素，它可以破坏园林植物，造成园林植物残败甚至死亡，影响园林景观。遭受病虫害的植物，轻则生长不良，色泽暗淡，枝叶枯黄，花朵腐烂或变形，器官畸形，从而降低了园林植物的观赏价值；严重的会引起植株退化，甚至大面积死亡，严重影响景观效果，并会给人们的工作、生活甚至健康带来影响。因此，必须对小区的园林植物病虫害进行防治。本学习任务是了解小区园林植物病虫害防治知识，了解小区园林植物病虫害防治的特点，熟悉园林植物病虫害防治的原则，掌握小区园林植物病虫害防治的方法，能够描述小区园林植物病虫害防治的措施。

6.1.2 任务分析

园林植物病虫害防治作为绿化管理工作的一项基本内容，是保证各种园林植物健康生长，提高小区绿化质量的必要措施，也是小区绿化管理工作中技术性较强的一项工作。完成本任务要掌握的知识点有：植物病虫害的概念，病虫害防治的原则，病虫害的栽培管理防治，植物的检疫防治、物理防治、化学防治、生物防治等。

6.1.3 相关知识

6.1.3.1 小区园林植物病虫害防治的特点

1. 植物病虫害的概念

植物病虫害是指植物染病、受侵害后，生理代谢活动、内部组织结构、外部形态发生系列变化的病害和植物被害虫损伤，引起植物生理状态失调、生长发育不良的总称。植物病虫害常导致植物生长不良，叶、花、果、茎、根出现坏死斑，或发生畸形、凋萎、腐烂以及形态残缺不全、落叶和根腐等现象，使其失去观赏价值及绿化效果，严重时造成全株死亡。

2. 小区园林植物病虫害发生的特点

小区园林植物常会受到病虫的为害，给小区绿化造成很大破坏，掌握一些植物病虫害防治的方法，是提高绿化观赏价值的重要保证。绿化养护的效果直接表现在所栽植物的生长状况及是否感染病虫害。

（1）植物病虫害易发生、传播快　植物种类及配植的多样性给各种病虫害的发生和交互感染提供了有利的条件，小区的绿化包括庭院、中心花园及道路绿化等多项内容，为了达到四季有景、花香飘溢、绿树成荫的效果，常在植物的种植设计中将花、草和其他地被植物等融为一体，形成一个独立的园林人工生态环境。但是，不合理的植物种植设计，往往会导致病虫害的发生。

（2）植物病虫害防治的局限性　小区是人们日常生活休憩的场所，居民户外活动频繁，在对植物进行病虫害防治的过程中，虽然采用化学防治能快速直接地消灭某些病虫害，然而有些农药会污染花木，影响美观，有时还可能污染环境，影响居民健康，因此应尽量减少化学防治。

6.1.3.2 小区园林植物病虫害防治的原则

园林植物病虫害的防治原则是"预防为主，综合防治"。园林植物病虫害的防治标准与农作物病虫害防治标准不同，一般农作物的病虫害防治只要控制在为害水平之下即可，而园林植物的防治标准是能根治的最好根治，因为病虫害一旦发生，就算对园林植物尚未达到为害水平，但对植物器官（如茎、叶、花、果）的破坏已经导致植物景观发生不可逆转的破坏。因此，"防"在园林植物病虫害的防治中尤其重要。

1. 预防

病虫害的预防，就是根据病虫害发生的规律，抓住其生长发育的薄弱环节及防治的关键时刻，采取有效、切实可行的方法，将病虫害在大量发生之前或造成为害之前予以有效控制，使其不能发生或蔓延，保护园林植物免受侵害。

2. 综合防治

综合防治就是以栽培技术防治为基础，根据病虫害发生发展的规律，因时、因地制宜，合理地协调应用生物、物理、化学等防治措施，创造不利于病虫害发生和为害的条件，达到经济、安全、有效地控制病虫害发生的目的，将病虫害造成的为害降到最低水平。总的原则是：

1）提高园林植物本身的抗病虫能力，或选用有抗病虫能力的植物。

2）创造有利于园林植物生长发育的环境，促使其生长健壮，提高抗病虫能力。

3）创造不利于病虫害繁衍的环境，减少传染源。

4）直接消灭病原菌和虫害，减少或杜绝病虫害传播的途径。

6.1.3.3 小区园林植物病虫害防治方法

1. 加强栽培管理

合理的栽培管理技术是创造有利于园林植物生长环境和促进其健壮生长的重要措施，也是控制和消灭病虫发生和为害、防治园林植物病虫害的重要手段，是病虫害防治最基本的办法。

（1）选用抗病虫的优良品种和苗木　不同植物品种有不同的抗病虫害能力，选择适合当地栽培的抗病虫品种，是防治植物病虫害的有效措施。在苗木繁殖时，选用健康、不带病虫的种子、插穗、球根、接穗等繁殖材料进行繁殖，也是减少病虫害发生的重要手段。

（2）合理耕作与配植　在苗圃中实行轮作，对土壤进行深翻、晒土、消毒等，并清除苗圃周围的杂草杂木，以减少病虫害寄主。在园林造景种植设计中，要充分考虑某些转主寄生的病虫的寄主因素，如将喜酸性的栀子花用在中性或偏碱的土壤环境中，会出现某些缺铁性的生理病害；贴梗海棠、苹果、梨等与桧柏配植在一起，它们互为锈病的转主寄主，易导致贴梗海棠发生严重的锈病。

（3）合理的水、肥管理　合理施肥能改善植物的营养条件，使植株生长健壮，并提高抗病虫能力。施肥不当会造成一些植物生长不良而感染病害。如农家肥没有经过充分腐熟就施用，除了因其继续发酵会对植物的根系产生直接伤害外，还会增加粪肥所携带的病原菌和害虫为害植物的机会。排水不良的土壤往往会使植物的根部缺氧而生长不良，甚至发生腐烂等根部病害。合理的灌溉对一些地下害虫及根部病害也有防治作用。

（4）搞好清洁卫生　落叶、落花、落果及枯枝残体往往是病虫害隐藏、传播的中心或越冬场所，及时清理并烧毁或深埋园林植物的枯枝残体和绿化垃圾，可以消灭或减少植物病虫害的侵染来源，是控制病虫害发生的重要手段，对病虫害的防治有事半功倍的效果。

2. 植物检疫

植物检疫是通过法律、行政和技术的手段，防止危险性植物病虫、杂草和其他有害生物的人为传播，保障农林业安全，促进贸易发展的一项措施。园林花木的许多病虫害往往是由于忽视检疫而在苗木流通中使本来一些没有某种病虫害的地区成为该病虫害的受害区域。如1987年蔗扁蛾随进口的巴西木进入广州，随着巴西木在我国的普及，蔗扁蛾也随之扩散，于20世纪90年代传播到了北京；从荷兰进口的风信子带来的黄瓜花叶病毒，使国内本无该种病毒的多种花卉受到为害。因此，在苗木流通时，必须依据国家的法律法规做好植物检疫工作，严防新的病虫害传入。

3. 物理防治

物理防治法包括采用热处理（如热水浸种）、超声波、紫外线及各种射线防治病虫害；人工捕杀某些害虫的卵块、幼虫、成虫；黑光灯和高压电网灭虫器诱杀害虫等。利用物理防治法可减少化学药物对人畜的影响和对环境的危害，具有良好的防治与环保效果。

（1）黑光灯诱杀　多数夜间活动的害虫都有趋光性，设置黑光灯进行诱杀，可以有效地防治夜蛾类、毒蛾类及枯叶蛾类等700多种昆虫导致的虫害。

（2）热处理　将水仙、郁金香、唐菖蒲等的球茎放在44℃热水中浸泡4h或在45℃的热水中浸泡3h，即可杀死球茎中所有的根螨，同时对清除球茎内的病毒也有积极的作用。

4. 生物防治

生物防治是利用生物之间的拮抗作用和双重寄生习性，通过保护天敌及播施病虫的寄生微生物来控制病虫害的发生，从而达到保护植物的目的。生物防治效果持久，对人、畜和植物一般无毒，不会污染环境，便于推广，是目前比较有发展前途的一种防治方法。

（1）以菌治病　这是利用微生物之间的拮抗作用和交叉保护作用及某些微生物的代谢产物来抑制另一种微生物的生长发育，甚至导致其死亡。如利用哈茨木霉菌可防治茉莉花白绢病；利用我国生产的"鲁保一号"及土壤木霉菌等能防治菟丝子及苗木猝倒病。

（2）以菌治虫　这是对害虫的病原微生物以人工的方法进行培养，制成粉剂喷撒，使害虫得病致死。如用苏云金杆菌和白僵菌，可以防治鳞翅目的害虫的幼虫；利用核形多角体病毒可以防治加拿大云杉叶蜂及斜纹夜蛾、桑毛虫、红铃虫、松毛虫等。

（3）以虫治虫、以鸟治虫　这是利用自然界中捕食性或寄生性的天敌昆虫及益鸟来防治害虫。如杜鹃捕食柳毒蛾、啄木鸟捕食天牛等；利用大红瓢虫和澳洲瓢虫防治吹棉蚧，用草蛉和瓢虫防治棉蚜虫等。利用昆虫的性外激素来诱捕异性昆虫也是一种广为应用的防治办法。

5. 化学防治

化学防治是指用农药来防治病虫害的方法。化学防治是病虫害防治的主要措施，它具有收效快、防治效果好、使用方法简单、受季节限制较小、适合大面积使用等优点。但也有着明显的缺点，化学防治的缺点概括起来可称为"3R问题"，即抗药性、再猖獗及农药残留。抗药性是指长期对同一害虫使用相同类型的农药，使某些害虫产生不同程度的抗药性；再猖獗是指用药不当杀死了害虫的天敌，从而造成害虫的再度猖獗为害；农药残留是指农药在环境中存在残留毒性，特别是毒性较大的农药，对环境易产生污染，破坏生态平衡。用于小区园林植物病虫害的防治，应选用高效、低毒、低残留、无异味、无污染的药剂。

6.1.4　任务实施

1. 准备工作
1）课前预习相关知识部分。
2）教师准备相关案例，课堂围绕案例进行讲解。
3）班级学生自由组合（每组5~8人）为几个学习小组，各学习小组自行选出小组长。
4）联系物业管理企业，讨论、制定实施方案。
5）材料、工具准备。
2. 实施步骤
1）查阅资料（教材、期刊、网络），列出小区园林植物病虫害的现象。
2）到物业管理企业进行小区园林植物病虫害调查。
3）编写调查报告。
4）成果展示，企业兼职教师和学校老师评分。
5）分组讨论、总结学习过程。

任务6.2　小区园林植物主要虫害防治

6.2.1　任务描述

害虫主要以植物的根、茎、叶、花、果等器官及汁液为食，为害植物。常见的有咀嚼式口器害虫和刺吸式口器害虫两大类。本学习任务是**防治小区园林植物的主要害虫，了解小区园林植物主要害虫的种类，熟悉小区园林植物主要害虫的形态特征，掌握小区园林植物主要害虫的防治方法，能识别主要的害虫，能够防治小区园林植物的主要害虫。**

6.2.2 任务分析

通过课堂教学、查阅资料（教材、图书、期刊、网络）、现场教学、标本识别、小组讨论等，在老师的指导下完成小区园林植物主要虫害防治的任务。完成本任务要掌握的知识点有：咀嚼式口器害虫和刺吸式口器害虫的概念，主要害虫的形态特征、生活习性，主要害虫的防治方法等。

6.2.3 相关知识

6.2.3.1 咀嚼式口器害虫

咀嚼式口器害虫，其典型的为害症状是构成各种形式的机械损伤。有的能把植物叶片食成缺刻，花蕾残缺不全、穿孔，或啃食叶肉留叶脉，甚至把叶全部吃光；有的蛀入叶中潜食叶肉；有的是吐丝缀叶、卷叶；有的在枝干内或果实中钻蛀为害；有的咬伤幼苗根部或啃食皮层，使幼苗萎蔫枯死；有的从根部咬断幼苗后将其拖走。

1. 大袋蛾

大袋蛾（图6-1），属于鳞翅目，袋蛾科。又名大蓑蛾、避债蛾、皮虫等。分布于华东、中南、西南等地。系多食性害虫，为害松柏、水杉、悬铃木、榆、蜡梅、樱花等90个科、600多种园林植物，大发生时可将叶吃光，影响植株生长发育。

图6-1 大袋蛾

（1）形态特征

1）成虫。雌雄异型。雌成虫粗壮，无翅无足，在袋内，体长22～23mm；雄虫体长约18mm，翅展35～44mm，黑褐色。触角双栉齿状，栉齿在前端1/3处渐小，胸部有5条深纵纹。

2）卵。卵呈椭圆形，淡黄色，直径0.3mm左右，产于雌蛾囊内。

3）幼虫。共五龄。三龄起雌雄明显呈二型。雌虫头及胸部背板呈褐色，并有两条浅色纵纹。雄虫呈黄褐色，体较雌虫小。

4）蛹。雌蛹体长22～23mm，呈棕褐色，近圆筒形，胸部三节紧密愈合。雄蛹体细长，胸背略凸起，腹节稍弯。

（2）生活史及习性　多数一年一代，少数一年两代。以老熟幼虫在虫囊中越冬。每年5月上旬化蛹，5月下旬羽化。雌成虫经交配后即产卵于虫囊内，繁殖率高，至6月中下旬孵化，幼虫从虫囊内蜂拥而出，吐丝随风扩散，取食叶肉。至8、9月份四到五龄幼虫食量最大，为害最重。

（3）防治方法

1）人工捕捉。随时摘除虫囊。

2）灯光诱杀。每年5月下旬至6月上旬的夜间用灯光诱杀雄蛾。

3）药剂防治。喷洒孢子含量 100 亿/g 的青虫菌粉剂 0.5kg 和 90% 晶体敌百虫 0.2kg 的混合 1000 倍液；50% 敌敌畏乳剂 1000 倍液或 90% 晶体敌百虫 1000 倍液。

4）保护利用天敌。对大袋蛾的天敌伞裙追寄蝇和袋蛾瘤姬蜂加以保护和利用。

2. 杨二尾舟蛾

杨二尾舟蛾（图 6-2），又名双尾天社蛾。属鳞翅目，舟蛾科。几乎分布全国，主要分布于东北、华北、华东等地。为害杨柳科植物。

（1）形态特征

1）成虫。体长 32mm，翅展可达 90mm，体翅均呈灰白色，胸背有六个黑点。前翅有黑色花纹，翅基部有两个黑点，后翅几乎呈白色。

2）卵。卵呈半球状，红褐色。

图 6-2　杨二尾舟蛾

3）幼虫。体呈青绿色，腹背有一个三角形的紫红大斑，后胸背面突出呈钝锥状峰突，臀足退化呈尾状。老熟幼虫体长 50mm 左右。

4）蛹。蛹呈褐色，茧呈长椭圆形，底部扁平坚实，紧贴树干，色同树皮。

（2）生活史及习性　上海、江苏一带一年两代。以蛹在树干上茧内越冬。第一代成虫在每年 5 月中旬出现，第二代成虫在 7 月中上旬出现。卵散产在叶面上。初孵幼虫体呈黑色，活泼，受惊时会突翻红色管状物，并不断摇动；老熟后在树干基部咬破树皮和木质部，吐丝结成坚实硬茧化蛹越冬。成虫有趋光性。

（3）防治方法

1）冬春季在树干、建筑物等处撬茧灭蛹，灯光诱杀成蛾。

2）幼虫期喷施 50% 辛硫磷 1500～2000 倍液，80% 敌敌畏 1000～1500 倍液。

3. 柳毒蛾

柳毒蛾（图 6-3），又称为杨毒蛾、毛毛虫。属鳞翅目，毒蛾科。幼虫体多毛，毛有毒，刺人剧痛。分布于东北、西北、华北及山东、江苏、上海等地。为害杨柳、白桦等植物，以幼虫为害叶片。

（1）形态特征

1）成虫。体长 12～20mm，翅展 36～46mm，体翅呈白色，有丝绢光泽，足胫节及跗节有黑白相间的环纹。雌蛾触角较短，呈双栉齿状，触角主干呈白色。雄蛾触角呈羽毛状，触角主干呈棕灰色。

2）卵。卵呈扁圆形，灰白色，卵块外有灰白色的泡沫状胶质物。

图 6-3　柳毒蛾

3）幼虫。体长 30～50mm，呈黑褐色。背部呈灰白色，混有黄色，背线呈褐色，两侧各有黑褐色纵带一条。胸节与腹节具毛瘤，上簇生黄白色长毛。

（2）生活史及习性　华东、华北一年发生两代。以一到二龄幼虫在树缝、枯枝落叶层、树洞内结茧越冬。翌年 4 月中旬幼虫开始活动，食害嫩芽、嫩叶及树寇下部叶片，留下叶脉。昼伏夜出，上树为害，5月下旬化蛹，6月上旬羽化成虫。交尾产卵于叶背和树皮上，卵块约经半月孵化，7～8月间第一代幼虫为害，9月初第二代幼虫先后孵化，咬食叶片，不久即潜伏越冬。成虫有趋光性，幼虫初孵分散为害，后期有群集性。

（3）防治方法

1）人工搜杀幼虫或蛹，采取卵块就地按死。

2）灯光诱杀成虫，测报成虫发生期。

3）幼虫为害时，可用50%辛硫磷乳油1000倍液喷雾杀虫。

4. 美国白蛾

美国白蛾（图6-4），又名秋幕毛虫。属鳞翅目，灯蛾科。分布于丹东、沈阳、山东、上海、北京等地。以幼虫群集在植物叶上吐丝做网幕，取食叶片。为害悬铃木、杨、柳、李等几百种观赏树木。

（1）形态特征

1）成虫。成虫为白色中型蛾，成虫体长14mm左右，多数雄蛾的前翅散生几个黑色或褐色斑点。

2）卵。卵呈圆球形，卵表有刻纹。

3）幼虫。老熟幼虫体长32 mm左右，头部呈黑色，体呈黄绿色或黑灰色，背中线为黄白色。体背毛瘤呈黑色，毛瘤上长有白色长毛。

4）蛹。蛹呈深褐色至黑褐色。

图6-4　美国白蛾

（2）生活史及习性　一年发生二至六代。以蛹在表土中越冬。第一代幼虫于每年4月中下旬为害，第二代幼虫于6月中上旬出现为害。成虫有趋光性。产卵于叶背和枝条上，初孵幼虫群集于叶背取食叶肉；三龄后分散活动，咬食叶片，受惊后有假死性；老熟后结黄绿色丝茧化蛹。

（3）防治方法

1）冬季翻土杀死越冬蛹。

2）灯光诱杀成蛾。

3）喷施孢子含量100亿/g的青虫菌粉剂300～500倍液，90%晶体敌百虫1000～1500倍液。

5. 大叶黄杨尺蠖

大叶黄杨尺蠖（图6-5），又名丝棉木金星尺蠖、卫矛尺蠖、造桥虫。属鳞翅目，尺蛾科。分布于华北、华中、华东、西北等地。为害大叶黄杨、丝棉木、扶芳藤、榆、欧洲卫矛等，是园林重要害虫之一。

（1）形态特征

1）成虫。体呈黄色，密布黑点，

图6-5　大叶黄杨尺蠖

双翅呈白色。有排列不规则而大小不等的黑色斑。前翅基部有深黄褐色花斑。

2）卵。卵呈半球形，淡黄色至淡绿色，表面有花纹。

3）幼虫。体呈黄褐色，背线、亚背线和气门上线呈浅黄色。

4）蛹。初为淡绿色，渐变成红棕色。

（2）生活史及习性　该虫在苏南、上海一带一年发生三代。第一代成虫于每年4月中旬羽化产卵，幼虫于4月下旬开始为害，至5月下旬陆续化蛹。第二代成虫于6月中旬开始羽化，幼虫于6月下旬开始为害，至8月上旬进入蛹期。第三代成虫于8月中旬开始羽化，幼虫于8月下旬孵化为害，9月下旬化蛹。有些年份可发生四代，到11月下旬至12月上旬化蛹越冬。为害最重的第二代，9月陆续入土深2～3cm处化蛹越冬。

（3）防治方法

1）挖掘越冬蛹加以杀灭。

2）成虫飞翔力弱，当第一代成虫羽化时捕杀成虫。

3）幼虫为害期，喷洒50%辛硫磷乳油1500～2000倍液，或80%晶体敌百虫1000～1500倍液，80%敌敌畏1000～1500倍液。

6. 蓝目天蛾

蓝目天蛾（图6-6），又名柳天蛾。属鳞翅目，天蛾科。分布于东北及长江流域各地。幼虫为害杨树、柳树、樱桃、梅、桃等植物的叶片，被害叶片残缺不全。

图6-6　蓝目天蛾

（1）形态特征

1）成虫。体长32～36mm，翅展85～92mm。触角呈黄褐色，栉齿状，胸部背中央有深棕色纵带。前翅基部及前缘色较浅，中央有一个新月形浅色纹，中室外侧有数条波状纹，自翅顶以下，外缘有三角形的深色部分。后翅呈淡灰褐色，中央呈紫红色，有一个深蓝色的大圆斑，其周围呈黑色圈。

2）卵。卵呈椭圆形，绿色，有光泽。

3）幼虫。幼虫呈绿色或黄绿色，老熟幼虫体长60～90mm，体上散布白色小颗粒，腹部第一至第八节有白色或黄白色斜线，最后一对会合于尾角处。

4）蛹。蛹呈褐色，长33～46mm。

（2）生活史及习性　在河南一年三代，在上海、江苏一年四代。以蛹在土中越冬，翌年4、5月份羽化为成虫。成虫有强趋光性，产卵于叶片的正面、背面及小枝上。各龄幼虫均散居于叶背或树枝上。四龄以后雌雄个体的颜色有明显变化，雌体较黄，雄体较绿。一般越冬成虫于4月中下旬产卵，第一代幼虫为害期在5月份，第二代幼虫为害期在7月份，第三代幼虫为害期在8、9月。

（3）防治方法

1）人工捕捉幼虫或翻土消灭越冬蛹。

2）灯光诱杀成蛾。

3）幼虫为害时，喷施90%晶体敌百虫1500倍液，80%敌敌畏1500倍液，或2.5%溴氰菊酯乳油10000倍液等。

4）对二到四龄幼虫可用孢子含量100亿/g的青虫菌粉剂500～800倍液，有较好的防治效果。

7. 马尾松毛虫

马尾松毛虫（图6-7），又名松毛虫。属鳞翅目，枯叶蛾科。分布于华中、华南、华东及云贵等地。以幼虫为害马尾松针叶，也为害云南松、湿地松、火炬松，严重时将针叶吃光。

（1）形态特征

1）成虫。雌蛾体长12～30mm，翅展42～57mm，触角呈栉齿状；雄蛾体比雌蛾小，触角呈羽毛状。体呈黄褐色至棕色。前翅较宽，外缘呈弧形弓出，翅面的斑纹不太明显，外缘的黑褐色斑到内侧为淡褐色，自翅基到外缘有四至五条波横纹。

图6-7　马尾松毛虫

2）卵。卵呈椭圆形，粉红色，呈串珠或堆状产于松针上。

3）幼虫。体色有棕红色和灰黑色两类。不同龄期的形态有一定差异，一般胸部第二、三节的背面着生深蓝色毒毛带，两侧间丛生黄毛。自三龄起，腹部第一至六节的背面均生有黑色长毛片两束，体侧有许多白色长毛。每侧由头至尾有一条纵带，在中胸至腹部第八节气孔上方；纵带上各有一个白色斑点。

4）蛹。蛹呈纺锤形，棕褐色或栗色。茧呈灰白色或淡黄褐色，有黑色短毒毛。

（2）生活史及习性　长江流域一年发生两至三代，珠江流域一年发生三至四代。以四到五龄幼虫在树皮裂缝或树下地面的杂草丛中及石缝中越冬。翌年4月间活动取食，4月下旬化蛹，5月上旬羽化交尾产卵。第一代幼虫于5月中旬至7月取食为害，7月下旬结茧化蛹，第二代于8～9月下旬为害。有些地区一年发生三代，第一代于4～6月，第二代于6～8月，第三代于8月下旬至11月上旬。

（3）防治方法

1）灯光诱杀。

2）促进林木生长，适当密植，营造针阔混交林及选种抗松毛虫的树种，造成不利于松毛虫发生的环境条件。

3）幼虫孵化为害时，可用2.5%溴氰菊酯乳油5000倍液，或50%杀螟松乳油1000倍液、80%敌敌畏乳油1000倍液进行防治；也可用微生物农药进行防治，如孢子含量100亿/g的青虫菌粉剂或杀螟杆菌粉剂或白僵菌粉剂500～1000倍液。

4）有条件的地方，可逐步开展性引诱剂及放养赤眼蜂、黑卵蜂等进行生物防治。

8. 樟巢螟

樟巢螟（图6-8），又名樟巢虫、樟丛螟。螟蛾属，鳞翅目，螟蛾科。小型至中型蛾类。分布于江苏、浙江、上海、福建、江西、湖南等地。是发生在城市香樟上的主要害虫，有些城市已大范围发生，严重影响城市景观。

（1）形态特征

1）成虫。体长12～15mm，翅展25～30mm，呈灰褐色，雄蛾前翅有蓝绿色金属光泽，前缘中部有一个黄色的"翅痣"，"翅痣"骨化，呈三角形。雌蛾无此痕迹，全翅呈棕褐色。

图6-8　樟巢螟

2）幼虫。老熟幼虫长20～25mm，呈灰黑色。它的为害状态很特殊，常将新梢枝叶缀结在一起，连同丝、粪黏成一团，远看似鸟巢状。

3）茧。茧呈扁椭圆形。丝质较软，长16mm左右。

（2）生活史及习性　一年两代，局部地区发生三代。以老熟幼虫在土层中结茧越冬。翌年4月中下旬化蛹，至5月下旬羽化为成虫。5月下旬至6月上旬交配产卵，6月中下旬第一代幼虫又开始为害，至7月下旬老熟幼虫化蛹，8月上旬第二代成虫羽化；8月中下旬起第二代幼虫又开始为害，这一代很不齐，一直可以延续到11月底、12月初才全部入土结茧越冬，以在受害香樟根际周围的土层中较多。吐丝和泥土黏结在一起，外壳完全似一个泥团，需仔细挖掘、寻找。幼虫很活跃，为害时将新梢枝叶黏在一起，连同虫粪结成鸟巢状，严重阻碍新梢的生长，树木长势日渐衰退，树寇枯萎。

（3）防治方法

1）消灭越冬幼虫，清除杂草、枯叶以减少越冬虫源，在树的根际挖除虫茧。

2）灯光诱杀成虫。

3）幼虫为害期应摘除虫巢，集中烧毁；可用90%晶体敌百虫1000倍液，50%辛硫磷乳剂1500～2000倍液，或孢子含量100亿/g的杀螟杆菌粉剂500倍液。还可以对根际周围喷施25%速灭威粉剂，效果也很好。

9. 樟叶蜂

樟叶蜂（图6-9），属膜翅目，叶蜂科。分布于华东及湖南、广东、广西、四川、云南等地，主要为害樟树，以幼虫吃食樟叶及新抽的嫩梢，严重影响樟树生长。

（1）形态特征

1）成虫。雌成虫体长8～10mm，翅展18～20mm；雄虫略小，体长6～8mm，翅展14～16mm。头呈黑色，有色泽，触角呈丝状，身长共有九节，基部两节极短。中胸发达，呈棕黄色，上有"X"形凹纹。翅为膜质，透明，脉明晰可见，腹部呈蓝黑色，有光泽。

2）卵。卵呈椭圆形，一端稍弯曲，呈

图6-9　樟叶蜂

乳白色,有光泽,卵产在叶肉内。

3)幼虫。头呈黑色,体呈浅绿色,全身多皱纹,胸足呈黑色,有淡绿色斑纹,老熟幼虫约17mm长。

4)蛹。蛹呈浅黄色,后变暗黑色。茧为丝质和泥土做成,呈黑褐色,长椭圆形。

(2)生活史及习性 在浙江一年一至两代,在福建二至四代。以老熟幼虫在土中结茧越冬,在浙江于翌年4月中上旬成虫出现,卵产在幼嫩樟树叶的下表皮内。初孵幼虫吃食嫩叶、新梢,经15~20d入土结茧,约在5月下旬出现成虫,6月上旬第二代幼虫为害,幼虫共四龄。6月下旬老熟幼虫入土结茧越夏及越冬。

(3)防治方法

1)冬、春两季捡茧消灭越冬幼虫,人工捕杀幼虫。

2)选育抗虫品种。

3)幼虫为害期喷洒50%杀暝松1000倍液,或40%氧化乐果1500倍液,或20%杀灭菊酯2000倍液。

10. 星天牛

星天牛(图6-10),又名柑橘星天牛。属鞘翅目,天牛科。全国分布十分普遍,除南方各地的柑橘产区外,辽宁、山东、河北、山西、河南、陕西、甘肃等地也有分布。为害柑橘、杨、柳、榆、刺槐、悬铃木、无花果、樱花、合欢、银桦、相思树、海棠、垂柳、紫薇、桑、大叶黄杨、枇杷、核桃、罗汉松等植物。

(1)形态特征

1)成虫。体长27~41mm。体翅呈黑

图6-10 星天牛

色,有光泽,每鞘翅上有大小白斑约20个,鞘翅基部密布黑色小颗粒。触角第三至第十一节每节基部有淡蓝色毛环。雄虫触角超过体长一倍,雌虫触角超过身体一至两节。前胸背板中瘤明显,两侧具尖锐粗大的侧刺突。小盾片及足的跗节披淡青色细毛。

2)卵。卵呈长椭圆形,长5~6mm,宽2.2~2.4mm。初产时呈白色,以后渐变为浅黄白色。

3)幼虫。老熟幼虫体长45~67mm,呈淡黄白色,前胸背板前方左右各有一个黄褐色飞鸟形斑纹,后方有一块黄褐色"凸"字形大斑纹,略呈隆起。

4)蛹。蛹呈纺锤形,长30~38mm,初化时呈淡黄色,羽化前各部分逐渐变为黄褐色至黑色。翅芽超过腹部第三节后缘。

(2)生活史及习性 每年发生一代,个别地区三年两代或两年一代。以老熟幼虫在树干或主根内越冬。4月下旬或5月上旬成虫羽化,5~6月为羽化盛期,羽化期很长,8~9月还有成虫出现。成虫羽化后,飞向树冠,啃食细枝皮层,造成枯枝。5~8月均有卵发生,以5~6月产卵最盛。卵多产于树干离地面0.3~0.7m范围内,产卵处树皮常裂开、隆起,表面湿润,受害株常有木屑排出。幼虫孵出后,即从产卵处蛀入,向下蛀食于表皮和木质部之间,形成不规则的扁平虫道,虫道中充满虫粪。1个月后开始向木质部蛀食,蛀至木质部2~3cm深度就转向上蛀,上蛀高度不一,蛀道加宽,并开有通气孔从中排出粪便。整个幼虫期长达10个月,虫道长50~60cm。还有部分虫道在表层盘旋或环状蛀食,能使几米高的花木当年枯萎死亡。

（3）防治方法

加强抚育管理，使植株生长健壮，增强抗虫能力。选育抗虫品种。及时剪除及砍伐严重受害株，剪除被害枝梢，消灭幼虫，避免蛀入大枝为害，是防治星天牛的关键措施。

1）在星天牛活动较弱的清晨，人工捕杀成虫。同时，掌握星天牛产卵的部位及刻槽，用小刀刮卵。

2）星天牛幼虫尚未蛀入木质部或仅在木质表层为害，或蛀道不深时，可用钢丝钩杀幼虫。

3）化学防治。用80%敌敌畏500倍液注射入蛀孔内或浸药棉塞孔（外用黏泥封孔），或用溴氰菊酯等农药做成毒签插入蛀孔内毒杀幼虫。也可用磷化铝片剂，进行田间单株熏蒸，每棵用药1片，或挖坑密封熏蒸，用药2片/m^2，死亡率均达100%。

4）树干涂白。石灰10kg + 硫黄1kg + 盐10g + 水20～40kg，可以预防天牛产卵。

11. 柏肤小蠹

柏肤小蠹（图6-11），又名侧柏肤小蠹。属鞘翅目，小蠹虫科。分布于山西、河北、河南、山东、陕西、甘肃、四川、台湾等地。成虫和幼虫蛀食为害侧柏、桧柏、龙柏、柳杉等。

（1）形态特征

1）成虫。体长2～3mm，呈赤褐色或褐色，无光泽。头部小，藏于前胸下，触角的球棒部呈椭圆形。体密被刻点及灰黑色细毛。鞘翅上各具九条纵沟纹，鞘翅斜面具凹面，雄虫的鞘翅斜面有栉齿状突起。

2）卵。卵呈白色，圆球形。

3）幼虫。初孵幼虫呈乳白色，老熟幼虫的头呈淡褐色，体弯曲。

4）蛹。蛹呈乳白色，体长2.5～3mm。

图6-11 柏肤小蠹

（2）生活史及习性 华北地区一年一代，少数一年两代。以成虫在柏树枝梢内越冬，翌年3～4月陆续飞出。雌虫寻找生长势弱的侧柏或桧柏，蛀入皮下，侵入孔为圆形，雄虫跟踪进入，共蛀交配室，在内交尾；然后雌虫蛀母坑道及在两侧卵室产卵，雄虫则将木屑清出侵入孔。雌虫一生可产卵20～100粒，卵期一周左右。幼虫在木质部与韧皮部间筑细长而弯曲的孔道，5月中下旬老熟幼虫筑蛹室化蛹，蛹期约10d。成虫于6月上旬开始出现，羽化期一直延续到7月中旬，6月中下旬为羽化盛期。新羽化的成虫取食柏树枝梢，枝梢基部被蛀空后，遇风吹即折断，使二年生枝叶脱落，影响树形、树势及美观。此害虫的为害特点为：在成虫期补充营养时为害健康枝梢，影响树形及生长势；在繁殖期为害衰弱的树干、枝，造成柏树枯枝与死亡。

（3）防治方法

1）加强柏树的综合养护管理，适时修枝、间伐，改善林木的生理状况。对弱树和古树要及时复壮，以增强树势，提高抗虫害能力。

2）及时清理受害枝干及折断的枝叶，以免造成虫源地。

3）在发生区于春季（4月上旬至5月下旬）、夏季（6月中旬至8月下旬）设置饵木诱杀成虫。饵木为新伐的侧柏枝干（直径大于2cm），5～10根成捆平放于背风向阳处，并在饵木上喷施菊酯类农药。也可利用柏树提取液，采取粘胶式诱捕器诱杀成虫。

4）利用土耳其扁谷盗、绿僵菌等进行防治。

12. 柳干木蠹蛾

柳干木蠹蛾（图 6-12），又名柳乌蠹蛾。属鳞翅目，木蠹蛾科。分布于东北、华北、山东、江苏、上海、台湾等地。寄主植物有柳、榆、刺槐、金银花、丁香、山荆子等。

（1）形态特征

1）成虫。雌蛾体长 25～28mm，翅展 45～48mm，雄蛾体长 16～22mm，翅展 35～44mm。体呈灰褐色。触角呈丝状，较长。前翅满布多条弯曲的黑色横纹，后翅较前翅色稍暗，横纹不明显。

2）卵。卵呈圆形，初产时呈乳白色，渐变成暗褐色。

3）幼虫。初孵时呈粉红色，老熟幼虫体长 25～40mm，呈淡紫红色，有光泽。

4）蛹。蛹呈暗褐色，长 20～30mm，第二至第六节腹节背面各具两排刺状突。

图 6-12　柳干木蠹蛾

（2）生活史及习性　每两年发生一代，少数为一年一代，以幼虫在被害树干、枝内越冬。经过三次越冬的幼虫，于第 3 年的 4 月间开始活动，继续钻蛀为害；5 月下旬、6 月上旬在原蛀道内陆续化蛹；6 月中下旬至 7 月底为成虫羽化期。成虫均在晚上活动，趋光性很强，寿命 3d 左右。卵成堆成块地聚集在较粗茎干的树皮缝隙内、伤口处，孵化后群集侵入内部，由韧皮层到边材，再继续蛀入，直达木质髓部。

（3）防治方法

1）成虫羽化期，用黑光灯诱杀成虫。

2）幼虫孵化期，尚未集中侵入枝干前，喷洒 50% 磷胺或 50% 杀螟松乳油。

3）在幼虫侵入皮层或边材表层期间，用 40% 乐果乳剂加柴油（1:9）喷洒，有很好的效果。

4）对已侵入木质部蛀道较深的幼虫，可用棉球蘸二硫化碳或 50% 敌敌畏乳油加水 10 倍液，塞入虫孔、虫道内，用泥封口。

13. 金龟子

金龟子俗称白地蚕，属鞘翅目，金龟子总科。全国皆有分布，是苗圃、花圃、草坪、林果常见的害虫，为害园林植物的金龟子有 170 多种。蛴螬是金龟子幼虫的总称，蛴螬将根茎的皮层环食掉，使苗木死亡；啃食根茎部分，影响苗木生长，使苗木提早落叶。有些成虫吃叶、芽、花蕾、花冠，影响花卉及果品的产量。

（1）形态特征　金龟子的主要成虫为铜绿丽金龟（图 6-13）、华北大黑鳃金龟（图 6-14），其普遍的形态特征如下：

1）成虫。触角有八至十节，呈鳃片状。前翅坚硬，角质，不善飞行，用膜质后翅作短距离飞行。前足胫节有齿。有些种类的腹部第八节背片形成外露的臀板。成虫体形、大小、颜色、斑纹、表皮外生物特征等常有很大的差异。

2）幼虫。体呈灰白色，圆筒形，臀部肥大，常弯曲成"C"字形，体背隆起多皱。胸足三对，无腹足。头部高度骨质化，上颚发达，显露。头部刚毛和腹部末节的毛序排列常是种类识别的重要依据。

图 6-13　铜绿丽金龟

图 6-14　华北大黑鳃金龟

（2）生活史及习性　有的一年发生一代，有的两年发生一代，有的数年发生一代。有的以成虫在土中越冬，有的以幼虫在土中越冬。蛴螬常年生活于有机质多、湿度大的土壤中，如生茬地、豆茬地、厩肥施用较多的地块，蛴螬在深土层过冬或越夏。无论其生活史长短，蛴螬只有三龄。

（3）防治方法

1）在成虫出土为害期，利用黑光灯诱杀铜绿丽金龟、华北大黑鳃金龟等成虫。尤其以闷热天气的诱杀效果最好。

2）利用金龟子的假死性进行人工捕杀。

3）生物防治。大杜鹃、大山雀、黄鹂、红尾伯劳等益鸟均是其天敌。此外，青蛙、刺猬、寄生蜂、寄主蝇、食虫虻、步行虫等对其也有威胁。利用白僵菌、绿僵菌、乳状杆菌、性外激素等进行防治均有一定效果。

4）栽培技术。如使用腐熟的肥料，秋耕时深翻土壤，冬灌冻水，中耕锄草等措施可恶化蛴螬的生存环境条件。

5）土壤处理。在播种、扦插、埋条以及小苗移植地，均应进行土壤处理，方法是在翻地后整地前每公顷撒施 5% 辛硫磷颗粒剂 60kg 或 3% 呋喃丹颗粒剂 45～60kg，或 5% 西维因粉剂 45kg，然后整地作畦。

6.2.3.2　刺吸式口器害虫

刺吸式口器害虫在取食时，喙接触植物表面，其上下颚口针交替刺入植物组织内，吸取植物汁液，常使植物呈现褪色的斑点，卷曲、皱缩、枯萎或变为畸形或因局部组织受刺激，使细胞增生，形成局部膨大的虫瘿。同时，多数刺吸式口器害虫是传播植物病害的媒介，特别是病毒的主要传播媒介。这类害虫常见的有同翅目的蚜虫、介壳虫、粉虱、木虱、叶蝉；缨翅目的蓟马；半翅目的网蝽、盲蝽；有害动物中的蜱螨目的叶螨、瘿螨。

1. 大青叶蝉

大青叶蝉（图 6-15），又名大绿浮尘子、青叶跳蝉、青叶蝉等。属同翅目，叶蝉科。分布于我国南北各地，寄主广泛，如豆科、十字花科、蔷薇科、杨柳科等。成虫、若虫刺吸植株的汁液，成虫产卵时将树皮划破，造成半月形伤口。受害株易受冻害，为害严重时，被害枝条逐渐干枯而死亡。

（1）形态特征

1）成虫。体长 8 ~ 12mm，体呈绿色；头呈三角形，黄色。前翅呈绿色，端部半透明；后翅呈烟黑色，半透明。腹背呈黑色，足呈橙黄色。

2）卵。卵长约 2mm，初为乳白色，后转黄色，呈长椭圆形，稍弯曲。

3）若虫。形态似成虫，比成虫小，初呈乳白色，渐变为黄绿色，腹部背面有 4 条褐色纵纹，但无翅，只有翅芽。

图 6-15　大青叶蝉

（2）生活史及习性　此虫在吉林一年发生两代，在甘肃为两到三代，在河北、山东、江苏北部为三代，江西一带为五到六代。在南方，各虫期皆有，无真正的休眠期。以卵在花木、果树枝条的皮层内越冬。翌年 4 月中旬至 5 月初孵化，若虫吸吮苗木汁液并喜群集，5 月下旬第一代成虫开始为害。成虫好聚于矮生植物，趋光性强。7 ~ 8 月是第二代成虫为害期，9 ~ 11 月是第三代成虫为害期。10 月中下旬陆续飞到花木枝条上产卵越冬。夏秋季卵期为 9 ~ 15d，越冬卵则长达五个月以上。若虫共经五龄，历期一个月左右。

（3）防治方法

1）在产越冬卵之前，涂刷白涂剂，对阻止成虫产卵有一定作用。

2）在虫害较多时，可在成虫盛期进行灯光诱杀。

3）人工剪除有卵的枝条。

4）喷洒 50% 敌敌畏乳油 1000 倍液，或 40% 乐果乳油 2000 倍液，或 2.5% 溴氰菊酯可湿性粉剂 2000 倍液。

2. 斑衣蜡蝉

斑衣蜡蝉（图 6-16），又名椿皮蜡蝉、斑蜡蝉。属同翅目，蜡蝉科。分布于华北、华东、西北、西南以及广东、台湾等地区。为害臭椿最烈，香椿、刺槐、苦楝次之，对楸、杨、榆、悬铃木、梧桐、女贞、合欢以及花灌木等也有一定危害。成虫、若虫刺吸汁液，引起植物嫩梢畸形，叶片和枝条上出现枕头状小孔洞，随叶生长，使叶片破裂，枝条干枯、萎缩，并伴有煤污病。

图 6-16　斑衣蜡蝉

（1）形态特征

1）成虫。体长 14 ~ 20mm，翅展 40 ~ 50mm，全身呈灰褐色，有白色蜡质粉。前翅为革质，基部约 2/3 为淡褐色，翅面有 20 余个黑点；后翅为膜质，基部 1/3 为鲜红色，有 7 ~ 8 个黑点。触角红色。

2）卵。卵为长圆形，褐色，长约 3mm，排列成块，有褐色蜡粉。

3）若虫。体似成虫。初孵时呈白色，后变为黑色，体有许多小白斑，一至三龄为黑色斑点。四龄体背呈红色，具有黑白相间的斑点。

（2）生活史及习性　一年发生一代。以卵在树木枝干或附近建筑物上越冬。翌年4月中下旬若虫孵化为害，一至三龄若虫群集于叶背、嫩梢上为害，6月中旬羽化为成虫，8月中下旬交尾产卵。卵多产于避风向阳的树干枝或篱架上。成虫在10月中下旬逐渐死亡。若虫善跳跃，成虫飞翔能力强。

（3）防治方法

1）结合冬季修剪清除卵块。

2）若虫、成虫发生期，可选喷40%氧化乐果1000倍液，或50%辛硫磷2000倍液。

3. 青桐木虱

青桐木虱（图6-17），又名梧桐木虱。属同翅目，木虱科。分布于华北、华东及陕西、河南等地。主要为害青桐枝叶。以若虫、成虫群集枝叶上刺吸汁液，并分泌白色蜡质絮状物，导致嫩梢凋萎，叶面污染变黑，影响树木生长。

a)

b)

c)

图6-17　青桐木虱

a）成虫　b）若虫　c）为害状

（1）形态特征

1）成虫。成虫呈黄绿色，体长4～5mm，翅展12～13mm。胸部呈黑褐色，足呈淡黄色，爪呈黑色，触角呈黄色；雌虫比雄虫稍大，腹部末端较粗。

2）卵。卵呈纺锤形，初为淡黄色，后变为红褐色，一端稍尖。

3）若虫。一至二龄时体较扁，呈长方形，体色为黄中带绿；老熟时体呈长圆筒形，色泽加深，体长为3.4～4.9mm，附着较厚的白色蜡质。

（2）生活史及习性　一年大部分地区发生两代。以卵在枝干上越冬。越冬卵于翌年4月下旬至5月中旬孵化，若虫爬出至嫩梢及叶背为害，并分泌白色蜡质絮状物，常以数十头若虫藏于絮状物中吸食树木汁液，树杈上也布满白色絮状物。6月上旬羽化为成虫，继续为害，并产卵，7月中旬第二代若虫孵化为害。8月中上旬第二代成虫羽化，9月产第二代卵准备越冬。成虫有补充营养的习性，卵散产，新羽化成虫受惊后会跳跃飞逃。

（3）防治方法

1）为害期间，喷洒清水冲掉白色蜡质絮状物，消灭若虫与成虫。

2）为害期洒40%氧化乐果乳剂1000倍液，或50%三硫磷乳油1500～2000倍液。

3）春季卵未孵化前疏枝，并涂上白涂剂1～2次，杀灭越冬卵。

4. 黑刺粉虱

黑刺粉虱（图6-18），又名刺粉虱、黑蛹有翅粉虱。属同翅目，粉虱科。我国柑橘栽培地区及全国茶叶产区均有发生。为害蔷薇、玫瑰、月季、丁香、茶花、茶、兰花、桂花、葡萄、栀子花、常春藤、牡丹、牵牛花、桃、李、柑橘、枇杷、柿、枫杨、油茶、樟等花木。成虫多群集于嫩枝、叶背面为害，刺吸汁液，使叶片枯黄脱落。粉虱分泌的蜜露易引起煤污染，影响花木生长，甚至整株死亡。

（1）形态特征

1）成虫。体长1～1.3mm，呈橙黄色，触角呈黄色，有白粉。前翅呈紫褐色，上有七个不整形的白色斑；后翅较小，呈淡紫褐色，雄虫体较小。

2）卵。卵呈长椭圆形，弯曲，顶端尖，形似香蕉，有1卵柄，直立，附着叶面。初产时呈乳白色，后转为灰黑色。

3）若虫。若虫呈淡黄色，扁平，圆形，后变为黑色，周围分泌有白色蜡质物。

4）蛹。蛹为椭圆形，黑色，有光泽，蛹在末龄段的若虫皮壳中。

a)

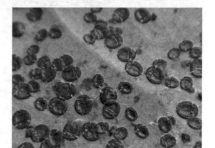

b)

图6-18　黑刺粉虱
a）成虫　b）蛹壳

（2）生活史及习性　一年发生四代。以三龄若虫在叶背越冬。翌年4月中上旬羽化成虫。第一代成虫在4月中旬至6月中下旬出现。第二代成虫在6月中旬至8月上旬出现，第三代成虫在9～10月出现。而后以第四代的第三龄若虫越冬。有世代重叠现象。每个雌虫产卵20粒左右，也可孤雌生殖集中于寄主的叶背，有趋光性。初孵若虫能活动，但一般不会爬出原来的叶片，且很快固定取食。

（3）防治方法

1）合理修剪、疏枝，勤除杂草，可压低虫口。

2）在第一代幼龄若虫期，喷洒40%氧化乐果1000～1500倍液，或亚胺硫磷乳剂1000倍液，或2.5%溴氰菊酯乳剂2500倍液。

3）保护天敌。其天敌有刺粉虱黑蜂、斯氏寡节小蜂、黄色跳小蜂及中华草蛉等。

5. 菊姬长管蚜

菊姬长管蚜（图6-19），又名菊小长管蚜。属同翅目，蚜科，长管蚜属。分布于华北、华东、华南以及河南、台湾等地，主要为害菊花、野菊、艾等菊科植物。为害菊花的蚜虫多达六种，而菊姬长管蚜是繁殖最快，分布最广，为害期最长的一种。从菊花的苗期到花期，菊姬长管蚜均有为害，而且能钻入管状花瓣，很难剔除，观赏价值显著降低。

（1）形态特征

1）无翅孤雌蚜。体呈纺锤形，长1.5mm，宽0.7mm，呈褐色至黑褐色，有光泽；腹管短，呈黑色。

2）有翅孤雌蚜。体呈长卵形，长1.7mm，宽0.67mm，翅透明，体呈黑褐色，有光泽，腹部第二至第四节有横斑。

图 6-19　菊姬长管蚜

3）若蚜。体呈赤褐色，形态与无翅孤雌蚜相似，只是体稍小。

（2）生活史及习性　菊姬长管蚜以无翅胎生蚜在室外越冬，3月上旬气温升高开始活动即以胎生方式繁殖后代，一年可繁殖10代以上。4月中下旬至5月中旬为繁殖盛期，6月上旬密度开始下降；至8月又开始回升，9月中旬至10月下旬为第二次繁殖盛期；11月中旬逐渐下降，进入越冬状态。在南方地区无明显的越冬期；在北方地区，冬季在温室或暖房中越冬。由此可见，菊姬长管蚜全年为害菊花，并不迁移至其他植物上。由于此虫繁殖快，因此虫口往往比较密集，多在顶部嫩茎、嫩叶、花蕾、花朵中刺吸叶液，将发亮的油状蜜露排泄在叶和花上，受潮后变黑，不但影响植株的生长、开花，而且污染了花卉。

（3）防治方法

1）在为害初期，可随时剪掉嫩梢、嫩叶以消灭蚜虫，防止扩散。

2）虫害量不大时，可喷清水冲洗。

3）在害虫大发生时，可喷施50%杀螟松或40%氧化乐果1000倍液、50%马拉硫磷1000～1500倍液、50%辟蚜雾可湿性粉剂7000倍液、2.5%功夫菊酯5000倍液、10%吡虫林可湿性粉剂1000倍液、50%甲基对硫磷2000倍液，均可取得良好效果。

4）采取人工助迁瓢虫等天敌，控制蚜虫为害。

6. 草履蚧

草履蚧（图6-20），又名草鞋介壳虫。属同翅目，胸喙亚目，蚧总科。分布于华南、华中、华东、华北、西南、西北等地。主要为害泡桐、杨、悬铃木、柳、楝、珊瑚树、罗汉松、三角枫、皂荚、卫矛、女贞等植物。以若虫和雌成虫刺吸嫩叶、幼芽和枝梢的汁液，影响树势，重则枯死。

（1）形态特征

1）雌成虫。体长10mm，无翅，呈扁平椭

图 6-20　草履蚧

圆形，背部稍高，体呈黄褐色，腹部有横皱与纵沟，似草鞋状，全身微覆白色蜡粉。三对足。

2）雄成虫。体长约5mm，翅展10mm，体呈紫红色，翅呈淡紫黑色，善飞翔。

3）卵。卵呈长椭圆形，黄色，后变为粉红色，卵块表面覆一层白丝，称为卵囊。

4）若虫。体形与雌成虫相似，仅体小之别，呈赤褐色，常群栖。

5）蛹。蛹呈圆筒形，褐色，外被白色棉絮状物。

（2）生活史及习性　一年一代。以卵和初孵若虫在花木根际附近土缝、裂隙、砖石堆中成堆越冬。翌年2月若虫孵化，先留在卵囊中，3月中旬若虫沿树干爬到幼芽、嫩梢上，群聚刺吸为害。4月中上旬为害最烈，并分泌蜡质物裹身，4月下旬雄虫蜕皮后爬到粗皮缝内、树洞里、土缝里化蛹，5月上旬羽化、交尾。雌虫于5月下旬、6月上旬开始入土，分泌白色棉絮状卵袋，产卵其中，以卵越夏、过冬。每个雌虫产卵40～50粒，多的可达百余粒，成虫则在产卵后死去。

（3）防治方法

1）加强检疫措施。

2）剪除被为害的枝条，清除虫源。

3）保护天敌，如红环瓢虫，如果要喷施农药，要在红环瓢虫出蛰活动前进行。

4）当害虫大发生时，抓住初孵若虫进行化学防治。可用25%亚胺硫磷1000倍液，或40%氧化乐果1000～1500倍液、50%乙酰甲胺磷1000倍液、20%杀灭菊酯2000倍液、30号润滑油乳剂30～80倍液，或融杀蚧螨80倍液，或花保80倍液。

5）对茎、干较粗皮层不易受伤的花木，在冬季可涂刷白涂剂。

7. 烟蓟马

烟蓟马（图6-21），又名葱蓟马、棉蓟马、小白虫等。属缨翅目，蓟马科。是微小种类，一般体长1～2mm。体呈黑色、黄色或黄褐色。为害花、叶、果、枝、芽等，而以花卉上最多。烟蓟马除直接为害植物外，还能传播病毒病。全国各地均有发现，分布于北京、河北、山东、山西、河南、浙江、江苏等地。可为害芍药、郁金香、风信子、菊花、香石竹、梅、李、苹果、柑橘等300多种植物。

图6-21　烟蓟马

（1）形态特征

1）成虫。体长1.1mm，呈淡灰色。触角有七节，第一节呈灰白色。雄虫无翅，雌虫翅细长透明，周缘有细长的缘毛，善飞。

2）卵。卵呈肾形，黄绿色。

3）若虫。若虫呈淡黄色，前胸背板呈淡褐色，足呈淡灰色，无翅，触角有六节。

（2）生活史及习性　每年发生的代数各地不一，一般为六到十代。以成虫、若虫潜伏在土缝、土块、枯枝落叶中，或在田间的球根里，或部分植株的叶鞘内，或以"蛹"态在附近的土内越冬，而以成虫越冬为主。翌年3～4月开始活动，卵散产在嫩叶表皮下、叶脉内。成虫、若虫多在叶柄、叶脉附近为害。雌虫常孤雌生殖，雄成虫极少见到。虫害于干旱年份发生较重，多雨季节发生较轻。烟蓟马为害后，在叶的正反面均会失绿或出现黄褐色斑点、斑纹，叶组织变厚、变脆；向正面翻卷或破裂，以至造成落叶，影响生长。植物花瓣也会失色和出现斑纹，从而影响观赏质量。

（3）防治方法

1）清洁田园，清除杂草，减少虫源。

2）虫害发生期可喷洒80%敌敌畏乳剂1000倍液，或40%氧化乐果乳剂1500倍液，或25%三硫磷乳剂2000倍液。

6.2.4 任务实施

1. 准备工作

1）课前预习相关知识部分。

2）教师准备相关案例，课堂围绕案例进行讲解。

3）班级学生自由组合（每组5~8人）为几个学习小组，各学习小组自行选出小组长。

4）组长召集组员利用课外时间收集资料，制定、讨论、修改实施方案。

5）调查场所：校园、公园、小区、植物园等。

6）用具：放大镜、捕虫网、修枝剪、笔记本及农药等，常见昆虫标本。

2. 实施步骤

1）查阅资料（教材、期刊、网络），列出小区绿化常见害虫。

2）以小组为单位野外观察记载：植物的害虫为害状态，害虫的形态特征。

3）捕捉昆虫标本。

4）标本识别。

5）虫害防治。

6）成果展示，其他小组和老师评分。

7）分组讨论、总结学习过程。

任务6.3 小区园林植物主要病害防治

6.3.1 任务描述

植物病害主要由于植物受到不良环境影响和真菌、细菌、病毒等生物侵染引起。根据致病原因，小区园林植物病害可分为病毒性病害、真菌性病害、细菌性病害等。本学习任务是防治小区园林植物的主要病害，了解小区园林植物主要病害的种类，熟悉小区园林植物主要病害的形态特征，掌握小区园林植物主要病害的防治方法，能识别小区园林植物的主要病害，能够防治小区园林植物的主要病害。

6.3.2 任务分析

通过课堂教学、查阅资料（教材、图书、期刊、网络）、现场教学、标本识别、小组讨论等，在老师的指导下完成小区园林植物主要病害防治的任务。完成本任务要掌握的知识点有：病毒性病害、真菌性病害、细菌性病害的概念，主要病害的发病症状、病原、发病规律，主要病害防治方法等。

6.3.3 相关知识

6.3.3.1 病毒性病害

病毒侵染可引起花叶、斑驳、条纹条斑等症状，如月季花叶病、水仙黄条斑病等。除此之外，支原体引起花器变绿，称为花变绿或花变叶，如紫菀黄化病。

1. 仙客来病毒病

仙客来是一种国际性商品花卉，仙客来病毒为世界范围内的植物性病毒。我国的仙客来病毒病十分普遍，仙客来的栽培品种几乎无一幸免。西安、天津、北京等市的仙客来发病严重，发病率高达50%以上。仙客来病毒病使仙客来种质退化，叶片变小、皱缩，花少花小，严重影响仙客来盆花的销售质量。

（1）症状 仙客来病毒病主要为害仙客来的叶片，也侵染花冠等部位。有病的仙客来叶片皱缩，反卷，叶片变厚、质地脆，叶片黄化，有疱状斑，叶脉突起呈棱状。纯色的花瓣上有褪色条纹，花呈畸形，花少、花小，有时抽不出花梗。植株矮化，球茎退化变小。

（2）病原 黄瓜花叶病毒是该病的病原。

（3）发病规律 黄瓜花叶病毒在球茎、种子内越冬，成为次年的初侵染来源。该病毒主要通过汁液、棉蚜、叶螨及种子传播。据天津报道，该病的种子带病毒率高达82%，是主要的侵染来源。仙客来病毒病与寄主生育期、温度和昆虫种群密度关系密切。苗期发病后，随着仙客来的不断生长发育，病情指数也随之增加。当月平均温度低于25℃时，病情增长值为负值。病情指数与同温度内棉蚜、叶螨的种群密度呈正相关，也与仙客来其他病害的发生有关，如镰刀菌根腐病等。

（4）防治方法

1）物理防治。种子用70℃的高温进行干热处理，脱毒率高。但处理时间、种子不受灼伤的适宜水量都要预先进行试验。

2）栽培措施防治。

① 栽培基质的灭菌处理。盆土经过夏天太阳暴晒后，再用50%福美砷等药物处理。无土栽培发病率低，如蛭石、珍珠岩、砂土等基质，以及无机盐配制的营养液。

② 合理施肥以控制病害发生。氮肥和钾肥的施肥比例对仙客来的生长很重要。氮肥、钾肥比例为1:（1.2~1.5），磷肥为氮肥的4%~12%时，发病较轻。在目前的栽培水平下，钾肥含量很低，氮肥、钾肥的比例为5:1乃至10:1。另外，可种植脱毒组培苗，用球茎、叶尖、叶柄等组织作组培苗，其带毒性比实生苗低得多。

3）化学防治。交替使用A剂和B剂防治传毒昆虫可以取得良好的防治效果。

① A剂。50%福美砷800倍液+80%敌敌畏乳油800倍液+40%乐斯苯2000倍液。

② B剂。70%甲基托布津可湿性粉剂1000倍液+40%氧乐果乳油1500倍液+40%三氧杀螨醇乳油1000倍液。

2. 兰花病毒病

这是兰花栽培中的一类重要病害。患有病毒病的兰花将终生带病，即使是新发生的幼叶、幼芽也都带有病毒，给兰花生产带来巨大的损失。兰花病毒病主要包括建兰花叶病、齿兰环斑病、卡特兰兰花碎花色病等。

（1）症状

1）建兰花叶病。此病也称为兰花黑条斑病、卡特兰兰叶坏死病，一般在兰花产地均有分布，中等病害。感病植株的叶片上产生褪绿斑点及坏死斑，在卡特兰接种叶上形成局部坏死。此病使建兰产生花叶。

2）齿兰环斑病。此病又称为建兰环斑病。在我国的福州、成都、上海等地有分布。病毒感染植株后，在建兰上产生花叶状坏死斑，在齿兰上形成环斑，在卡特兰上产生坏死斑。

3）卡特兰兰花碎花色病。发病初期，感病叶片上形成圆形或椭圆形坏死斑。随后，小病斑逐渐连接成大病斑，导致叶片枯黄。发病严重时，花变小，变色，有的变为畸形。

（2）病原

1）建兰花叶病的病原为建兰花叶病病毒。

2）齿兰环斑病的病原为齿兰环斑病病毒。

3）卡特兰兰花碎花色病的病原为烟草花叶病毒。

（3）发病规律

1）建兰花叶病病毒一般由汁液、操作过程、蚜虫传播。植株感染后，大部分在叶上形成坏死斑或使植株产生花叶。试验表明，将浇过带毒兰花后流出的水，再浇入无毒的兰花盆内，也能使无毒的兰花带有病毒。因此，对于名贵的兰花品种应隔离栽培。

2）齿兰环斑病病毒的传播途径主要是汁液、操作过程、园林工具等。

3）卡特兰兰花碎花色病的病毒通过汁液及园林工具传播，种子带毒率较低。

（4）防治方法

1）一定要严格把关检疫工作，以免兰花病毒病在我国大面积发生。

2）繁殖小苗时，必须从健壮无病的母株上采取穗条。将母株种植在无虫无病的地段或温室中，建立无病毒母本园专供采取穗条。

3）通过茎尖脱毒组培法繁殖生产用苗。在切花生产过程中，如卫生管理、整株、摘心，要注意手和工具消毒，避免人为的传播。

3. 水仙白条斑病

水仙白条斑病又名白色斑病、银色病毒病。该病分布很广，严重抑制水仙生长，导致叶片死亡，病株枯萎，直接影响鳞茎的生长。

（1）症状　发病初期，感病部位生长长短不一的深绿色或紫色条纹，以后逐渐变白，最后病部凹陷成黑斑，叶片死亡。

（2）病原　病原为水仙白条病毒。

（3）发病规律　病毒在鳞茎内越冬，成为翌年的初侵染源。该病毒由蚜虫或线虫传播，有时可在耕作过程中由工具传播。

（4）防治方法

1）严格检疫，杜绝病源。

2）进行品种提纯复壮，生产中采用脱毒组培苗。

3）精耕细作，加强管理。生长季节及时拔除病株。

4）热水、药物消毒处理。先将鳞茎种子用45℃的恒温水浸种1.5h，再用1%的福尔马林液消毒1h。播种时将呋喃丹按5g/m^{2}用量撒入播种沟内。

5）化学防治。用40%氧乐果乳剂2000倍液，或50%马拉硫磷乳剂1500～2000倍液防治各种蚜虫。

4. 郁金香碎色病

郁金香碎色病又称为碎锦病，是一种世界范围内的植物性病害。该病在郁金香种植区普遍发生，使郁金香切花失去商品价值。该病除为害郁金香外，还可为害水仙、风信子、百合等花卉。

（1）症状　郁金香受害后，鳞茎生长量减少，品质降低，花朵逐年退化，开花期延迟。该病一般侵害郁金香的叶片及花瓣。

1）受害花瓣颜色发生深浅不同的变化，有的颜色加深、有的维持正常、有的变浅以至消失，呈白色或黄色，有的花瓣上形成大小不等的浅色斑点或条斑，有的感病植株还能开出很红的小花。这些变化使花瓣表现为镶色，人们称为"碎色"。

2）受害叶片出现浅绿色或灰白色条斑，有时还形成花叶，严重时导致植株生长不良。

（2）病原　病原为郁金香碎色病毒。

（3）发病规律　病毒在鳞茎上形成的子鳞茎中也带有病毒。该病毒由多种蚜虫（桃蚜等）传播，汁液摩擦和嫁接也可以传播病毒。传毒蚜虫一般种群密度大，会加快郁金香碎色病的发生，尤其是郁金香生长早期蚜虫多，往往造成该病的流行。田间种植的鳞茎带毒率高，发病率也高。重瓣郁金香比单瓣郁金香更容易发病。

（4）防治方法

1）园林栽培措施防治。

① 建立郁金香脱毒苗良种繁育基地，郁金香茎尖培养能脱去郁金香碎色病毒。

② 建立无病留种地，严格选择无病毒的植株用于留种，并远离生产地进行繁育。

③ 严禁百合和郁金香混种或相邻种植，新开辟的种植区应远离发病区，不从病区引种。工具和手要用热肥皂水消毒。

④ 加强抗病品种的选育工作。

2）化学防治。对传毒昆虫，要定期喷药杀灭，常用的杀虫剂有40%氧乐果乳剂1500倍液或2.5%溴氰菊酯乳剂4000倍液等。

5. 百合病毒病

百合病毒病在我国时有发生，该病引起百合退化、株矮、花小、畸形，失去商品价值。

（1）症状　麝香百合由百合无症病毒侵染后，往往表现为无症状，有时也产生花叶坏死或畸形，在低温下（15.5℃或以下）栽培时，出现带状卷曲症状，这些症状随着温度的升高而消失。该病毒与黄瓜花叶病毒复合侵染时，百合叶片上会产生黄色条斑或坏死斑，叶片反卷，生长不良，植株矮化、花小、畸形。

（2）病原　病原为百合无症病毒及黄瓜花叶病毒。

（3）发病规律　两种病毒均在病鳞茎中越冬，成为翌年的侵染来源，它们均可以通过汁液及蚜虫传播。有病鳞茎及苗可作远距离传播。种植密度过大时，通过枝叶接触可以加重病害发生。种植有病鳞茎和传毒蚜虫的虫口密度较高时，均有利于病害的发生和扩散。

（4）防治方法

1）园林栽培措施防治。栽种百合脱毒组培苗是有效的防治措施，但必须将脱毒母本种植在隔离区，远离商品生产种植地，并用矿物油或杀虫剂防治传毒昆虫，才能保证脱毒母本的质量。

2）化学防治。可以在田间挂黄板，对传毒蚜虫进行诱捕。

6. 菊花病毒病

菊花病毒病也称为菊花花叶病，在我国分布很普遍，内蒙古、陕西、辽宁、上海、广西等地均有发生。

（1）症状　病株表现出的症状很不稳定，由于品种、生长期及栽培环境的不同，症状有所差异，往往是几种病毒复合感染，症状有花叶、斑驳、坏死、畸形、矮化、黄化等。在一般的菊花品种上，感染叶片表现为轻花叶或不表现症状。在感病的品种上，则表现为上述症状。北京地区在秋季发病较重。

（2）病原　病原为菊花B病毒。

（3）发病规律　病毒没有主动侵入寄主的能力，只能通过传播介体——蚜虫、叶蝉以及线虫、真菌等传播。另一传播途径为无性繁殖材料——插条。种子和土壤不传毒。该病毒除为害菊花外，还侵害矮牵牛、金盏菊、翠菊、瓜叶菊、百日菊、雏菊、花环菊等多种花卉。

（4）防治方法

1）及时防治蚜虫、叶蝉等刺吸性口器的害虫。常用的药剂有 40% 氧乐果 1500 倍液，或用 50% 马拉硫磷 1000 倍液、20% 二嗪农 1000 倍液。

2）注意隔离病株。严重病害的病株要随时淘汰烧毁，清除附近杂草。

3）热处理。将菊花放置在 36℃ 条件下 3~4 周进行脱毒，或组培无菌苗。

6.3.3.2 真菌性病害

真菌引起的植物病害占植物病害总数的 80% 以上，几乎包括所有的病害症状类型。除具有明显的病状外，其重要的标志是在寄主受害部位，或早或迟最终都要出现的病症，如粉状物、霉状物、疱状物、毛状物、颗粒状物等真菌的子实体或营养体的结构。真菌引起的病害种类繁多，其中子囊菌、半知菌引起的病害居多。这类病害主要是通过风雨两种媒介传播。病株，病死残体，带菌的种苗和插条、接穗等无性繁殖材料是真菌病害的主要侵染来源。防治这类病害应加强管理，清除侵染来源，化学防治也是真菌病害防治的重要手段。

1. 菊花霜霉病

菊花霜霉病（图 6-22）主要侵害叶片，在叶片上先引起褪绿黄斑，后因受叶脉限制转变为多角形，在叶背面长出白色、灰色和紫色的霜霉状物，这是由气孔内伸出的孢囊梗和孢子囊。霜霉病均为专性寄生物，是一类要求温度偏低和湿度较高的真菌。

（1）症状　发病初期，感病叶片正面出现褪绿斑，以后病斑逐渐变黄，最后变成淡褐色不规则形斑块。叶背病斑上长出霜状霉层。发病严重时，叶片干枯。

（2）病原　病原为丹麦霜霉，属鞭毛菌亚门，卵菌纲，霜霉目，霜霉属真菌。

（3）发病规律　病原菌以卵孢子在病残体上越冬，或以寄生形式在病株上生存。第二年春季条件适宜时卵孢子萌发，产生芽管侵入寄主，在寄主病部产生游动孢子囊及游动孢子进行重复侵染。秋季夜晚凉爽、多雾、多露、多雨天和环境潮湿的条件有利于发生。

a)

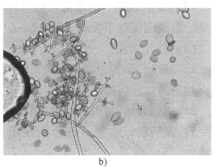
b)

图 6-22　菊花霜霉病
a）症状　b）病原菌

（4）防治方法

1）及时摘除病叶、清除并烧毁病株残体。

2）种植地应选择地势高、排水良好的地块。

3）发病初期喷施疫霉灵可湿性粉剂 300 倍液，或甲霜灵可湿性粉剂 500 倍液，或 25% 瑞毒霉可湿性粉剂 500~800 倍液等药剂，每隔 7~10d 喷一次，连续喷 2~3 次。

2. 月季白粉病

月季白粉病（图 6-23）是世界范围内的植物性病害，我国各地均有发生。一般多发生在寄主生长的中后期，可侵害叶片、嫩叶、新梢、花和花柄。在叶片上初为褪绿斑，后长出白色菌丝层，并产生白粉状分生孢子。在生长季节进行再侵染，使叶片不平整，以至卷曲、萎蔫、苍白，抑制寄主植物生长，严重时导致枝叶干枯，甚至全株死亡。

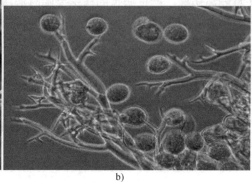

a)   b)

图 6-23 月季白粉病

a) 症状 b) 子囊及子囊孢子

（1）症状 月季白粉病是蔷薇、月季、玫瑰上发生普遍而重要的病害。主要发生在叶片上，以及叶柄、嫩梢及花蕾等部位。初期发病，叶片上产生褪绿斑点，并逐渐扩大，以后在叶片上下两面布满白粉。嫩叶染病后，叶片皱缩反卷、变厚、逐渐干枯死亡。嫩梢和叶柄发病时病斑略肿大，节间缩短。花蕾染病时，其上布满白粉层，致使花朵变小、萎缩干枯，病轻的花蕾使花畸形，严重导致不开花。

（2）病原 病原为单丝壳属的一种真菌。

（3）发病规律 病原菌以菌丝体在病组织中越冬，翌年以子囊孢子或分生孢子作初次侵染。温暖潮湿季节发病迅速，5~6月和9~10月是发病盛期。

（4）防治方法

1）减少侵染源。结合修剪将病叶、病枝销毁。休眠期喷洒波美度 2~3 度的石硫合剂，消灭越冬菌丝、病部闭囊壳。

2）加强栽培管理，改善环境条件，合理施肥，增施磷肥、钾肥，氮肥要适量。

3）发病前，喷洒石硫合剂预防侵染。发病期用 50% 多菌灵可湿性粉剂 1500~2000 倍液。

4）生物农药 BO-10、抗霉菌素 120 对月季白粉病也有良好的防治效果。

3. 月季锈病

月季锈病（图 6-24）是月季的主要病害，分布于北京、上海、云南、江苏、浙江、广东、吉林等地。

（1）症状 为害叶片、嫩枝和花，以叶和芽上的症状最明显。发病初期在叶背产生隆起的锈孢子堆，锈孢子堆突破表皮露出橘红色的粉末，即锈孢子。在叶片正面产生小黄点，即性孢子器，以后在叶片背面又产生略呈多角形的较大病斑，上生夏孢子堆。秋末在病斑上又产生棕黑色粉状物，即冬孢子堆。

（2）病原 病原为多孢锈菌属的一种真菌。

（3）发病规律 该真菌为单主寄生菌。病菌以菌丝或冬孢子在病部越冬，翌年早春萌发产生担孢子。担孢子借风传播，侵染寄主的幼嫩部位。发病后，顺次产生性孢子器及锈孢

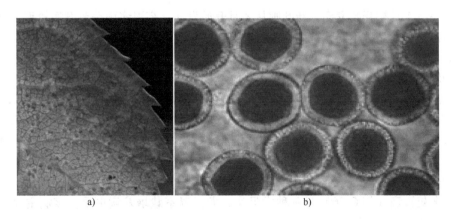

图 6-24 月季锈病
a）症状 b）孢子

子器，之后产生夏孢子堆。夏孢子借风雨传播进行再侵染。在气候比较温暖、多雨多雾的年份病害发生较重。阴凉潮湿条件下发病较轻。

（4）防治方法

1）减少侵染来源。

2）合理施用氮肥。

3）早春修剪后，喷洒波美度 2～5 度的石硫合剂。发病期喷 50% 代森锰锌 500 倍液，或 97% 敌锈钠 250～300 倍液，或 50% 二硝散可湿性粉剂 200 倍液，10～15d 喷一次，连续喷 2～3 次。

4. 兰花炭疽病

兰花炭疽病（图 6-25）是兰花普遍发生又病情严重的一种病害，我国兰花栽植区均有发生。该病除为害中国兰花外，还为害虎头兰花、宽叶兰、广东万年青、米兰、扶桑、茉莉花、夹竹桃等多种植物。分布于台湾、四川、浙江、江苏、福建、上海、广东、云南、安徽等地区。

图 6-25 兰花炭疽病
a）症状 b）分生孢子盘

（1）症状 该病主要为害植株的叶片，有时也侵染植株的茎和果实。发病初期，感病叶片中部产生圆形或椭圆形斑；发生于叶缘时，产生半圆形斑；发生于叶尖端时为部分叶段枯死；发生于基部时，许多病斑连成一片，也会造成整叶枯死。病斑初为红褐色，后变为黑褐色，下陷。发病后期，病斑上可见轮生小黑点，为病原菌的分生孢子盘。新叶、老叶在发病时间上有异。上半年一般为老叶发病时间，下半年为新叶发病时间。

（2）病原 病原为刺盘孢属的两种真菌和盘长孢菌属的一种真菌。

（3）发病规律 病原菌主要以菌丝体在病叶、病残体和枯萎的叶基苞片上越冬。第二年春季，在适宜的气候条件下，病原菌产生分生孢子。分生孢子借风雨和昆虫传播，进行侵染。老叶一般4月初开始发病，新叶则从8月开始发病。高温多雨季节发病较重，通风不良会导致病害加重。品种不同，抗病性也有差异。

（4）防治方法

1）及时剪除发病叶片和植株集中销毁。

2）加强栽培管理，盆花放在通风处，露地放置兰花，要有荫棚防雨，摆放不要过密。

3）发病前，喷施1:1:100波尔多液，或65%代森锌可湿性粉剂800～1000倍液。发病时，喷施50%克菌丹可湿性粉剂500～600倍液，或50%多菌灵可湿性粉剂500～800倍液，或75%甲托布津可湿性粉剂800～1000倍液，每隔10～15d喷一次，连续2～3次。

5. 仙客来灰霉病

仙客来灰霉病（图6-26）是一种常见病，尤以温室栽培发病更重。该病主要为害植株的叶、叶柄及花，引起腐烂。

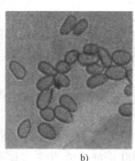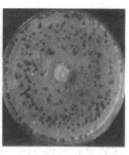

a)　　　　　　　　　　　　　　b)

图6-26　仙客来灰霉病
a）症状　b）真菌

（1）症状　发病初期，感病叶片叶缘出现暗绿色水渍状斑纹，以后逐渐蔓延到整个叶片，最后全叶变为褐色并干枯。叶柄和花梗受害后，产生水渍状腐烂。发病后，在湿度大的条件下，发病部位密生灰色霉层，为病原菌的分生孢子梗和分生孢子。病害发生严重时，叶片枯死，花器腐烂，霉层密布。

（2）病原　病原为灰葡萄孢的一种真菌。

（3）发病规律　病原菌以菌核在土壤中越冬，或以菌丝体在植株病残体上越冬。第二年春季条件适宜时，产生分生孢子。分生孢子借气流传播进行侵染。高湿有利于发病，反之病害发展缓慢，且灰霉少。

（4）防治方法

1）减少侵染来源，拔除病株，集中销毁。

2）加强栽培管理，控制湿度，注意通风。

3）发病初期，喷施1:1:200波尔多液，或65%代森锌可湿性粉剂500～800倍液，每隔10～15d喷一次，连续2～3次。

6. 杜鹃叶斑病

杜鹃叶斑病（图6-27），又名脚斑病，是杜鹃花上常见的重要病害之一。该病在我国分布很广，江苏、上海、浙江、江西、广东、湖南、湖北、北京等地均有发生。发病严重时，叶片大量脱落，削弱植株生长势，甚至不开花，影响杜鹃的观赏价值。

（1）症状　发病初期，感病叶片上产生红褐色小斑点，以后逐渐扩展为圆形或不规则的多角形病斑，呈黑褐色，正面颜色较背面深。发病后期，病斑中央变成灰白色，上生小黑点，即病原菌的分生孢子及分生孢子梗。发病严重时，病斑相互连接，导致叶片枯黄、早落。

（2）病原　病原为尾孢菌属的一种真菌。

（3）发病规律　以菌丝体在植物残体上越冬。翌年春季，环境适宜时，形成分生孢子作

图 6-27　杜鹃叶斑病
a）症状　b）分生孢子

为初侵染源。分生孢子由风雨传播，自植株伤口侵入。在南京，西洋杜鹃有三次发病高峰，即 5 月上旬、9 月中旬及 11 月上旬；在江西，该病于 5 月中旬开始，8 月为发病高峰期；在广州，发病高峰期为 4～7 月。雨水多、雾多、露水重有利于发病，因为分生孢子只有在水滴中才能萌芽。温室条件下栽培的杜鹃可周年发病。通风透光不良，植株生长不良，会加重病害的发生。

（4）防治方法

1）清理病落叶，减少侵染源。

2）加强栽培管理，提高植株的抗病能力。盆花摆放密度要适当，以便通风透光。夏季盆花放在室外应加荫棚。

3）开花后立即喷洒 50% 多菌灵可湿性粉剂 600～800 倍液，或 20% 锈粉锌可湿性粉剂 4000 倍液，或 65% 代森锌可湿性粉剂 600～800 倍液，每 10～15d 喷一次，连续喷洒 5～6 次。

7. 雪松根腐病

雪松根腐病（图 6-28）是雪松的重要病害。该病主要为害植株的幼嫩小根，发病严重时，植株成片死亡。

（1）症状　该病主要为害植株根部。发病初期，病根为浅褐色，以后逐渐变为深褐色，皮层组织水渍状坏死。为害严重时，针叶黄化脱落，甚至整株枯死。扦插苗从剪口开始，沿皮层向上，病组织呈褐色水渍状，输导组织被破坏，感病大树干基以上流脂，病部皮层组织水渍状腐烂，呈深褐色，老化后变硬开裂。

（2）病原　病原为樟疫霉、掘氏疫霉及寄生疫霉，属鞭毛菌亚门，卵菌纲，霜霉目。

（3）发病规律　地下水位较高或积水地段，病株较多。土壤黏重、含水率高或肥力不足，以及移植伤根，均易发病。流水与带菌土均能传播病害。

（4）防治方法

1）加强检疫，不用有病苗木栽植。

2）加强栽培管理。开沟排水，避免土壤过湿，增施速效肥，促进树木生长，以提高抗病能力。1%～2% 尿素液浇灌根际有良好的预防作用。

3）药剂防治。苗木保护可用 70% 敌克松 500 倍液，或 90% 乙磷铝 1000 倍液或 35% 瑞毒霉 1000 倍液，浇灌苗床。

8. 紫荆枯萎病

紫荆枯萎病除为害紫荆外，还为害菊花、翠菊、石竹、唐菖蒲等花卉。病菌侵害根和茎

a)

b)

图 6-28　雪松根腐病
a）症状　b）疫霉病菌

的维管束，很快造成植株枯黄死亡。

（1）症状　该病发生于植株的基部，感病植株从枝条尖端的叶片枯黄脱落开始，然后发展到全株枯黄而死。感病植株的茎部皮下木质部表面有黄褐色纵条纹，横切则在髓部与皮层之间的维管束部有黄褐色轮纹。该病往往是一两根枝条先发病，然后逐渐发展，最后造成植株萎蔫死亡。

（2）病原　病原为一种镰刀菌，属半知菌亚门，丝孢纲，瘤座孢目，镰刀菌属。

（3）发病规律　该病为系统侵染性病害。病原菌以菌核及厚垣孢子在病残体及土壤中越冬，翌年春季产生分生孢子。分生孢子借风雨及地下害虫传播，自寄主根部侵入，顺根和茎的维管束往上蔓延。该病菌在土壤中可存活多年。土壤较湿，温度在 28℃ 左右时，有利于病害的发生和发展。微酸性土壤利于病原菌生长发育。

（4）防治方法

1）种植前进行土壤消毒。

2）加强肥、水管理，增强植株的抗病能力。

3）发现病株，严重的要拔除销毁，并用50%多菌灵可湿性粉剂200~400倍液消毒土壤；其他病株可浇灌50%代森铵溶液200~400倍液，用药量为2~4kg/m²。

6.3.3.3 细菌性病害

园林植物细菌性病害的症状有斑点、溃疡、萎蔫、腐烂、畸形等。症状共同的特点是多表现出急性坏死型；病斑初期呈水渍状，边缘常有绿的黄晕圈。气候潮湿时，从病部的气孔、水孔、皮孔及伤口处溢出黏稠状菌脓，干后呈胶粒状或胶膜状。

1. 君子兰细菌性软腐病

该病俗称烂头病，是君子兰上为害最严重的叶斑病。我国长春、南京、北京、天津、杭州、银川、合肥、唐山等地均有发生。该病病斑面积大，叶基部发病时全叶腐烂、假鳞茎发病导致全株腐烂，死亡，经济损失严重。

（1）症状　发病初期，叶片上出现水渍状斑，后迅速扩大，病组织腐烂呈透明状，病斑周围有黄色晕圈，晕圈呈宽带状。在温度、湿度适宜的条件下病斑扩展快，全叶腐烂解体呈湿腐状。茎基部发病也出现水渍状小斑点，逐渐扩大形成淡褐色的病斑。病斑扩大很快，蔓延到整个假鳞茎，组织腐烂解体呈软腐状，有微酸味。发生在茎基部的病斑也可以沿叶脉向叶片扩展，导致叶片腐烂，从假鳞茎上脱落。

（2）病原　我国报道的君子兰细菌性软腐病的病原有两种。

1）菊欧文氏菌。属细菌纲、真细菌目、欧文氏杆菌属。菌体呈杆状，周生鞭毛，为革兰氏阴性菌。在PDA培养基（pH值为6.5）上生长3~5d时，菌落为独特的瘤状，菌落边缘为波浪状或珊瑚状（油煎蛋状）。

2）软腐欧文氏菌黑茎病变种。其分类地位同菊欧文氏菌。菌体呈杆状，大小为(1.5~3.0)μm×(0.5~1.0)μm，周生4~6根鞭毛。在肉汁蛋白胨培养基上培养7d（培养温度为28℃）时，菌落直径为0.5~1.0mm，呈淡灰白色，近圆形，稍隆起，菌落呈黏质状。

两种病原菌的生长最适温度为27~30℃。

（3）发病规律　病原细菌在土壤中的病残体或土壤内越冬，在土壤中能存活几个月；细菌由雨水及灌溉水传播，也可以通过病叶及健叶的相互接触，或操作工具等物传播；细菌由伤口侵入，潜育期短，一般为2~3d，生长季节可多次再侵染。6~10月份该病均可发生，但6~7月份最适宜发病。高温、高湿条件有利于发病，其中高湿是影响发病的主要因素。夏季，君子兰茎心部分淋雨，或喷水不慎喷入茎心内，都是细菌性软腐病发生的主要诱因。多施氮肥也会加重病害的发生。除君子兰外，菊欧文氏菌还侵染菊花、大丽花、麝香石竹、银胶菊、花叶万年青、秋海棠、喜林芋等观赏花木。

（4）防治措施

1）减少侵染来源。有病土壤不能连续使用，染病花钵等器具必须进行热力消毒后方可使用；及时剪除叶片上的病斑并加以烧毁。

2）加强栽培管理，控制病害的发生。多施磷肥、钾肥，氮肥要适量；灌溉方式要适当，禁防把水喷入茎心内。

3）病斑出现后立即用质量分数为0.04%的链霉素喷洒或涂抹，或用注射器注入有病的假鳞茎，均有较好的治疗效果。

Page 189

2. 丁香细菌性疫病

丁香细菌性疫病在欧、美等地区发病，日本也有报道；该病在我国有局部发生。丁香细菌性疫病为害时，叶片上产生较大的枯斑，也引起枝条的枯死，导致树冠稀疏，削弱了树势。

（1）症状　该病侵害丁香的枝条、叶片、花序等部位。

1）嫩梢发病，枝条上出现黑色条纹，或整个枝条的一侧变为黑褐色。

2）叶片发病，有四种类型的叶斑。

① 先是褪绿的小斑点，以后变成褐色，迎光观察可见病斑的四周有黄色的晕圈，最后病斑中央组织变为灰白色。

② 圆形病斑的边缘有放射状线纹，与上述小斑点相连呈星斗状，为星斗斑。

③ 病斑上有同心轮纹，中心部分为灰白色，病斑周围有波浪状线纹，病斑犹如"花朵"状，为花斑。

④ 整个叶片变为褐色，干枯皱缩悬挂于枝条上，远看似火烧一样，为枯焦。

幼叶发病变黑，并迅速死亡；老叶发病扩展慢，病斑小。叶片上的病斑可以向嫩梢条上扩展。花序受侵染后发黑、变软。花芽受侵染完全变黑。病重时整株死亡。

（2）病原　丁香细菌性疫病的病原菌是丁香假单胞杆菌，属细菌纲、真细菌目、假单胞杆菌属。菌体呈杆状；鞭毛极生，一般为 1～2 根；大小为（0.7～1.2）μm×（1.5～3.0）μm，呈长链状；革兰氏染色呈阴性反应。生长的适宜温度为 25～30℃。在人工培养基上，特别是在缺铁的培养基上产生扩散性荧光色素。

（3）发病规律　细菌在病落叶和病枝条上越冬；由雨水传播；细菌自气孔、皮孔侵入，在寄主细胞间隙中繁殖。该病在春季或雨季，丁香抽新梢时症状最明显；幼苗和大苗对该病敏感，发病重。温暖、潮湿、氮肥过多会促进植物徒长，密植后通风不良，或圃地淹水植株生长衰弱均有利于病害的发生。丁香品种抗病性有差异，一般来说，紫花丁香和白花丁香更抗病，朝鲜丁香较易感病。有报道说丁香种子可能带菌。

（4）防治措施

1）加强检疫，控制病害的扩散。最好不从疫区引种苗，必需引种时应加强检疫，并对苗木进行消毒处理。

2）加强栽培管理，控制病害发生。栽植土壤排水要良好；种植密度要适宜，剪去病枝及徒长枝，以利通风透光；多施有机肥，氮肥要适量。

3）生长季节发病时，喷洒 1∶1∶120 的波尔多液；在丁香株丛下撒施漂白粉或硫黄粉等药物，每株施药量为100g左右，均有一定的防治效果。

3. 鸢尾细菌性软腐病

鸢尾细菌性软腐病是鸢尾的常见病害，无论是球茎鸢尾或根状茎鸢尾均可发生，主要分布于美国、加拿大、日本，我国上海、杭州、合肥和青岛等地也有发生。病害导致球茎腐烂，全株立枯。该菌寄主范围很广，除鸢尾外，还为害仙客来、风信子、百合及郁金香等多种花卉。

（1）症状　感病植株，最初叶片先端开始出现水渍状条纹，后逐渐黄化、干枯。根颈部位发生水渍状条纹较多；球茎组织发生糊状腐败，初为灰白色，后呈灰褐色，有时留下一完整的外皮。腐败的球茎或根状茎，具有恶臭气味，这种恶臭气味是诊断此病的重要依据。由于基部溃烂，病叶容易拔出地面。

（2）病原　鸢尾细菌性软腐病的病原已知有两种，即胡萝卜软腐欧文氏菌胡萝卜致病变种和海芋欧文氏菌，两者均属真细菌目、欧文氏菌属。细菌呈短杆状，以周身鞭毛运动，革兰氏染色呈阴性反应。前者大小为 $0.7\mu m \times 2\mu m$；后者大小为 $(1.2 \sim 3.0)$ $\mu m \times (0.5 \sim 1.0)$ μm。两者生长最适宜温度为 $27 \sim 30℃$，最高温度范围为 $32 \sim 40℃$。

（3）发病规律 病原细菌在土壤中和病残体上越冬。通过伤口侵入寄主，尤其是鸢尾钻心虫的幼虫在幼叶上造成的伤口，或分根移栽造成的伤口，都为细菌的侵入打开了方便之门。病害借雨水、灌溉水和昆虫传播，当温度高、湿度大，尤以湿度大时发病严重。种植过密、绿荫覆盖面大的地方球茎易发病。连作地发病严重。一般德国鸢尾和澳大利亚鸢尾发病较普遍。

（4）防治措施

1）选择健康无病球茎或根状茎作繁殖材料，及时剪除病叶或拔除病株销毁，彻底挖除腐烂的球茎，贮藏期发现有病球茎要及时剔除。

2）病害严重的土壤可用 $0.5\% \sim 1\%$ 福尔马林按 $10g/m^2$ 进行消毒后再种植，或更换新土后种植；被污染的工具应用沸水或 70% 酒精或 1% 硫酸铜液浸渍消毒后再用。

3）发病后，每月喷洒一次农用链霉素 1000 倍液，能控制病害蔓延。

4）喷洒杀虫剂防治鸢尾钻心虫的为害，可减轻病害的发生。

6.3.4 任务实施

1. 准备工作

1）课前预习相关知识部分。

2）教师准备相关案例，课堂围绕案例进行讲解。

3）班级学生自由组合（每组 5~8 人）为几个学习小组，各学习小组自行选出小组长。

4）组长召集组员利用课外时间收集资料，制定、讨论、修改实施方案。

5）调查场所：校园、公园、小区、植物园等。

6）用具：放大镜、修枝剪、笔记本及农药等，常见病害标本。

2. 实施步骤

1）查阅资料（教材、期刊、网络），列出小区绿化常见病害。

2）以小组为单位野外观察记载：植物的病害为害状态，病害的发生规律。

3）采集病害标本。

4）标本识别。

5）病害防治。

6）成果展示，其他小组和老师评分。

7）分组讨论、总结学习过程。

[阅读材料]

浅谈园林生态中天敌昆虫的保护利用

在城市园林生态系统中，有害生物、园林植物、环境条件、天敌、人类等各组成因子之间存在着复杂的联系，其中任何一个因子的变动，都会直接或间接地影响整个园林生态。在病虫害防治上，要从生态学观点出发，创造不利于病虫害发生的条件，减少或不用化学农药，保护天敌，发挥自然的调控能力，保持园林生态系统的稳定。其中，结合生产，保护和利用天敌，是植物保护的重要环节。

1. 可持续园林绿化

自 1992 年 2 月 6 日在巴西的里约热内卢召开联合国环境与发展大会以后，"既满足当代需求又不损害子孙后代利益"的可持续发展思想，已被世界各国所接受，并已成为经济发展的重要基准。

可持续园林就是以可持续发展思想为指导，综合利用城市园林生态系统中的自然生物资源，尽可能地减少物质与能量的消耗，使园林效益与园林生态环境同步发展的一种全新的园林发展对策。可持续园林不仅要有较高的景观效应和完备的功能效应，还要持久地保护资源及生物多样性，维持发展与环境之间的平衡。可持续园林必须是生态上可恢复，经济上可再生产，社会上可接受，生态系统能健康发展的园林经营体系和技术体系。实质上它是全社会可持续发展系统中的一个子系统。

2. 可持续的植物保护

可持续园林绿化的思想呼唤可持续的植物保护。园林植物病虫害防治的指导思想是从城市生态系统的整体功能出发，在充分了解园林生态系统结构与功能的基础上，加强生物防治，进行抗性栽培，对害虫与天敌进行动态监测，综合使用各种生态调控手段，对植物—害虫—天敌关系进行合理的调节，变对抗为利用，变控制为调节，变害为利，以充分发挥系统内各种生物的作用，尽可能地少用化学农药。

在未来的病虫害管理体系中，植物的抗性、天敌的作用、栽培防治与生物技术的应用将得到极大的加强，而化学农药的作用将显著地减少。其中，天敌将发挥越来越重要的作用。

3. 天敌昆虫的利用概况

利用天敌昆虫防治害虫是生物防治中应用最广的方法。天敌昆虫可分为捕食性天敌和寄生性天敌两大类。捕食性天敌分属于 18 个目，近 200 个科，如螳螂、澳洲瓢虫、草蛉等。寄生性天敌分属于 5 个目，97 个科，大多数种类属膜翅目、双翅目，如被广泛利用的寄生蜂和寄生蝇。

在我国，天敌的利用起步较晚，但近年发展迅速。在林业和园林领域，北京、天津、南京、青岛等地园林部门的生物防治体系初步形成，掌握了周氏啮小蜂、管氏肿腿蜂等天敌昆虫的规模繁育技术，并已经大面积推广应用，既控制了美国白蛾、天牛等害虫的为害蔓延，又显著减少了对环境的损害，维护了自然生态平衡，保护了城市绿色景观，获得了良好的经济效益、社会效益和生态效益。

天敌应用也有其自身的局限性，如见效较慢、技术要求高等，目前还不能被广泛接受。但随着人们生活水平和生态意识的不断提高，人们将逐渐认识到生物防治的重要性，天敌的应用比例将逐年提高，用生物方法取代化学方法防治害虫是农林业发展的必然趋势。

4. 园林生产实践与天敌的保护利用

生物防治对病虫害的控制作用是持久的，效果是显著的。一旦天敌在田间建立了自己的种群，它就可以长期持续地对害虫发挥控制作用，这是化学农药所无法达到的。城市具备开展生物防治的条件，一是城市园林植物种类丰富，适合天敌的生存和繁衍，应该加强对天敌的利用和保护，尽量减少使用化学农药，创造利于天敌群落发展的条件；二是城市建筑对园林植被的分割形成的"海岛生态"有利于释放天敌。

1）规划设计中注重增加生物多样性，改善园林生态环境，丰富园林植被，增加天敌寄主植物的栽植规模，为天敌提供繁衍栖息的环境。除捕食对象外，天敌往往还要求取食蜜露、花蜜或其他食物作为补充营养，故多种植蜜源植物，有助于提高姬蜂、茧蜂和一些小蜂的寄生率。

2) 园林科研部门要加强生物防治的科研攻关，强化自主创新，在研究优势种天敌昆虫生物生态学的基础上，进行大规模繁殖和释放，同时也可进行天敌昆虫的引进和助迁。对于新侵入的重大园林害虫，从其原产地寻找和输入优势种天敌昆虫。在天敌越冬初期，可集中捕捉，为其提供合适的越冬条件，翌年利用有利时机进行释放。

3) 选择使用生物农药，减少天敌的自然死亡。生物农药在病虫害防治过程中能有效地消灭害虫，保护天敌，对人畜危害小，对环境污染小，相对于化学农药来讲对病虫害的控制作用具有持久性。在生产实践中应逐渐减少化学农药的使用数量，尽量选用选择性农药，尽可能减少对天敌昆虫的伤害。

项目小结

本项目包括3个任务：小区园林植物病虫害防治概述，小区园林植物主要虫害防治，小区园林植物主要病害防治。

任　　务	基本内容	基本概念	基本技能
6.1　小区园林植物病虫害防治概述	小区园林植物病虫害防治的特点、方法	植物病虫害、植物检疫、生物防治、化学防治、3R问题、综合防治	对小区园林植物发生的病虫害能采取正确的防治措施
6.2　小区园林植物主要虫害防治	咀嚼式口器害虫、刺吸式口器害虫	咀嚼式口器害虫、刺吸式口器害虫、大袋蛾、杨二尾舟蛾、柳毒蛾、美国白蛾、大叶黄杨尺蠖、蓝目天蛾、马尾松毛虫、樟巢螟、樟蜂、星天牛、柏肤小蠹、柳干木蠹蛾、金龟子，大青叶蝉、斑衣蜡蝉、青桐木虱、黑刺粉虱、菊姬长管蚜、草履蚧、烟蓟马	识别主要园林植物害虫，掌握主要病害防治方法
6.3　小区园林植物主要病害防治	病毒性病害、真菌性病害、细菌性病害	仙客来病毒病、兰花病毒病、水仙白条斑病、郁金香碎色病、百合病毒病、菊花病毒病、菊花霜霉病、月季白粉病、月季锈病、兰花炭疽病、仙客来灰霉病、杜鹃叶斑病、雪松根腐病、紫荆枯萎病，君子兰细菌性软腐病、丁香细菌性疫病、鸢尾细菌性软腐病	识别主要园林植物病害症状，掌握主要病害防治方法

 思考题

1. 食叶害虫导致的病虫害的特点是什么？

2. 咀嚼式口器害虫的为害状有何特点？化学防治可选用哪些类型的药剂？

3. 刺吸式口器害虫的为害状有何特点？化学防治可选用哪些类型的药剂？

4. 天牛类蛀干害虫的生活习性是什么？试拟定其综合防治方法。

5. 蚜虫为害有什么特点？在防治上应抓住什么时机？适宜采用什么防治措施？

6. 蚧虫为害有什么特点？在防治上应抓住什么时机？适宜采用什么防治措施？

7. 螨类为害有什么特点？在防治上应抓住什么时机？适宜采用什么防治措施？

8. 兰花病毒病包括哪些病原？应如何进行防治？

9. 园林植物枝干病害的防治通常可采取哪些措施？

10. 常见的园林栽培措施防治有哪些？

11. 化学防治的定义和特点是什么？

 测试题

1. 填空题

（1）园林植物叶部炭疽病的一个重要特点是子实体呈_____排列，在潮湿条件下病斑上有_____出现。

（2）幼苗猝倒的侵染性病原有_____，病菌在_____越冬，借_____传播。该病是典型的_____病害。

（3）大袋蛾属_____目，_____科，俗称_____，其幼虫共____龄，有喜光性，故多聚集于_____为害。

（4）园林植物钻蛀性害虫是指为害_____和_____的害虫，常以幼虫蛀食植物的_____部和_____部，严重影响输导组织的功能，并蛀成许多虫道，导致树势衰弱或遭风折而死亡。

2. 判断题

（1）施用未腐熟的厩肥，可减少蝼蛄产卵，减轻为害。 （ ）

（2）草履蚧一年发生三代，大多以卵囊在土中越冬。 （ ）

（3）梧桐木虱只为害梧桐，为单食性害虫。 （ ）

（4）金龟子一年中以第一代幼虫为害最轻。 （ ）

3. 选择题

（1）以下属于食叶害虫的是（ ）。

A. 大袋蛾 　　　　B. 介壳虫 　　　　C. 蝼蛄 　　　　D. 白杨透翅蛾

（2）有利于螨类发生的气候条件是（ ）。

A. 春季高温干旱少雨 　B. 春季雨量充沛 　C. 夏季高温 　D. 夏季多雨

（3）美国白蛾是一种危险性检疫害虫，其食性为（ ）。

A. 单食性 　　　　B. 寡食性 　　　　C. 多食性 　　　　D. 腐食性

（4）下列害虫中，蛀干害虫是（ ）、食叶害虫是（ ）、吸汁害虫是（ ）。

A. 蛴螬 　　　　B. 松梢螟 　　　　C. 斑衣蜡蝉 　　　　D. 大叶黄杨尺蠖

项目7

小区绿化管理

学习目标

技能目标：能够按基本运作模式进行小区绿化管理；会对小区绿化进行验收接管；能够对小区绿化进行质量管理；会对小区绿化员工进行内部管理。

知识目标：了解小区绿化管理的特点；了解小区绿化内部管理的内容；熟悉小区绿化管理的基本要求；掌握小区绿化管理费计算的方法；掌握小区绿化管理质量控制的基本方法；掌握小区绿化员工内部管理的方法。

任务 7.1 小区绿化管理基本运作模式

7.1.1 任务描述

小区绿化管理不仅是一个技术问题，还是一个制度问题。本学习任务是了解小区绿化管理的基本运作模式，熟悉小区绿化管理的内容和特点，了解小区绿化管理的形式，掌握小区绿化管理费计算的方法，掌握小区绿化管理项目发包的方法，会计算小区绿化管理费，会起草小区绿化管理合同。

7.1.2 任务分析

在进行小区绿化管理时，不仅要掌握园林植物栽培养护、小区园林规划设计方面的知识，还应当懂得和遵守国家的法律法规，建立相应的管理规章制度，规范人的行为，使小区绿化管理走上制度化、规范化的轨道。完成本任务要掌握的知识点有：小区绿化管理的内容和特点，小区绿化管理模式，小区绿化管理费计算，小区绿化管理项目的发包。

7.1.3 相关知识

7.1.3.1 小区绿化管理的内容和特点

1. 小区绿化管理的内容

小区的绿化管理是物业管理企业对所管辖的区域内有关绿化活动方面的管理。其内容涉及对物业管理企业自身的管理，对绿化管理人员的管理，对小区居民即绿化管理受益人的管理，对绿化质量的管理等。

（1）小区绿化管理的前期介入　小区绿化管理的前期介入是指在小区规划设计阶段介入，目的是从物业管理的角度出发，作为一种顾问力量，确保小区绿化得到合理的规划设计，园林植物得到合理的配置，减少由于规划设计及施工方面的不合理而造成的管理困难。

（2）小区绿化的接管验收　接管验收是园林绿化及施工单位或委托单位移交给物业公司管理的手续，可分为新建园林绿化的接管验收及旧园林绿化的接管验收。其包括植物品种的核对和清点、植物生长状况的评估、绿化面积的测量、园林建筑及园林小品的验收、园路的验收、花槽花坛的验收、园林资料的验收等。

（3）小区绿化管理规定　无规矩不成方圆，小区绿化管理不仅是一个技术问题，还是一个制度问题。在人们尚未普遍树立绿化意识和法制观念时，小区的绿化往往极易被人们忽视。在房地产综合开发中，不建少种、只建不种、只种不养、占绿地、毁绿地等现象时有发生。因而，通过行使组织、协调、督导、宣传教育等职能，遵守国家的法律法规，建立相应的管理规章制度，规范人们的行为，成为物业管理企业的重要任务之一。

（4）小区环境绿化社区文化的建立　为使小区居民形成一种爱护花木的习惯，必须进行一些环境绿化社区文化的营造，包括花木常识介绍、制作绿化保护标识牌、进行环保及绿化知识宣传、举办花卉知识及插花艺术培训班、举办花卉知识竞赛或插花比赛等。良好的小区环境绿化社区文化可使小区绿化管理工作事半功倍。

2. 小区绿化管理的特点

（1）小区绿化管理前期介入的重要性　不少从事物业绿化管理的人都会发现，一些原先看上去很好的绿化在一两年或多年后就会出现许许多多的问题，而这时候多数已过了保养期、保修期，迫使物业公司要花大量的人力财力去解决。这些问题，多数是由于设计、施工与管理脱钩造成的，绿化管理的前期介入可以解决不少设计、施工造成的问题。

（2）管理模式的多样性　小区绿化管理作为物业管理的内容之一，具有多种管理模式。物业公司可根据自己的机构设置及公司运作情况采取相应的管理模式。

（3）小区绿化管理具有服务性　物业管理是一种感情密集型的服务行业。虽然园林绿化行业不属于服务行业，但在物业管理中，园林绿化工作面对的已不仅仅是单纯的园林主体，它还直接面对广大业主，打交道的对象是人，代表的是物业公司。因而，小区绿化管理无论是工作时间、工作方式，还是工作人员的仪容仪表、服务态度，都必须遵循服务行业的模式。

（4）小区绿化管理具有消费性　园林绿化单位一般为生产性单位，可以依靠自己的产品来取得直接收入而维持正常运作。而小区绿化管理主要是对物业公司所管辖范围内的园林绿化进行维护保养、翻新等工作，这些工作属于物业管理的一项基本内容，一般不能针对某项具体的管理工作而另外收费，因此它的收入与其产品没有明显的直接关系，维持正常运作所需的人工费、材料费等支出均来自物业公司的拨款。因此，绿化管理部门是一个消费性部门，在物业公司中，控制绿化管理的成本显得尤其重要。

（5）小区绿化管理具有技术性 小区绿化管理与物业管理的其他服务性工作相比，具有较强的技术性。作为一个跨行业的工作，物业绿化管理同时也属于园林绿化行业。物业绿化管理员工在从事这一行工作之前，应该先接受较系统的培训，充分掌握植物的生长习性、病虫害防治及造园技术，提高自身的审美能力。没有经过系统培训、不掌握一定技术的绿化管理员工很难将小区绿化管理工作做好。

[阅读材料]

物业前期介入园林绿化工程不可忽视的几个问题

居住区园林绿化的水平已经成为商品房档次高低的重要标准之一，建设者的高价环境包装，使得居住区的绿化水平日新月异。但由于多方面的原因，在绿化设计和施工中还存在一些不足或缺点。以下是笔者在从事物业前期介入园林绿化工程的工作中，对居住区园林绿化工程设计和施工的几点认识，现一一列出，希望能给物业管理者和园林绿化建设者带来一些启示。

1. 要重视绿化用地的整理和表土采集

据笔者观察，很多绿化用地，因前期施工，石灰、水泥砂浆、钢渣及涂料四处散落，机械油污外漏，重型机械肆意碾压，表土随意掩埋等，给后期植物的栽植和养护带来不利。建议在进行绿地的整理时，尽量防止重型机械碾压土壤，要清理表层的垃圾，拔除杂草，清理土壤内的化学废弃物，尽量采集和复原绿地表土，多用原表土，少用客土，为植物创造良好的生长环境。

2. 要注重木质园林小品的材质选择

很多花园式小区，木质亭、廊、椅、榭等园林小品，使用才两三年就出现斑斑裂迹，腐蚀变形，有的甚至变成了虫蚁的巢穴，导致园林小品昙花一现。木质小品使用寿命短，多属于材质选择不当。要延长木质园林小品的使用年限，确保园林小品的观赏效果，开发建设者应重视对园林小品材质的选择，挑选具有防真菌、防虫蚁等特性的户外专用木材，经过处理，彻底解决木材在户外应用时易开裂、变形、褪色、腐烂、蚁侵等问题。

3. 要关注屋顶花园的基础处理

地下车库的顶部、裙楼及住宅的公用屋面，都是建屋顶花园的好场所，但屋顶（车库顶）花园引起的漏水影响物业使用的问题也时有发生。要避免此类问题，关键是屋顶花园的基础处理，建设者在屋顶花园施工时就得多方注意，屋顶设置种植槽要预留出排水缝，使得种植槽的渗水通过屋顶排水系统排出，同时应选耐腐蚀、抗老化及防治植物根系侵入的防水材料。屋顶花园种植土最好选用防渗的营养土，种植槽下面用防腐垫脚木与屋顶隔开，以充分减轻水分、土壤及植物根系对屋顶的渗透和腐蚀。

4. 乔木、灌木栽植应避开沟渠及地下窨井

根系发达的乔木、灌木，延展性强，栽植在沟渠、地下窨井及硬质路面处时，地理位置限制了种植穴的大小，使得乔木、灌木生长受阻碍。乔木、灌木的根系不断伸长，有的穿破沟渠、窨井、顶破路面，甚至长满下水道，导致沟渠破损、管道开裂，排水、排污受阻，给后期管理带来了诸多不便。因此，绿化工程在动工前就得充分考虑此问题，乔木、灌木栽植应尽量避开地下管网及沟渠。

5. 绿化取水点设计应方便和安全

无论是喷灌设施，还是普通水龙头，设计时首先要考虑各绿化带能否充分浇水。作为绿化工程的一部分，各取水点的位置应安全和美观，切不可出现喷头（水龙头）高高凸起，或将喷头（水龙头）设置在园林道路处，以免儿童嬉戏时戳伤或摔倒。

6. 园林工程施工应先绿化后景观

绿化和景观作为园林工程的重要组成部分，两者相辅相成互不可缺。在物业绿化接管验收工作中常常碰到因园林单位为抢效果、赶进度，施工时先做景观后做绿化，或景观、绿化同步，绿化基础施工的土壤、泥浆随处可见，搞得园景灯饰锈迹斑斑、模纹砖石缺角少棱，景观路面污痕遍地，严重影响绿化景观效果。新居住区的绿化工程施工，应尽量先搞基础，栽好树木花草后，再着手景观工程的施工，以确保交付时灯饰、园林小品、步道砖等景观装饰清洁靓丽。

7.1.3.2 小区绿化管理模式

1. 自行管理模式

自行管理模式是指物业公司具有专门的绿化队伍，有较雄厚的技术力量及设备，自主完成公司管辖范围内所有的绿化日常管理。

在自行管理模式下，物业公司拥有较完整的绿化专业队伍，较齐全的绿化设备及操作工具，能够独立完成对小区绿化的日常养护管理。自行管理模式下，物业绿化管理单独成立一个绿化部或从属于环境服务部。绿化部机构设置如图7-1所示。

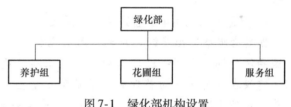

图7-1　绿化部机构设置

（1）服务组　其主要职责是协助分管小区绿化管理工作的副总经理管理好小区的绿化工作。对内要协调好各部门之间的关系，督促检查各项工作完成的情况，搞好档案管理、资金管理、库房管理等；对外要处理好与其他各个方面的关系，并开展一定规模的对外宣传活动、经营管理活动等。

（2）花圃组　其主要职责是培育各种花卉苗木，不断引进新品种，以满足小区绿化的需要，如栽植、补种的需要，节假日摆花、用花的需要，以及客户摆花插花的需要。

（3）养护组　其主要职责是负责小区绿化的养护工作，如树木更新、培育花草、浇水、施肥、打药等。

2. 外包式管理模式

外包式管理模式是指物业公司不设专门的绿化管理队伍，只设1~2名专职或兼职的管理人员，将物业公司管辖范围内的所有绿化项目发包给社会上的专业绿化公司进行管理。外包式管理对于一些管辖范围、绿化规模不是很大的物业公司来说，是一个精简机构、减轻负担的好方法。外包式管理模式具有以下特点：

（1）机构干练　对管辖范围不大的物业公司来说，如果设置专门的绿化管理机构，势必会加重公司的负担。外包给专业公司，既可精简机构，又可利用专业公司的设备及技术力量进行管理，质量上有保证，可谓一举多得。

（2）易于控制成本　外包给专业绿化公司的管理费用由双方商定，在某段时间内可达到绿化管理费用的相对稳定，易于控制成本。

（3）灵活性较差　绿化管理外包后，由于物业公司不再有专业绿化队伍，从事日常一些零星绿化工作时灵活性较差，如摆花、有偿绿化服务等，增加了管理难度。

7.1.3.3 小区绿化管理费计算

1. 小区绿化管理费的构成

绿化管理费包括绿化工具费、劳保用品费、绿化用水费、农药化肥费、杂草杂物清运费、补苗费、摆设花卉费等项。在实际计算时，除了这些费用外，还应按相关规定及分包商的资质情况，在总经费数上加一定税率及利润。此外，绿化管理中的活性费用、改造费用及建筑小品的维护费用等一般可按实际发生的情况单独划拨，不计入管理费内，无须计算或按使用计算。

2. 计算依据及方法

在管理费计算中，要首先确定起算基数。水费、电费及人工费是决定不同地方绿化管理费差异的重要因素，因此在绿化管理费计算中，都将每年每平方米的绿地所需水费及人工费作为绿化费用计算的基数，并由基数推出成本费，再由成本费推出其他费用，进而推出整个费用。另外，一些经验性的数字也是计算的依据之一，如每个绿化工人可管理 4000m² 左右的绿化面积，管理税率一般为 5% 左右，利润在 3% ~7% 等。

（1）成本法　绿化养护费包括：绿化工具费 F_1（元/年）、劳保用品费 F_2（元/年）、绿化用水费 F_3（元/年）、农药化肥费 F_4（元/年）、杂草杂物清运费 F_5（元/年）、景观再造费 F_6（元/年）。各项费用通常按年估算，除以 12 个月和总建筑面积即得出每月每平方米应分摊的绿化养护费 p，即：

$$p = \frac{\sum F_i}{12 S_g}$$

式中　S_g——绿化区域总面积（m²）；

F_i——各项费用（元/年）。

（2）简单计算法　按每平方米绿化面积确定一个养护单价，如 0.10 ~0.20 元/（月·m²）乘以绿化总面积再分摊到每平方米建筑面积。

1）绿化面积用总建筑面积除以容积率再乘以绿化覆盖率计算，也可按实际绿化面积计算。

2）绿化员工的定编人数可以根据各地实际情况确定，考虑到季节的变化、气候条件、植被树木养护的难易程度等，通常每 4000 ~6000m² 绿化面积设绿化工人一人。

[阅读材料]

深圳市建设管理站绿化养护工程综合价格计算方法

1. 计算公式

综合价格(G) = 人工费(A) + 材料费(B) + 机械费(C) + 管理费(E) + 利润(F)

管理费(E) = 人工费(A) × 管理费费率(a)

利润(F) = [人工费(A) + 材料费(B) + 机械费(C) + 管理费(E)] × 利润率(f)

其中人工费（A）、材料费（B）、机械费（C）分别按不同的养护级别套用相应的计价标准表取费，管理费费率（a）及利润率（f）则不分养护级别分别取 15% 及 6%，最终计算公式为：

工程综合价格(G_1) = [A × (1 +15%) + B + C] × (1 +6%)

另外，深圳市还规定上述公式的各项综合价仅适合于日常养护期五年内的乔木养护及三年内的其他苗木养护。一级养护的相应项目综合价格乘以 1.68，而日常养护期五年以上的乔木养护及三年以上的其他苗木养护则按相应项目综合价格乘以0.8计算。在此基础上，如果绿化管养采用的是自动喷淋系统或汽车运水灌溉、喷洒的，其人工乘以0.6。

2. 计价方法

1）将待管养绿化套用深圳市相应管养级别标准分级。

2）分别计算养护工程量，即将单排及独立乔木、多排及成片乔木分别按胸径大小10cm以内、30cm以内、50cm以内及50cm以上组以100株为一个工程量统计；将灌木按高度100cm以内、200cm以内、200cm以上按100株为一个工程量统计；将双排以内绿篱、5排以内绿篱分别按高度100cm以内、200cm以内以100株为一个工程量统计；将笔竹类分别按高度300cm以内及300cm以上以100丛为一个工程量统计；将露地普通花坛及彩纹花坛分别按100m² 一个工程量统计；将普通草坪及运动草坪分别按100m² 一个工程量统计；将造型植物分别按1m以内、2m以内、3m以内及3m以上以100株为一个工程量统计；将水生植物按塘植及盆植100丛（盆）为一个工程量统计；将攀缘植物按100m² 为一个工程量分别统计出来。

3）套入相应级别、相应工程项目内取费，其中棕榈科植物按其地径套用相应规格的乔木类取费再乘以0.4。

7.1.3.4 小区绿化管理项目的发包

1. 发包准备工作

发包之前的准备工作主要包括绿化面积的测量、绿地类型、植物种类与数量的统计，管理质量标准及操作频度的制定、检查及纠正，处罚制度的制定，管理费用计算，配套设施设备、工具房、水电接口的准备等。

2. 供方评定与选择

（1）组织供方评定小组　根据实际质量要求制定出切合实际的供方评定标准，向专业单位发出招标函，由公司分管领导及3~5名专业人士组成供方评定小组。

（2）制订供方评定标准　供方评定的标准包括以下几个方面：

1）供方专业资质、营业执照及资金实力。

2）供方技术力量、管理经验。

3）供方以往的专业业绩及口碑。

4）供方的管理能力及管理制度、培训制度等。

5）供方的工具设备完善程度。

6）供方的管理方案。

（3）确定供方　根据制定的评定标准对应标的专业公司进行评审，将评审合格的专业公司记录在表格中存档备用。合格的专业公司中以综合评分高、价格低的当选。

3. 合同签订

在选定管理单位后，经双方协商签订承包合同。合同内容包括甲方（发包方）单位名、乙方（承包方）单位名、管理面积、单位面积管理费用、总费用、付款方式与时间、双方责任与义务、管理质量标准、违约或管理不达标处理办法等。下面是某物业公司与承包方签订的合同文本样式，供参考。

合同范文：

绿化养护管理委托合同

_____（下称甲方）为了将小区的园林绿化水平提高到一个新的台阶，同意将小区所属绿地委托给_____（下称乙方）进行养护管理。乙方将尽心依照植物生长规律，负责小区绿地的树木、花灌木、绿篱、色块和草坪的灌溉、修剪、施肥和病虫害杂草防治、修补等工作，达到约定的养护标准，甲方向乙方支付约定报酬。为了保障双方合法权益，在平等互利的基础上签订以下合同，望共同遵守。

1. 工作范围

乙方负责甲方所属绿地的树木、花灌木、绿篱和草坪的灌溉、修剪、施肥和病虫害杂草防治、修补等工作，面积为_____ m²。苗木名称、数目、长势等具体情况详见附件。

2. 养护标准

（1）乔木养护管理标准

1）生长势正常，枝叶正常，无枯枝残叶。

2）充分考虑树木与环境的关系，依据树龄及生长势强弱进行修剪。

3）及时剪去干枯枝叶和病枝。

4）适时灌溉、施肥，对高龄树木进行复壮。

5）及时补植，力求苗木、规格等与原有的接近。

6）病虫害防治，以防为主，精心管理，早发现早处理。

（2）花灌木养护管理标准

1）生长势正常，无枯枝残叶。

2）造型美观，与环境协调，花灌木可适时开花，及时修剪残花败叶。

3）根据生长及开花特性进行合理灌溉和施肥。

4）及时防除杂草。

5）及时补植，力求种类、规格等与原有的接近。

6）病虫害防治，以防为主，精心管理，早发现早处理。

（3）绿篱、色块养护管理标准

1）修剪应使轮廓清楚、线条整齐，每年整形修剪不少于2次。

2）修剪后残留的枝叶应及时清除干净。

3）适时灌溉和施肥，及时防治病虫害及杂草。

（4）草坪养护管理标准

1）根据立地条件和草坪的功能进行养护管理。

2）草坪草生长旺盛，生机勃勃，整齐雅观，覆盖率≥90%，杂草率≤5%，绿期240d以上，无明显坑洼积水，裸露地及时补植/补种。

3）根据不同草种的特性和观赏效果、使用方向，进行定期修剪，使草坪草的高度一致，边缘整齐。

4）草坪的留茬高度、修剪次数因草坪草种类、季节、环境等因素确定，切实遵守"1/3"原则。

5）草坪灌溉应适时、适量，务必浇好返青水和越冬水。

6）草坪施肥时间、施肥量应根据草坪草的生长状况确定，施肥必须均匀，颗粒型追肥应及时浇水。

7）及时进行病虫害防治，清除杂草。

3. 甲方的权利和义务

1）就近免费提供库房和休息室各一间及水源、电源等设施。

2）及时向乙方支付养护管理报酬。

3）监督检查、验收绿地养护管理质量。

4）协助乙方维持施工秩序，尽可能提供方便。

4. 乙方的权利和义务

1）严格按照双方确认的养护管理质量标准进行作业，确保质量。

2）养护期内属于乙方材料、技术引起的质量问题，应尽快无偿修复。

3）应教育所属员工注意安全，防止安全事故的发生。

4）文明施工，及时清理施工现场，做到工完场清。

5）及时、准确地获得应收款项。

5. 报酬数目和支付方式

1）签署合同时，双方确认绿地现有苗木和草坪的种类、数量、生长状况，计费以草坪面积 m² 为主，按¥ _____ /m²（即每平方米人民币元整）计费，合计人民币 _____ 元整。

2）签署合同后五个工作日内，甲方向乙方支付合同总金额的25%，即人民币 _____ 元整，以便支持乙方更好地做好准备工作。

3）乙方在收到甲方支付的第一笔款项三个工作日内进入养护管理工作岗位。

4）以后每个季度最后一周内甲方向乙方支付下个季度的养护管理费用，金额分别为合同总金额的30%、35%。

5）养护管理期限满一年后的一周内，甲方认可乙方养护质量达到约定标准的，则一次性付清余款。

6）乙方及时向甲方开具正式发票。

6. 合同期内，如果甲方有其他绿化改造或施工项目，费用另计。

7. 违约责任

1）甲方未能按照合同约定履行乙方义务或因甲方其他原因造成较大返工、窝工的，应补偿乙方因此支付的相应费用；因甲方拖欠工程款造成停工、窝工的，每日损失按合同总造价的0.1%由甲方补偿给乙方。

2）乙方养护质量不符合约定标准的，乙方应自行返工，并自行承担为此支付的费用。

8. 合同执行过程中发生争议的，双方应及时协商解决；无法达成协议的，可申请仲裁或诉诸法律。

9. 本合同由双方盖章及代表签字生效；双方代表签字确认的现场签证单为本合同附加条款，同样具有法律效力。

10. 本合同一式两份，双方各执一份。

甲方（盖章）　　　　　　　　　　　　乙方（盖章）

法人代表：　　　　　　　　　　　　　法人代表：

现场代表：　　　　　　　　　　　　　现场代表：

7.1.3.5 小区绿化管理的基本要求

1. 一般住宅小区

（1）一般住宅小区的特点　一般住宅小区是指福利房、房改房或价格处于中低档位的商品房居住小区，具有以下特点：

1）居住人员多，结构复杂。一般居住小区中，按年龄分有老人、中年人、青年人、儿童等；按职业分有工人、干部、学生、个体工商户等；按学历分有高学历人员、低学历人员等。人员素质不一，个人的喜好及行为习惯不一样，这种小区的园林绿化设计往往也是众口难调，难以满足每个人的要求。另外，素质高低及生活水平不一样，人们对园林绿化的重要性和必要性的认识也不一样，绿化保护意识一般不强。对于这种小区，在进行园林绿化时，应优先考虑方便与实用两个因素，同时还必须考虑安全因素、成本因素等。

2）小区管理费较低。一般住宅小区居住的多为工薪阶层或小区物业多为福利房、房改房、微利房等，物业档次不是很高，小区的管理费单价一般较低，而且由于人们的居住观念未能从旧观念中脱离出来，物业管理费的收缴率也相对偏低。这类小区的管理水平档次不是很高，绿化管理必须严格控制成本，在设计时应尽量减少喷泉、时花等费用较高的园林景点。

3）绿化多数为公共绿化。一般住宅小区定位多为中低档，物业建筑在设计时一般不设计私家花园，小区的绿地多属于公共绿地，供公共休闲及观赏用，往往相对独立或封闭。小区内的公共设施也由开发商配套建设，并从物业管理费中支付养护费用，其绿化也不属于市政绿化。所以，一般住宅小区的绿化管理应全部由物业公司进行管理。

（2）一般住宅小区绿化管理的重点　一般住宅小区绿化管理的原则是实用、安全、整洁，管理的重点如下：

1）加强对植物病虫害、水、肥的管理，保证病虫不泛滥成灾，保持植物正常生长，没有明显的生长不良现象。

2）保证小区环境整洁安全，及时清除园林植物的枯枝黄叶，每年对大乔木进行清理修剪，清除枯枝。

3）及时对阻碍居民生活的绿化景点进行改造，减少人为践踏对绿化造成的危害。对行道树进行适当的修剪，保证其主干上的第一分枝达到车辆通行所需的高度。对于设计不合理给居民正常生活造成影响的园路进行改造。

4）创建社区环境文化，加强绿化保护宣传，提高居民文化素质，使居民形成爱护绿化的良好习惯。

① 完善绿化保护标识系统，在人员流动较多的地方增加绿化保护宣传标识牌。

② 加强绿化知识宣传，可在每期墙报栏内开辟出一部分宣传绿化知识，将主要植物挂上讲解牌，注明植物名、学名、科属、习性等。

③ 在绿化专业人员的主持下，面对业主举行插花艺术、盆景养护、花卉栽培等方面的绿化知识培训。

④ 举行小区内植物认养活动，将小区内的主要植物由业主认养，加强业主对绿化植物的认同感。

⑤ 在小区内举办绿化知识竞赛或举办诸如美化阳台等比赛活动，在植树节或国际环保日举办植树活动或绿化知识咨询活动等。

⑥ 制定并要求业主签订环保公约。

[案例7-1]　某花园前原来有一片敞开式绿地，绿地上亭榭多姿，曲径通幽，池水泛光，花木含情。傍晚时分，众多住户和游客都喜欢在这里驻足小憩，装点着深南东路上这道

亮丽的风景线。然而，其中也有一些不太自觉的人，随意在草地上穿行、坐卧、嬉戏，导致绿地局部草皮倒伏、植被破坏、黄土裸露，不得不反复补种和重植，成为小区管理中的一个难题，物业公司想了许多办法，都未奏效。

后来管理处拓宽思路，采取了教、管、疏相结合的新招数：教——加大宣传力度，提高宣传艺术。首先将警示牌由通道旁移至人们时常穿越、逗留的绿地中，同时将警示语由刺眼的"请勿践踏草地、违者罚款"更改为动心的"足下留情、春意更浓"，让人举目可及，怦然心动。管——配足护卫力量，强调全员管理。针对午后至零时人们出入较多的特点，负责的中班护卫指定一人重点负责绿地的巡逻，同时规定管理处其他员工若发现有人践踏绿地，都要主动上前劝阻，把绿地管理摆上重要"版面"，不留真空。疏——营造客观情境，疏导游人流向。在只有翻越亭台才能避开绿地通行的地段，增铺平顺的人行通道，同时把绿地喷灌时间由早晨改为傍晚，以此保证在人流密度大的时段内绿地清新湿润，使人们尽享自然，同时又无法作出"石笋系马"般的煞风景之举。上述三招并用，效果显现。花园的绿地中依然游人如织，但践踏绿地的现象已经较为鲜见。

案例分析 克服人们的劣习，不做宣传教育工作是不行的，光靠宣传教育也是不行的。既要讲道理，使之不想，又要有相关的强有力措施，使之不能、不敢。久而久之，习惯成自然。

想一想 假如你是物业公司的绿化员工，你应采取哪些措施，培养人们的绿化意识？

2. 高档住宅小区

（1）高档住宅小区的特点 高档住宅小区是指在城市中定位较高、建筑及环境十分优美的别墅、复式洋房等高价位商品房小区，具有以下特点：

1）环境优美，注重绿化的观赏效果。小区环境设计优美，绿化建设投资大，绿化效果较好。小区绿化设计除了要讲究实用外，更强调的是美观，注重观赏性。开发商在开发该物业时已定位较高，业主对该物业的管理期望也较高，因此这类物业的绿化管理宜走精品管理的路线。

2）小区居民多为收入较高的人士。高档住宅小区的物业往往比较昂贵，购买这类物业的业主一般属于富裕阶层，而且多属于二次置业，这一类业主已不限于对居住面积的追求，往往对环境十分讲究，他们对居住区的绿化也十分珍惜爱护。但因为是二次置业，业主们往往在别的地方还有另一住宅，所以房屋使用率较低，空置房较多。这类物业往往有私家花园，由业主自行管理。

3）物业管理费用较高。高档住宅小区的物业管理费用和物业管理费收缴率均较高。该类小区的业主对物业管理都有较强烈的要求，对物业管理的收费也较为理解，因此物业管理费的收取相对容易，这就为绿化管理提供了保障。

（2）高档住宅小区绿化管理的重点 高档住宅小区绿化管理的原则是高雅、精品、安全、美观，管理的重点如下：

1）加强植物的日常淋水、施肥与修剪，保持植物生长健壮。

2）保证每天及时清除小区内的枯枝黄叶。

3）对生长不良的植物或损坏的园林小品及时进行更换改造，始终保持园林景观的完美。

4）经常举办一些插花艺术、盆景养护、花卉栽培等方面的绿化知识培训、技术咨询、插花比赛等活动，通过花店、苗木基地等为业主提供鲜花、观赏植物、观赏鱼、插花服务以及花木代管、私家园林代管等有偿服务。

3. 小区绿化管理方法

（1）建立完善的管理机制 完善的管理机制，包括员工的培训机制，完善的工作制度、奖惩制度及标准等。

（2）建立完善的质量管理系统 质量是一个企业的生命线，作为一个服务性行业，物业管理的产品就是服务，员工的一言一行及每项工作的每个细节都直接影响着业主对物业公司的印象。作为物业管理的一部分，同样必须强调质量，为了保证管理质量，必须建立完善科学的质量管理系统，包括操作过程的质量控制方法、检查及监控机制、工作记录等。

（3）制定科学合理的操作规程 操作规程是操作者在做某一件事时必须遵循的操作方法与步骤，一个科学合理的操作规程可以保证不同操作者能够做出同一质量标准的产品，从而保证产品质量不会因操作者不同而有所差异。由于绿化管理在一定程度上受环境天气的影响，在不同的天气条件下做同一件事时的方法步骤有所不同，因此在制定操作规程时必须先考虑各种因素，把各项操作步骤量化、标准化，使员工易于明白接受。

7.1.4 任务实施

1. 准备工作
1）教师准备相关案例，课堂围绕案例进行讲解。
2）教师讲解安全注意事项、参观要求和报告撰写要求。
3）班级学生自由组合（每组5~8人）为几个学习小组，各学习小组自行选出小组长。
4）收集资料，联系相关物业管理企业。
2. 实施步骤
1）查阅资料（教材、期刊、网络），到物业管理企业绿化管理部门访谈调研。
2）调研内容：管理模式、管理费用、项目发包及管理制度等。
3）撰写报告。
4）小组代表汇报，其他小组和老师评分。
5）分组讨论、总结学习过程。

[阅读材料]

绿化管理工作制度

1. 目的
规范绿化工作的管理，确保植物长势良好。
2. 范围
适用于各物业公司绿化工作的管理。
3. 内容
（1）绿化管理范围 各物业公司辖区内所有装饰树、果树、乔木、灌木、绿篱、爬藤、地面覆盖物、攀缘物、草皮和其他植物的养护。
（2）绿化管理工作规定
1）绿化员承担辖区绿化的日常巡视、养护、监管重任，绿化员应服从公司工作安排，遵守绿化管理规则，爱护公物，同时认真履行绿化养护服务。
2）严格执行绿化养护工作的技术规范，按规定标准作业，保质保量完成所负责的绿化区域和公司安排的各项绿化工作，并由公司定期检查和定量考核。

3）进行绿化养护时应小心谨慎，确保辖区公共设施及建筑物等的完好，若发现任何破坏环境的行为应及时制止，对不听劝告者，立即向保安员和主管报告。

4）爱护绿化工具和设备，确保工具和设备保持良好的使用状态。

（3）绿化养护过程安全规定

1）在喷洒时要采取预防措施，不让烟雾飘进业主房屋，特别是喷洒药物时，应注意风向，选择合适的喷洒方向和控制喷洒范围，避免对物业或设施的损害，并将"危险"标志牌放在关键位置进行警言提醒。

2）在使用机械时应采取安全措施，避免对业主造成危险、伤害。在使用水管喷淋时，应注意穿越道路、人行道行人和车辆。

3）机械应安装钢制防护罩，防止碎片、飞出物造成损害；在机械使用前要进行安全检查，确保螺钉和螺母固定在切削片上，避免切削片飞出；机械在使用过程中，不得改变或改动机械的防护罩。

（4）绿化管理检查规程

1）绿化员每日进行巡视、养护，并将养护内容进行记录，对疑问或事故情况向主管或相关人员报告。

2）环境主管按《绿化服务质量检查规程》的要求对辖区的绿化养护情况进行巡视检查，及时处理绿化员或相关人员提交的相关问题，重大事故及时提交部门经理处理。环境主管每月应对辖区的绿化养护管理工作进行总结，并向部门经理汇报。

3）部门经理按《绿化服务质量检查规程》的要求对辖区的绿化养护情况进行巡视检查，及时处理环境主管提交的问题报告，对环境主管提交的月工作报告进行审查。

任务7.2 小区绿化接管验收

7.2.1 任务描述

小区绿化的接管验收是物业公司代表全体业主，根据物业管理委托合同，从物业绿化日后使用与维护的角度出发，对物业委托方与承建商已建好的绿化工程进行核对、检查、确认并办理移交手续，从而接手管理的过程。本学习任务是小区绿化的接管验收，了解小区绿化的特点，熟悉小区绿化接管验收的内容，掌握小区绿化接管验收的方法。

7.2.2 任务分析

接管验收一般在竣工验收后进行，接管验收一旦通过，标志着该公共区域正式进入使用阶段，物业公司从此要担负起维护保养的责任。小区绿化的接管验收根据移交方式及移交内容不同，可分为新建小区绿化的接管验收和原有小区绿化的接管验收。完成本任务要掌握的知识点有：新建小区、原有小区绿化的特点，新建小区、原有小区绿化接管验收的内容，小区绿化接管验收的程序等。

7.2.3 相关知识

7.2.3.1 新建小区绿化的接管验收
1. 新建小区绿化的特点

新建小区绿化与别的物业工程项目相比，施工及保养期更长，接管验收工作往往滞后。

（1）小区绿化容易受建筑废料的影响　新建小区的工地往往会有大量的水泥块、石灰浆、碎石子等建筑垃圾，到处堆放。有的因体积大压住花草树木，有的则有不同程度的酸性、碱性，有的有油污，有的含有重金属等，这些都会对园林植物造成污染。

（2）小区绿化受其他工程及水电因素的影响较大　由于其他工程的进行，小区绿化往往被施工工人或施工机械、材料破坏，工地配套设备未完善，新建小区绿化的灌溉较为困难，受工程及水电影响较大。

（3）新建小区绿化未经使用考验　由于新建小区未有人进住或刚进住不久，而且树木未长大，密荫尚未形成，绿化分布及功能的合理性、园路分布的合理性及植物配置的合理性均未经受考验，只能凭经验判断。

（4）新建小区绿化易于改造　由于新建小区的绿化植物多为新栽植，植物根系尚不发达，土壤较疏松，业主尚未入住，因此改造施工较为方便。

2. 新建小区绿化的接管验收程序

1）建设单位书面提请接管单位接管验收，并提交相应的资料。

2）接管单位按照接管验收标准，对建设单位提交的申请和相关资料进行审核，对具备条件的，应在15日内签发验收通知并约定验收时间。

3）接管单位会同建设单位按照接管验收的主要内容及标准进行验收。

4）验收过程中发现的问题，按质量问题的处理办法处理。

5）经检验符合要求时，接管单位应在七日内签发验收合格凭证，并应及时签发接管文件。

3. 新建小区绿化的接管验收内容

（1）绿化苗木验收　园艺师负责苗木种植全过程的现场监督及质量控制，对出现的以下问题，园艺师有权拒绝苗木进场及栽植。

1）苗木规格、数量严重不符合设计要求的。

2）苗木受损害程度严重，对苗木存活及种植效果有重大影响的。

3）病虫害特别严重的。

4）苗木种植穴未按要求开挖及未施放基肥的。

5）虽施有基肥，但基肥质量差，含有有毒、有污染物质，对苗木以后的生长有严重影响的。

（2）竣工初验

1）施工单位在苗木全部种植完毕后，向园林绿化部提交竣工报告及初验申请。

2）施工单位还应同时递交工程绿化设计图、工程竣工图、种植更改签证、苗木种植一览表等相关资料。

3）园林绿化主管、园艺师会同施工单位负责人现场核实工程竣工情况，并做好相应记录。

4）在初验过程中应着重注意以下事项：

① 苗木种植的种类、数量、位置是否与图纸相符。

② 苗木规格是否符合设计要求。

③ 苗木生长情况及保护措施是否符合要求。

④ 竣工场地是否按要求清理干净。

⑤ 所有绿化植物是否确实种植完毕，符合设计要求。

（3）签署初验意见 没有上述问题，园林绿化主管签署初验意见，正式进入养护期。

（4）养护期满复验

1）施工单位在养护期满过后，填写养护期间自检情况报告及养护期满复验申请报告，申请复验。

2）主管经理、绿化主管、园艺师会同施工单位负责人现场检验苗木养护情况。

3）合格苗木必须符合以下标准：

① 乔木、灌木长势良好，没有枯枝、黄叶、残叶现象。

② 乔木、灌木种植位置适当，高低错落有致，外观美观，造型、修剪合理。

③ 乔木、灌木规格符合设计要求。

④ 枝叶无病虫害，无蛀干害虫。

⑤ 乔木保护措施得当，有护树架，无倒伏、摇动现象。

⑥ 无裸露土面，草坪及地被植物杂草率小于 5 棵/m²。

⑦ 施工场地无残留垃圾、余土。

4）不合格苗木及枯死、生长不良苗木限在一周内补种整改完毕。新补种部分，要从补种工作完毕起重新计算养护期。

5）对检验合格的苗木及绿化项目，签署复验意见及接管意见。

（5）验收后的工作

1）绿化部主管统计实际工程量，并连同接管意见上报物业公司总经理审批。

2）将审批的验收结果及实际工程量递交公司结算部予以结算。

3）绿化部安排人员对已接管的苗木及绿化项目加强养护管理。

4）验收结束后将图纸、资料及相关记录加以整理，整理后存档保管。

5）撰写接管验收备忘录。验收结束后，物业公司根据各专业验收结果汇总编写接管验收备忘录，经建设单位或委托单位及物业公司签字认可。接管验收备忘录与其他材料一起作为档案长期保存。

7.2.3.2　原有小区绿化的接管验收

1. 原有小区绿化的特点

1）业主已经入住，周围人员相对稳定，受建筑工程影响较少。

2）绿化带基本定型，一些由于规划设计不合理或者施工不合格造成的影响已经体现出来。

3）绿化面积与设计资料已有不同。

4）绿化配套设施一般已到位。

5）绿化项目资料一般不齐全。

2. 原有小区绿化的接管验收程序

1）移交人书面提请接管单位接管验收，并提交相应的资料。

2）接管单位按照接管验收标准，对建设单位提交的申请和相关资料进行审核，对具备条件的，应在 15 日内签发验收通知并约定验收时间。

3）接管单位会同移交人按照接管验收的主要内容及标准进行验收。

4）查验绿化情况，包括小区中心绿地、专用绿地、组团绿地、宅旁绿地、道路绿地等的绿化情况；评估绿化维护与养护水平。

5）交接双方共同清点绿地面积、植物种类、古树、大树、养护设备物资、园林小品等。

6）经检验符合要求时，接管单位应在七日内签发验收合格凭证，签发接管文件，并办理房屋所有权的转移登记（若无产权转移，则无须办理）。

3. 原有小区绿化的接管验收办法

原有小区绿化一般均已竣工交付使用，因此接管验收一般与物业其他项目同时进行。验收时，应由委托方及物业公司的相关专业人员共同进行，验收内容如下：

（1）物业公司自检　在正式移交前，物业公司应组织绿化专业人员对移交的绿化带及相关设备、设施进行自检。对检查中发现的问题要分类记好，待正式验收时一并在"接管验收备忘录"中向委托方提出。

（2）绿化面积测量验收　原有小区绿化一般资料已不齐全或与现状不同，应重新测量绿化面积。

（3）清点设备　核对原有的设备设施。

（4）绘制并移交原有绿化现状图　绘制并移交原有绿化现状图，对已经破坏的地方要在图上注明，并请移交单位审核签字后与其他移交资料一起存档。

（5）协商问题的解决方法　对于委托方不打算解决的问题要记录在"接管验收备忘录"中，并有双方签字证明。

（6）原有的绿化评价及划分等级　在充分分析原有小区绿化情况后，对原有小区绿化的功能及配套设施进行评价，划分等级，方便日后管理。

（7）撰写接管验收备忘录　验收后要填写"接管验收备忘录"。

（8）资料归档　将委托单位移交的有关资料及"接管验收备忘录"等分类归档、长期保存。

7.2.4　任务实施

1. 准备工作

1）教师准备相关案例，课堂围绕案例进行讲解。

2）教师讲解安全注意事项、参观要求和报告撰写要求。

3）班级学生自由组合（每组5~8人）为几个学习小组，各学习小组自行选出小组长。

4）收集资料，联系相关物业管理企业。

2. 实施步骤

1）查阅资料（教材、期刊、网络），到物业管理企业绿化管理部门访谈调研。

2）调查新建小区绿化管理接管验收的模式。

3）调查原有小区绿化管理接管验收的模式。

4）撰写调查报告。

5）小组代表汇报，其他小组和老师评分。

6）小组讨论、总结学习过程。

[案例7-2]　某住宅区里的"圈地运动"愈演愈烈，两片公共绿地被一些业主你占一点儿，我抢一块儿，成了由香椿、石榴、葡萄等组成的杂树林，成了种植辣椒、韭菜、丝瓜的菜园子。圈地的业主收获了"丰收"果实，但其他业主对此颇有微词。物业管理部门初始阶段曾进行过劝阻，但收效甚微。后来看到已经失控，才发出通知：限10日之内自行清除私自种植的果木和蔬菜，逾期将强行解决，重新统一规划建设绿地。规定时限到了，仍有部分业主无动于衷，物业管理部门只好亲自动手，开始对杂树林、菜园子进行彻底清理。清理刚刚开始，一个业主把举报电话打到了市园林绿化监察部门，投诉物业管理部门私自砍伐

树木。园林绿化监察执法人员来到现场，没收了物业管理工作人员的工具，并下发了违章通知书。物业管理部门感觉受了莫大的委屈，为了更好地绿化，清理杂树怎么就成了破坏绿化？楼前绿地难道听任个别业主随意种植？清理住宅区内的私种树木这样的"家务事"还非得报批吗……

园林绿化监察部门首先肯定，物业管理部门重新规划建设楼前绿地的初衷是好的。同时，面对他们的种种疑问，解释说，楼前绿地属于住宅区附属绿地，统一服从市里的园林绿化规划与建设，对其树木的砍伐实行许可证制度。并强调无论楼前绿地上的树木何人所种，已经长成这样是事实，长成了就要纳入园林绿化监察部门的监管范围。

案例分析 居住区内业主私自种植花草树木破坏园区绿地是目前较为普遍的一种现象，在管理中根治难度大，原因就是个别业主从中获得了一定的利益。这里管理上的防微杜渐是非常重要的，如果物业公司从苗头阶段就积极阻止，不允许业主的这种行为形成一定的规模，这种现象是可以控制的。但是，本案例中的物业公司由于开始管理力度不够，促成了这种现象的形成，所以后来工作的难度就加大了。对于业主的举报，姑且不论是何动机，其法律意识还是值得称道。倘若微澜初起时，物业管理部门也能想到求助行政执法部门，可能就不会有后来的麻烦。

想一想 物业公司应做哪些更加细致的工作来解决类似的问题？

任务7.3 小区绿化质量管理

7.3.1 任务描述

小区绿化质量管理的内容包括小区绿化物资采购质量标准、小区绿化质量评价标准及小区绿化质量控制。本学习任务是小区绿化的质量管理，了解小区绿化物资的采购质量标准，熟悉小区绿化质量评价标准，掌握小区绿化质量控制的方法；会采购小区绿化物资，能够评价小区绿化的水平，能够监控小区绿化的质量。

7.3.2 任务分析

小区绿化的质量管理是小区绿化管理的核心，小区绿化质量高，则园林植物就表现出生长旺盛、浓荫覆盖、花香四溢。完成本任务需要掌握的知识点有：小区绿化物资如花木，绿化工具，农药、化肥，切花等的采购质量标准；小区绿化的质量考核指标；小区绿化质量控制方法等。

7.3.3 相关知识

7.3.3.1 小区绿化物资采购质量标准

1. 花木采购质量标准

（1）苗木

1）苗木生长健壮，苗木品种、规格、花色符合要求；株形美观，结构合理，苗高、胸径（或地径）等符合绿化要求。

2）根系发育良好，主根短而直，侧根、须根多，绿化栽培易成活。

3）苗木茎根比较小、高径比适宜、重量大，苗木本身所带土团结实不散开，根保存良好，植株无脱水现象。

4）苗木无病虫害，生长良好，无折损现象，无压黄现象。

5）苗木性价比合适。

（2）大树

1）大树在使用前一个月以上就应找好供应商，对于地栽大苗应要求供方在使用前一个月进行修剪、圈坑等适应性锻炼。

2）胸径20cm以上的树所带土球直径应小于60cm。

3）购回的大树无缩枝、烂根、散泥等，所带泥球用草绳包裹好。

4）购回的大树无病虫害。

5）价格较昂贵的大树，供应商应用草绳包裹好。

（3）时花

1）时花的品种、规格、花色符合要求。

2）时花无病虫害、株形整齐、覆盖盆面，且脚叶生长良好，整盆花无折损现象。

3）花蕾多且匀称整齐，购回时已开放的花应在1/3左右，买回后观赏期最少在10d以上。

4）时花性价比合适。

（4）盆景

1）山水盆景的采购质量标准如下：

① 布景合理，远景近景搭配合适，整体观赏效果好。

② 山石连接自然，没有明显人工拼凿的痕迹，山上附生植物生长良好，比例合适。

③ 山石连接稳固，不易掉下来。

④ 水盆清洁，盆景大小与摆放地点相适应。

2）树桩盆景的采购质量标准如下：

① 植株生长健壮，比例合适，尚有发展潜力。

② 植株无病虫害，叶色自然健康。

③ 植株造型古朴自然，修剪精细，没有明显人工拼凿的痕迹。

④ 盆景大小与摆放地点相适应。

（5）草坪

1）草种建坪补救的面积误差在15%以内。

2）草坪块基本完整，草坪覆盖率达95%以上，且生长良好。

3）无恶性杂草，其他杂草数量在2%以下。

4）购回的草坪块无干枯或沤黄现象。

2. 绿化工具采购质量标准

1）工具的类型、规格、型号符合采购单要求。

2）机械应为新出厂两年以内的，机械部件无损坏、松脱现象，运行正常。

3）机械在本地区有较好的维修保养等售后服务，维修保养方便。

4）机械各配件在本地区易于购买，性价比合适。

5）所购买的机械符合国家安全标准规定。

6）购回的机械应带有保修单及零（配）件清单。

3. 农药、化肥等采购质量标准

1）所购买农药、化肥应包装良好，外观整洁。

2）包装上应有出厂日期及保质期。

3）所购买的农药应高效低毒。

4. 切花采购质量标准

1）购买的鲜切花应在上午 10 点 30 分之前送到。

2）鲜切花的品种、花色、规格符合要求。

3）鲜切花保鲜良好，无残损、萎蔫、腐烂变色、干枯等现象。

4）所购买的鲜切花的质量、数量应符合定购的要求。

5）切花价格应符合季节批发价。

7.3.3.2　小区绿化质量评价标准

无论是自主管理还是外包管理，为了便于质量控制，物业公司都应根据所管小区的档次制定不同的质量管理标准，有效控制绿化质量，为业主创造一个美丽舒适的环境。

1. 小区绿化的质量要求

1）树木——生长茂盛无枯枝。

2）树形——美观完整无倾斜。

3）绿篱——修剪整齐无缺枝。

4）花坛——土壤疏松无垃圾。

5）草坪——平整清洁无杂草。

6）小品——保持完好无缺损。

2. 小区绿化管理的考核指标

（1）居住小区绿化指标　根据国家颁布的《全国城市文明住宅小区达标考评实施细则》规定，住宅小区人均公用绿地应达到每个居民平均占有 $2m^2$ 以上，绿地率要达到 30%，绿化覆盖率达到 25% 以上。

（2）绿化养护指标

1）树木成活率，除新种树苗为 95% 外，应达到 100%。

2）树木倾斜程度，新种树木高度 1m 处倾斜超过 10cm 的树木不超过树木总数的 2%。

3）遭各类虫害的树木不超过树木总数的 2%。

4）无枯枝败叶，树木二级分枝的枯枝数量不超过树木总数的 2%。

5）绿化围护设施无缺损，绿化建筑小品无损坏。

6）绿化整洁无杂物。

7）绿化档案齐全、完整，有动态记录。

[阅读材料]

北京市老旧小区绿化改造基本要求

1. 现状绿地保护和调整

1）老旧小区绿化改造要坚持以人民为中心的原则，改造前要进入现场进行实地踏勘，广泛征求居民意见，充分考虑居民实际需求。

2）要加强古树、大树及名贵树种的保护，原则上要求原地保护，保护好现有的长势良好的植物，缺损树木需要补植的以乔木、灌木为主，对严重影响居住采光、通风、安全的树木，管护单位应当按照有关技术规范及时组织修剪。

3）禁止改变小区集中公共绿地的功能和用途，保障居民特别是老年人及儿童活动的需要。

4）楼间附属绿地，确因市政改建、增设停车位需进行调整绿地的，应按照《北京市绿化条例》的有关规定办理有关手续，绿地调整应坚持最小化原则，尽量减少占用现状绿地。

2. 植物选择及植物种植

1）要充分结合小区实际情况，充分挖掘绿化用地的潜力，要见缝插绿、多元增绿，可在有条件的建筑物外墙实施垂直绿化。

2）小区内集中绿地建设应采取乔木、灌木、地被植物相结合的多种植物配置形式。在绿地中，乔木、灌木的种植面积一般控制在70%；常绿乔木与落叶乔木的种植比例一般控制在1:4～1:3。

3）绿地灌溉应采用节水灌溉技术，如喷灌或滴灌系统等。提倡雨水回收利用，可采取设置渗水井等集水设施的方式，加大对雨水的利用力度。

4）绿地内乔木、灌木的种植位置与建筑及各类地上或地下市政设施的关系，应符合《居住区绿地设计规划》（DB11/T 214—2016）的相关规定，要与各种市政管线保持安全距离；乔木的栽植位置应距离住宅建筑有窗立面5米以外，要满足住宅建筑对通风、采光、安全的要求。

5）选择种植适应北京地区气候和居住区区域环境条件，具有一定的观赏价值和防护作用的植物，优先选用寿命较长、病虫害少、无针刺、无飞絮、无毒的植物种类，不宜大量使用边缘树种、整形色带和冷季型草坪等。

3. 绿地养护及管理

1）在老旧小区的综合整治过程中，要充分考虑后期的实际绿化养护情况，与相关部门做好协商，确保绿化养护管理资金到位。

2）管护单位要将绿化竣工图在小区的明显位置进行公示，并建立绿化档案。档案内容包括：绿化竣工图、植物名录、小区绿地验收报告、管护单位（人）等。

3）严禁擅自侵占绿地、毁坏绿化成果的违法行为，管护单位发现有此类问题时应及时制止，并配合执法部门进行依法处理。

7.3.3.3 小区绿化质量控制

质量控制是指在管理的过程中，及时掌握各环节的实际情况，采取一切有效手段，确保管理达到预定的要求。良好的管理质量必须建立在良好的质量标准基础之上，而良好的质量标准又依靠完善的质量控制手段来实现。质量标准解决的是管理的目标和要求，而管理的目标要求能否实现，关键在于质量控制。质量控制是质量管理的中心环节。目前，不少物业公司均导入了ISO9000质量管理体系作为质量管理的保证。绿化管理也可导入ISO9000体系，将绿化管理的作业规程、质量标准、检查措施加以完善，将绿化质量管理科学化，保证小区绿化的质量。

1. 质量监督检查法

质量监督检查法是指由上而下，对各个岗位、各个环节进行质量监督检查，并针对监督检查发现的问题及时采取纠正措施。监督检查是物业公司采用最多的一种控制方法，有以下分类：

（1）按检查周期分类　其可分为日检查、周检查、月检查、季检查、抽检等。日检查是必须每天进行的检查，如草坪要经常轧剪，每月须轧剪一次，每亩撒施复合肥5～10kg，施肥后淋水或雨后施用等。周检查、月检查、季检查是根据需要可以相对间隔一段时间的检查，如对迟效肥，放入土壤后，需要经过一段时间才能被根系吸收，须提前两至三个月施用等，检查周期的长短可以根据实际情况制定。

（2）按检查等级分类　其可分为班组检查、部门检查、管理处检查、公司检查等。最基本的是班组检查，因为所有工作的基础在班组，只有班组检查搞好了，其他的检查才有意义。

（3）按检查手段分类 其可分为人工检查和利用技术手段检查。其中，人工检查占大多数，是这类检查的基础。

（4）按检查内容分类 其可分为抽样检查和全面检查。全面检查耗时较多，一般间隔时间可长一些。

（5）按检查者身份分类 其可分为内部检查和外部检查。内部检查是公司内部人员组织进行的检查，外部检查是外聘质检员进行检查，其中包括行业与主管部门组织的检查。

检查不能流于形式，检查发现的问题必须反馈，责成被检查单位采取措施解决，解决后再检查，形成一个"检查—反馈—改进—再检查—再反馈—再改进"的循环检查机制。

[**案例7-3**] 4月9日，肖先生仍像往常一样将车停在小区楼前的树档之间，可没想到，当夜的一场风竟将车旁蛀空的大树刮倒，砸在车的前部，致使车的前部呈"V"字形，车门变形，前挡风玻璃碎裂。肖先生怎么也想不到，自己停在小区里的私车，会突然被大风刮倒的大树砸个正着。5月，肖先生以该街道绿化队对树木疏于管理导致蛀空的树被风刮倒，给自己的汽车造成损失为由，起诉至法院，要求绿化队赔偿损失。11月11日，这宗特殊的财产赔偿纠纷在北京市二中院的主持下调解结案。

案例分析 一审法院审理认为，绿化队作为绿化职能单位，应负责本区域内相关林木的管理维护以及日常监督检查工作。绿化队提供的证据不能证明其不是该树的产权人及管理者，故应对事故承担责任。

一审法院判决后，绿化队不服，上诉到北京市二中院。经市二中院调解，被告自愿赔偿肖先生修车费。

想一想 若你是物业公司的绿化主管，在平时的绿化管理中，应采取哪些措施避免类似的事情发生？

2. 汇报控制法

汇报与监督检查是同一控制性质的两种方法。监督检查是由上而下的信息反馈与控制，汇报是自下而上的信息反馈与控制。汇报本身对于汇报者就是一种控制，汇报者必须掌握情况，如实汇报，必须对汇报的真实性承担责任，对存在的问题提出解决办法。汇报是上下级组织中不可缺少的活动方式，本质上就是上级对下级的一种控制，通过对汇报者的控制转化成对管理质量的控制。

（1）汇报的方式、内容、对象

1）汇报的方式如下：

① 电话汇报。

② 个别汇报。

③ 书面汇报。

④ 会议汇报。

2）汇报的内容如下：

① 阶段工作全面汇报。

② 单项情况汇报。

3）汇报的对象如下：

① 向主管汇报。

② 向公司上级汇报。

③ 向政府相关部门汇报。

（2）建立汇报机制　建立汇报机制的关键是要讲究效果，防止流于形式。汇报容易产生的问题有：汇报者没有掌握多少情况，汇报不清，关键问题说不清；汇报不实，对存在的问题遮遮掩掩；汇报变成歌功颂德，报喜不报忧，对存在的问题轻描淡写；汇报烦琐，抓不住要领，讲不到重点。解决这些问题的办法有：

1）规定汇报的内容，对例行的汇报，如班组每周召开一次工作会议，公司每月召开一次工作会议，班组每月向公司写出书面汇报等，应规定汇报的内容。

2）对汇报进行讲评，表扬汇报较好的，批评汇报较差的，这样就会对汇报者造成压力。

3）听取汇报后要给下级作出指示，对问题责令在一定时间内解决，提出下一步的目标和要求。

3. 统计分析法

统计分析法是指利用数字统计的方法，分析管理质量变化的情况，寻找存在的问题，采取措施解决问题，使管理质量控制在合理的水平上。统计分析法的前提是必须建立定期的有价值的统计报表，如"企业入住情况统计表""客户意见征询表""室外公共区域意见征询表""室内公共区域意见征询表""常耗品使用情况统计表""员工教育培训情况表"等。

［案例 7-4］　某物业公司设置的"室外公共区域意见征询表"共有意见征询项目 39 个，其中硬件设施管理的意见征询项目 21 个，软件服务的意见征询项目 18 个。进行问卷调查时，发出"征询表"100 份，收回 90 份。在收回的 90 份"征询表"中，对硬件设施管理方面基本满意以上的有 82 份，不够满意的有 8 份；对软件服务方面基本满意以上的有 85 份，不够满意的有 5 份。从这些数字通过计算可以看出，用户对硬件设施管理的满意率为 91.19%，对软件服务的满意率为 94%。

案例分析　从问卷调查结果可以看出该物业公司在软硬件管理服务上都不甚满意，尤其是针对硬件设施管理的意见比较多，必须进行改进。在 21 个硬件设施管理项目中，意见集中在街心花园、广场和电梯方面；在 18 个软件服务项目中，问题主要集中在洗手间和垃圾箱的垃圾收集。那么，应该从哪些方面进行改进就比较清楚了。如果对街心花园、广场的意见是公共设施、健身设备太少，电梯轿厢太暗，那么努力方向就更加清楚了。改进措施是：对街心花园和广场增加一些设施设备，对电梯轿厢的照明度再重新调高亮度。软件服务方面，如果 90% 的意见都集中在洗手间和垃圾收集处理，那么这方面如何改进，也比较清楚了。这种分析法，还可以通过一个阶段进行几次征询，将有关数据的变化情况进行动态分析，制成曲线图，相关情况一目了然。在实践中，班组、部门和公司都可以根据实际需要，建立相关的统计资料，通过分析，促进管理质量的提高。

想一想　假设你是物业管理企业绿化部的一位工作人员，你认为针对这一项目，在绿化管理的问卷调查上，还应该从哪些方面设计具有特色的问卷调查表？

4. 竞争激励法

市场是一种竞争，管理也是一种竞争，只有竞争，才能真正实现对管理质量的控制。竞争是一种比较，在比较中找出差距，在比较中明确方向。

在小区绿化质量管理中实行比较竞争，让好的管理与服务、差的管理与服务同时展现在大家面前，这种竞争产生了压力，在压力下形成相互促进，这就是竞争带来的对管理质量的控制与促进。

5. 信息监控法

信息监控法是利用计算机网络技术，对管理质量进行控制的一种方法。信息技术进入管理领域是管理革命的重大成果。

物业管理引进信息技术是从20世纪90年代后期开始的，各专业程序公司进行了这方面的研究。但是由于软件开发人员大多不懂管理，所以不少程序缺乏可操作性。有的程序公司与物业管理企业合作开发，取得了一些进步。但更多的情况是各地物业管理情况不同，使一个地方开发的程序，到另一个地方就不适用了。目前，这一方面的开发仍在进行中。一个优秀的物业管理程序，应该具有以下功能：

1）程序的使用功能必须涵盖物业管理的各项工作。

2）程序对一些主要的数据和信息必须具有自动搜索、自动计算、自动统计功能，并能够实现对重要数据的表格化、图形化显示。

3）程序具有对重要管理信息的提示、警示功能，如管理费收缴、业主满意率、设备计划维护保养等方面出现不正常情况时，计算机可以出现警示标记，提醒管理人员解决这方面的问题。

4）程序应该具有良好的稳定性、保密性和抗计算机病毒能力，可以实施分解管理，具有备份或自动恢复的功能。

5）程序具有联机和联网功能，在一个物业公司内，不同位置的几台计算机可以实现互联及信息交换；在公司所有的管理处和公司总部之间，应当通过专用通道或城市网络实现信息交换和共享。

6）程序操作方便，简明易懂，能够让具有一般计算机操作水平的人员经过短时间学习就可以使用。

7.3.4 任务实施

1. 准备工作

1）教师准备相关案例，课堂围绕案例进行讲解。

2）教师讲解安全注意事项、参观要求和报告撰写要求。

3）班级学生自由组合（每组5~8人）为几个学习小组，各学习小组自行选出小组长。

4）收集资料，联系相关物业管理企业。

2. 实施步骤

1）查阅资料（教材、期刊、网络），到物业管理企业绿化管理部门访谈调研。

2）调查小区绿化物资购买的质量情况。

3）调查小区绿化管理水平。

4）调查小区绿化管理质量控制手段。

5）撰写调查报告。

6）小组代表汇报，其他小组和老师评分。

7）小组讨论，总结学习过程。

[**案例 7-5**] 某物业公司一年前接管了一个现代化高层住宅小区，并建立了小区管理处。该小区共有两栋26层高的住宅楼。两栋楼在3楼以平台相连，平台上开辟了绿化带，建有小型园林、草坪、花树及喷泉、假山等，是调节小区环境、供小区居民休闲散步的良好场所。最近，物业公司接到该小区业主委员会对小区管理处的投诉，称该管理处接管项目不到一年，草坪杂草丛生，喷泉干涸，植物半枯，甚至有几株名贵植物不知去向。

另外，小区外围绿化带及路旁行道树也被改造得面目全非。业主委员会认为，物业公司违反了物业管理委托合同，更与当初投标时的承诺大相径庭，如果物业公司不在短时间内要求该小区管理处整改，业主委员会将解除物业管理委托合同，并保留追究造成损失的权利。

案例分析　物业公司在接到投诉后，立即组织专家组对该小区管理处的工作进行调查。该小区存在问题的主要原因：一是该小区绿化范围大，绿化品种多，原本是要聘请专业绿化公司负责绿化管理的，但小区管理费标准定得低，管理处日常运作尚难以维系，管理处采取措施精简人员开支，根本无专人负责绿化管理，更谈不上请专业绿化公司。二是3楼绿化带因在高空，风尘太大，许多植物因此而枯萎。三是该小区居民意识较差，因绿化带建于楼宇之间，很多居民往下抛杂物，使得喷泉水池脏乱，草坪破坏严重。四是小区3楼居民侵占绿化带，擅自拔掉几棵名贵铁树，而管理处又无钱补种。五是小区无室外停车场，为避免车辆乱停乱放，管理处改造了外围绿化带。在查清原因后，物业公司作出了以下行动：第一，与小区业主委员会进行了协调和沟通，详细说明了发生问题的主要原因。第二，鉴于绿化工作在小区配套设施中的重要性及绿化工作的专业性，希望业主委员会能支持管理处对小区绿化重新进行计算并分摊绿化费用，专款专用。同时，聘请专业绿化公司负责小区的绿化管理。第三，督促管理处制定绿化管理规程，并派管理员每日两次巡检绿化带，并监管专业绿化公司的工作。第四，在《管理公约》《用户手册》等公众管理制度中制定绿化管理规定，并在宣传栏中划出绿化专栏，向业主和用户宣传爱护绿化带，不得随意改变绿地使用用途和破坏、践踏、占用绿地。第五，采取保护措施，如在绿地周围种植防护灌木、设置小型栅栏、竖立"爱护小草"或"请勿践踏草坪"等警示牌示。

想一想　如果你是物业公司的绿化主管，针对这一事件，以后应采取哪些预防措施防止类似事件发生？

任务7.4　小区绿化内部管理

7.4.1　任务描述

小区绿化管理作为物业管理的一部分，要做到专业的知识、规范的程序、严格的语言行动等高要求，因此企业必须加强内部管理。本学习任务是小区绿化的内部管理，了解绿化员工服务管理的内容，熟悉小区绿化操作安全规则，了解小区绿化员工培训的内容，掌握绩效考评管理方法；能为业主提供优质的服务，能够做到小区绿化操作安全规范，能够培训小区绿化员工，能够对小区绿化员工进行绩效考评。

7.4.2　任务分析

内部管理即对员工的管理，内容包括绿化员工服务管理、绿化员工操作安全管理、绿化员工培训及绩效考评管理。完成本任务需要掌握的知识点有：服务业仪容仪表、行为举止、语气态度规范要求，绿化操作安全规则，绿化员工培训的内容，绩效考评办法等。

7.4.3　相关知识

7.4.3.1　绿化员工服务管理

物业管理属于服务性行业，对员工的仪容仪表、服务行为、服务意识、语言行动等具有较高要求，绿化员工必须树立"业主第一，服务至上"的理念，具有规范的言行、良好的仪容仪表和良好的服务意识，为业主提供优质的服务。

1. 员工的仪容仪表

仪容仪表是体现一个公司的形象以及工作纪律、管理制度是否完善的重要标志，也是物业公司对外的形象窗口。

（1）员工的服饰着装要求　绿化管理员的服饰必须以整洁、朴素、大方、便于工作为原则，要求员工统一着装，工装不要求华丽，以实用为好。

1）上班时间必须穿工作服，工作服要整洁，纽扣要扣齐，不允许敞开外衣，非工作需要不允许将衣袖、裤管卷起，不允许将衣服搭在肩上。

2）制服外衣衣袖、衣领不显露个人衣物，制服外不显露个人物品，服装衣袋不装过大过厚物品，袋内物品不外露。

3）上班统一佩带工作牌，工作牌应端正地戴在前胸胸襟处。

4）非当班时间，除因工作或经批准外，不得穿着工作服或携带工作牌外出。

5）鞋袜穿戴整齐并保持清洁，鞋带系好，不允许穿鞋不穿袜，非工作需要不允许打赤脚或穿雨鞋到处走，工作完毕应在工作场所将鞋擦干净再走。

6）女员工应穿肉色丝袜，男员工不允许穿肉色丝袜。

7）非特殊情况不允许穿背心、短裤、拖鞋。

8）男女员工均不允许戴有色眼镜。

（2）须发

1）女员工前发不遮眼，后发不超过肩部，不梳怪异发型。

2）男员工后发根不超过衣领，不盖耳，不留胡须。

3）所有员工头发应保持整洁光鲜，不允许染黑色以外的其他颜色。

4）所有员工不允许剃光头。

（3）个人卫生

1）保持手部干净，指甲不允许超过指头 2mm，指甲内不允许残留污物，不涂有色指甲油。

2）员工应经常洗澡以防汗臭，要勤换衣服。衣服因工作而弄湿、弄脏后应及时换洗。

3）上班前不允许吃异味食品，要保持口腔清洁、口气清新，早晚刷牙，饭后漱口。

4）保持眼、耳清洁，不允许残留眼屎、耳垢。

5）女员工应淡妆打扮，不允许浓妆艳抹，避免使用味浓的化妆品。

6）每天上班前应注意检查自己的仪表，上班时不能在业主面前或公共场所整理仪容仪表，必要时应到卫生间或工作间整理。

2. 行为举止

员工的行为举止是指员工在日常工作、服务和日常生活中的动作行为。在绿化管理中，员工的行为举止直接影响着公司的声誉。恰当合理的行为举止不但可以维护公司利益，同时也给业主和客户留下较深的印象。

（1）服务态度　绿化管理员工在进行服务工作时必须遵守以下原则：

1）对业主服务无论何时都应面带笑容，应和颜悦色，热情主动。

2）在将业主劝离工作场所时要文明礼貌，并做好解释及道歉工作。

3）谦虚和悦地接受业主的评价，对业主的投诉应耐心倾听，并及时向主管领导汇报。

（2）行走

1）行走时要姿态端正，身体向前倾，挺胸收腹，两肩放松，上体正直，两臂自然前后摆动，步伐轻快稳重。

2）行走时不应把手放入衣袋里，也不应双手抱胸或背手走路。

3）在工作场合与他人同行时，不允许勾肩搭背，不允许同行时嬉戏打闹。

4）行走时，不允许随意与业主抢道穿行，在特殊情况下应向业主示意后方可越行。

5）行走时动作应轻快，但非紧急情况不应奔跑、跳跃。

6）手推货物行走时不应遮住自己的视线，以避免发生意外。

7）与业主相遇时，应主动点头示意。

（3）就座

就座时态度要端正，入座要轻缓，就座时不应在椅子上前俯后仰、摇腿跷脚或在业主和领导面前双手抱在胸前、跷二郎腿或半躺半坐。另外，在工作时不应趴在工作台上或把脚放于工作台上，晃动桌椅不应发出声音。

（4）其他行为

1）不允许随地吐痰，乱扔果皮、纸屑。

2）上班时间不允许吃零食，玩弄个人小物品或做与工作无关的事情。

3）在公共场所及业主面前不吸烟、挖鼻孔、挖耳朵、瘙痒，不允许脱鞋、卷裤角、卷衣袖，不允许伸懒腰、哼小调、打哈欠。

4）谈话时，手势不宜过多，幅度不宜过大。

5）不允许口叼牙签到处走动。

3. 语气

（1）与业主交谈

1）对熟悉的业主应称呼其姓氏，如某某先生、某某小姐，或按当地习惯称呼业主的官衔或职务，如称某某主任、某某工程师等，但不宜称呼业主的全名。

2）与业主对话时要保持1m左右的距离，应使用礼貌用语，注意"请"字当头，"谢"字不离口。

3）与业主谈话时，应专心倾听对方的意见，眼神应集中、不浮游，不应中途随意打断业主的讲话。

4）在不泄露公司机密的前提下，圆满答复业主和客户的问题。若有困难时，应积极查找有关资料或请示领导后答复客人，不可不懂装懂。

5）对于涉及公司机密或技术机密的问题，应礼貌回避，不可泄露公司机密，也不要一口拒绝，要既不得罪对方，又维护公司利益。

6）当业主提出的要求超出服务范围时，应礼貌回绝。

7）在服务过程中，处理问题应简洁明快，不要拖泥带水。

8）与业主打交道应遵循不卑不亢、坦诚自然、沉着稳重的原则。

（2）与客户谈话使用的语言方法

1）询问式，如"请问……"。

2）请示式，如"请你协助我们……"。

3）商量式，如"……你看这样好不好"。

4）道歉式，如"不好意思，请……"。

5）解释式，如"很抱歉，这种情况，公司规定是这样的，……"。

7.4.3.2 绿化员工操作安全管理

1. 绿化员工安全操作

所有职工必须认真贯彻执行"安全第一，预防为主"的方针，严格遵守安全技术规程和各项安全生产规章制度。因此，绿化员工在工作操作过程中应注意以下事项：

1）工作中应集中精力，坚守岗位，工作场所不准打闹、睡觉和做与本职工作无关的事，严禁酗酒者进入工作岗位。

2）临时中断工作后或每次开始工作前都必须重新检查电源是否确已断开，并验明是否无电。不准私自接电。

3）使用电器设备（如水泵等）时，应预先检查电源线的绝缘胶层是否完好，电源线接头是否完好，设备本身有无机械损坏。

4）使用剪草机等机械时，先检查机器本身有无故障，严禁机器带病操作，检查汽油、润滑油是否充满，火花塞、滤芯等部件能否正常工作。检查时严禁将手、脚等部位伸入正在运行的剪草机底盘下，正式使用前需试车1min。

5）使用割灌机、绿篱机等机械时，先检查机器本身有无故障，严禁机器带病操作，检查汽油、润滑油是否充满，火花塞、滤芯等部件能否正常工作。使用时前端刀片不得向人，刀片不得有意切割铁丝、石块等坚硬物体，使用时注意避让电线，正式使用前需试车1min。

6）使用喷雾机前先检查机器、喷药管有无故障和堵塞，使用前需试车1min。

7）各类工具、机械使用时若发现声音失常、有异常噪声、发出臭味或焦味、车体过热、漏油等明显故障时，应立即停止使用，查明原因，及时维修。

8）使用梯子时，梯子要有防滑措施，踏步应牢固无裂纹，梯子与地面之间的角度以75°为宜。没有搭勾的梯子，在工作中要有人扶住梯子，使用人字梯时拉绳必须牢固。

9）工作中严禁野外用火，以防发生火灾。

10）各类机械在加油时，必须在冷机的状态下加注。

11）发生重大事故或恶性未遂事故时，要及时抢救、保护现场，并立即报告有关部门及上级领导。

2. 绿化员工的职责

绿化员工的职责主要是负责公司所管辖的园林绿化、花木基地等植物的日常养护、保养管理和培育花木盆景，以及节日、会议、接待环境的摆花布置等工作。

1）熟记管理住宅区内的绿化面积和布局，熟悉花木基地各种植物以及工具、农药肥料和花盆等物件的摆放，熟知种植各种花草树木的名称、习性、生长规律以及相应的养护管理作业程序。

2）负责绿化植物的定期施肥、浇水、防治病虫害、种耕、除草和换盆、培土，并及时修枝整形、补栽补种，以及培育、种植苗木、盆景的工作。

3）负责清理绿化草地内的垃圾杂物和枯枝落叶的保洁工作。

4）负责定期对办公室的阴生植物进行养护、更换的工作。

5）负责对各责任区绿化进行管理，劝阻、纠正一切破坏绿化的行为。

6）认真学习专业知识、努力提高管理质量和工作效率。

7）服从班长安排，遵守工作纪律，完成上级交给的工作任务。

3. 绿化员工的纪律

1）严格遵守公司的各项规章制度。

2）服从班长的安排，完成班长分配的工作任务。

3）按时上下班，服从轮值以及节假日的值班安排。

4）严格遵守各种园林机械以及其他工具的操作方法。

5）严格遵守农药及肥料的使用方法和使用标准。

6）爱护所有劳保用品及工具，不得做出破坏、损坏的行为。

7.4.3.3 绿化员工培训

培训是工作质量得以保证的基本条件之一，也是一个企业得以发展的动力，只有通过良好的培训，才能提高员工的技术技能和基本素质，增强员工服务意识，并保证公司的质量管理措施、规定得到正确执行，确保绿化的质量。绿化员工的培训包括：入职培训、绿化专业知识培训、物业管理专业知识培训、服务意识培训以及质量标准培训等。

1. 培训计划的制定

不同的物业公司对员工培训的要求和形式不同，培训的内容重点也不一样。如在完全自主管理的模式下，培训重点除了入职培训外，还包括管理技术技能、质量标准、员工服务意识的培训，操作安全的培训等；而对于外包模式来说，除了入职培训外，重点应该是管理质量标准的培训、质量监控方法及管理培训等。培训的方式可以有课堂讲课、现场操作、疑难解答、外出参观、检查总结、外出进修、以老带新等方式。为了确保绿化培训能优质、高效、不影响工作的进行，绿化主管或分管经理应在每年的 12 月 15 日前做出下一年度员工培训的计划，并上报公司审批。员工培训计划应符合以下要求：

1）符合国家和公司的规章制度。

2）有具体实施时间。

3）有明确的培训范围。

4）有考核的标准。

5）有培训经费的预算。

2. 新员工的培训

为了确保公司管理质量规范统一，使员工尽快熟悉自己的工作岗位及公司的情况，物业公司均会对新员工进行入职培训。任何新加入公司或新加入绿化部门的员工，无论从前是否从事过该项工作，是否掌握绿化管理技术，都要参加培训。培训的内容包括公司情况介绍，以及公司规章制度、公司及部门运作方式、岗位工作内容及工作方法等。

1）第一天：绿化领班或相关领导负责介绍部门工作的性质、内容，公司的基本情况，部门的基本运作程序，带领新员工熟悉工作环境。

2）第二天：由部门主管培训学习公司的规章制度、安全知识、岗位责任、作息时间、员工服务标准、奖罚规定等。

3）第三天：由领班及操作技术员，结合岗位实际工作进行常规技术培训。

4）第四天：由主管安排到各相关岗位，由原岗位的老员工进行以老带新的岗位实际操作培训。每个岗位可进行数天的具体操作，以熟悉各岗位的工作情况。轮岗结束后进行理论与操作考试，不合格的辞退，合格的根据实际能力定岗，由主管填写新员工情况汇报，上报公司领导及人事部。

3. 物业管理知识的培训

全体绿化员工应参加公司统一安排的专项物业管理知识培训及物业管理质量、管理体系知识培训，确保公司的质量管理体系在绿化管理部门得以落实。物业管理知识的培训每半年至少安排一次，每次培训时间不少于 2h，员工经培训后参加由公司统一举办的考核，参加省市有关的物业管理职业技能鉴定并持证上岗。

7.4.3.4 绩效考评管理

绩效考评是指将公司各员工的成绩与个人效益挂钩的一种行之有效的员工管理方法。通过将个人工作成绩与个人效益挂钩，可实现合理分配，同时也可以促进员工间的竞争，提高工作效率，将员工管理规范化、合理化、科学化。

1. 考评的原则

应遵循公正客观、全面准确、及时节约及便于操作的考评原则。绿化管理绩效考评一般将考评人员分为操作层及非操作层两类。

（1）操作层　操作层是指在各个岗位进行绿化管理实际操作的员工，主要考评工作技能、工作效果、工作纪律及工作态度，考评的频度较大，包括日检、周检、月检、抽检、内审、管理评审等。

（2）非操作层　非操作层是指在绿化管理中除担任一定的技术指导外，还担任一定的质量评价责任及员工管理责任的人员，包括领班、主管等。除考评工作纪律、工作态度、工作成果、工作技能外，还应考评组织管理能力。考评的频度相对小些，包括周检、月检、抽检、内审、管理评审等。

2. 考评内容的设置与量化

（1）确定岗位工作标准　为了保证考评的客观性，必须将日常绿化管理的每个工作项目标准化，再以工作标准作为考评依据进行考评。物业绿化自主管理型的岗位工作标准有：

1）员工服务标准规程。

2）常用机器设备使用与日常保养标准规程。

3）常用杀虫剂的使用、分辨标准规程。

4）园林绿化部员工培训实施标准作业程序。

5）员工培训规程。

（2）确定评分结构　绩效考评由多个项目组成，各项目在不同的考评对象中所占的比例不一样，合理确定评分结构也是保证绩效考评科学合理的基础。一般来说，绩效考评以100分满分，可由8~10项内容组成，其中操作层员工的评分项目如下：

1）岗位工作质量。

2）培训质量。

3）自身工作质量。

4）服务质量。

5）工作效果。

6）工作责任心。

7）处理公正性。

8）遵守相关作业规程。

9）团结配合质量。

10）道德水准等。

（3）确定评分细则　评分细则是指确定每违反一项量化的质量标准应该扣罚的分数，以及优秀表现应该奖励的分数。这项工作必须做得很细，保证日常管理中所涉及的项目都能在考评细则中套上相应的分数，而且扣分必须科学合理，避免出现该奖的没奖，该罚的没罚的现象。绿化员工岗位考核标准及奖惩办法见表7-1。

表 7-1　绿化员工岗位考核标准及奖惩办法

序号	考 核 标 准	应得分	奖 惩 办 法
1	遵守国家法律及公司规章制度和社会道德；树立"服务第一，业主至上"的思想	15分	一、奖励 1. 根据考核标准的条件，每年由服务中心主管打分，以考核分数确定绩效和奖惩依据：90分以上为优秀，76分以上为良好，60分以上为合格，60分以下为不合格 2. 对所管理的部门获得优秀称号的员工，经公司总经理批准，予以特殊奖励 3. 在工作中有突出贡献的，被服务中心或公司评为最优秀员工的，受到主管部门特别嘉奖的，公司提高奖励
2	工作积极、主动、热情周到，责任心强，有敬业爱岗和创新精神	15分	
3	做好所管区域的环境绿化栽培、松土、施肥、修剪、浇水、养护工作，创造优美的工作和生活环境	15分	
4	熟悉所管区域的环境，对花坛、绿化带盆花、盆景进行美化设计，摆放成形，达到美化小区（大厦）周围环境的作用	15分	
5	及时修剪、补栽、浇水，防止虫蚀、枯死，按时检查巡视，发现问题及时处理，并做好工作记录	10分	二、惩罚 1. 对考核不合格的员工，除扣罚当年本人应得年终奖金外，调换工作岗位直到辞退处理 2. 在管理工作中投诉率高于主管部门规定标准或失职造成重大损失，给公司造成负面影响的，对该员工采取降低奖金，调换工作岗位，直至辞退处理
6	节约用水用电，做到不浪费，爱护绿化工具，防止丢失和损坏，保护公共设施，发现有损坏和浪费的现象做到及时报告	10分	
7	按时上下班，佩带工作卡，语言文明，给人方便，维护公司形象	10分	
8	奉公守法、公正廉洁、严格履行岗位职责，努力提高工作质量，及时完成领导交给的与本职工作有关的业务工作	10分	
	合　计	100分	

3. 考评操作

（1）日检　日检的考评对象主要是操作层员工，一般由部门主管或班组长每天不定时对当天的工作进行综合评分，并将结果记录在日检中。

（2）周检　周检的考评对象为操作层员工、班组长、部门主管及部门经理，由考评人员每周对考评员工进行综合分析，并将考评结果记录在部门工作周检中。考评与被考评的关系为：

1）部门主管对操作层员工。

2）部门主管对部门班组长。

3）管理处经理对部门主管。

（3）月检　月检的考评对象为全体员工，由考评人员每月末对考评对象的工作进行综合评分，并将考评结果记录在部门工作月检表中。考评与被考评的关系为：

1）管理处经理对操作层员工。

2）管理处经理对部门班组长。

3）公司机关部门经理或分管副总经理对管理处部门主管。

（4）抽检　由公司品质管理部或主管部门专业人员每月不定期地对某些部门的某些岗位进行抽检，并将抽检记录在工作检查表中。抽检实行轮流抽检方式，原则上每个部门半年之内抽检不少于一次。抽检一次以上的取抽检的平均分数作为抽检分数。

（5）内审 由品质管理部每半年对公司及管理处进行一次全面的工作质量内部审核，并编制内部质量审核报告书。

（6）管理评审 由总经理对公司每年度的管理进行综合管理评审。一般情况下每年一次，特殊情况下进行追加评审。

4. 考评分数统计及划分奖罚分数线

（1）每月考评总分的统计 操作层员工月总分 = 日检平均分 × 40% + 周检平均分 × 20% + 月检分数 × 20% + 抽检分数 × 20%（设抽检到的员工分数所占比例分别为：50%、25%、25%）；非操作层员工月总分 = 周检平均分 × 40% + 月检分数 × 30% + 抽检分数 × 30%（设抽检到的员工分数所占比例分别为：60%、40%）。

（2）半年考评分统计 半年考评分 = 平均月考评分 × 80% + 内审评分 × 20%。未内审到的部门，其半年考评分为月考评的平均分。

（3）年终考评分统计 年终考评等于上、下半年的平均考评分 × 80% + 追加管理评审 × 20%。无追加管理评审的年终考评分为上、下半年平均考评分。

（4）设立奖罚分数线 奖罚分数线及奖罚标准是将工作业绩与个人效益挂钩的依据，因而设置必须合情合理。一般来说，绩效考评往往要试运行两三个月，根据运行的分数确定奖罚的分数线及奖罚标准。一般来说，可根据试运行统计所得的分数划分 4～5 个等级，其比例为两头小、中间大。其中，考评分数位于平均分以上的员工应根据所得分数适当上浮工资或采取其他奖励措施，而对于考评分数位于平均分数以下的员工适当下浮工资或采取其他处罚措施；但上浮总额与下浮总额应该基本相等，以保证公司工资总额的相对稳定。

7.4.4 任务实施

1. 准备工作

1）教师准备相关案例，课堂围绕案例进行讲解。

2）教师讲解安全注意事项、参观要求和报告撰写要求。

3）班级学生自由组合（每组 5～8 人）为几个学习小组，各学习小组自行选出小组长。

4）收集资料，联系相关物业管理企业。

2. 实施步骤

1）查阅资料（教材、期刊、网络），到物业管理企业绿化管理部门访谈调研。

2）调查小区绿化员工的服务管理情况。

3）调查小区绿化的操作管理情况。

4）调查小区绿化员工的培训情况。

5）调查小区绿化员工的绩效考评管理情况。

6）撰写调查报告。

7）小组代表汇报，其他小组和老师评分。

8）小组讨论，总结学习过程。

[阅读材料]

浅谈城市居住区绿化建设管理

1. 居住区绿化美化现状

（1）发展状况 随着城市的建设和发展，建成区的面积不断扩大，新建居住区如雨后春笋般拔地而起。居住区的绿化与城市建设、交通、卫生、教育、商业等，共同构成现代城市居住区的总体形象。居住区绿化是城市园林绿化系统的重要组成部分，是伴随现代化城市建设而产生的一种新型绿化。它最贴近生活、贴近居民，也最能体现"以人为本"的现代理念。在城市的大园林中占有相当的比重。据统计，居住区绿化面积的增长速度已远超其他公共绿化面积的增长速度，也创造了一定的生态效益，得到了广泛的重视，更深受小区居民的关心和瞩目。

（2）存在的问题　普通人是城市的主人，在景观设计和城市建设中应该得到关怀，而在城市美化思想指导下的绿化建设，强调的是纪念性、机械性和形式性、展示性。事实上，城市绿化的真正意义在于为城市居民提供一种休闲的生活及工作环境，而不是主题游乐。特别是在新建居住区中，真正为居民的生活和栖居而美化的社区并不多见。而大量出现的是：样板示范区导向的美化，目的是展示政绩，供人参观；商利导向的美化，试图通过美化招来住户。这两种导向都把居住者和居住环境作为展示品，忽略了环境美化对居住者的日常生活和居住的意义，导致居住区美化走入歧途。

1）自觉执行绿化法规的意识不够，尚未形成规范化管理。由于缺乏有效的保护管理措施，一些建设单位在经济利益的驱动下，改变了部分规划绿地的使用性质，如摆摊设亭，建存车棚、停车场等，绿地成了无视法规的挤占对象。宣传执法力度不够，管理办法落实不够，对随意折枝、摘花、伐树和车辆碾压绿地等行为，查处工作薄弱，无形中助长了侵占、蚕食、破坏绿地的行为，致使一些人绿化意识淡薄，法制观念极差。

2）绿化规划与快速发展的城市建设不相适应。一些开发商在报规划时，各项指标均符合要求，但具体到施工时，一些配套设施就发生了"计划赶不上变化"的现象。待到投入使用时，问题接踵而至，例如停车场问题、商业配套设施问题等。为了缓解矛盾，开发商不得不考虑补扩建，而补扩建的唯一办法就是挤占绿地。

3）管理体制不顺，经费明显不足。建成区的居住区绿化，有时因为产权和管理范围交接不明晰，责任不清而造成管理不到位。依照法规规定，小区绿化建设和养护经费应由房屋产权单位负责。但由于目前实行房改，房屋产权多样化，至今养护经费不能落实。如果此类问题得不到解决，包袱越背越重，势必会造成将来承受不了而被迫弃管。另外，有一些市政工程，在居住区或重点大街的施工过程中，毁坏树木、占用绿地、不缴纳绿化损失费，无形中恶化了绿化养护环境，影响了整体绿化水平的提高。

2. 营造最佳人居环境的措施

（1）规划设计是关键

1）严格执行规划设计要求。要想提高新建居住区绿化的美化水平，就必须做到规划设计合理，规划到位，建设过程中严格执行规划设计要求。如执行居住区绿化面积占小区总面积的30%，居住小区集中绿地面积人均 $2m^2$ 的要求；必须具有一定数量的游憩康体设施，供居民游憩赏景及进行各类活动的公共绿地。

2）配套设施完善，综合功能齐全。居住区的基础设施除了绿地外，还应包括教育设施、商业网点、卫生保健、娱乐场所、行政管理、市政公用设施等。

3）规划要有超前意识，留出一定比例的待建用地。

4）居住区的绿化规划设计要注重创新，注重经济实用，注重管理，注重绿化设计手法。

（2）增加投资是提高绿化水平的重要保障　绿化经费投入"一定终身"或一次性使用的办法，都可能造成绿化水平的参差不齐和管理水平的逐年滑坡。建立稳定的、多元化的小区绿化建设和养护管理资金渠道，是提高新建居住区绿化美化水平的重要保障。所以，小区开发商应加大绿化投资力度，同时也要建立多渠道的资金筹集机制，鼓励和引导社会资金用于小区的绿化建设和管理，这也是提高新建居住区绿化水平的有效途径。具体可采取如下措施：

1) 单位自管房屋，可按有关条例规定，由该单位按年度制定支出预算。物业公司或房管站管理的房屋，则由物业公司或房管站制定支出预算。无论由谁管理，都要确保绿化养护经费足够到位。

2) 本着"谁受益，谁投资"的原则，在居民中筹集一定数量的绿化养护经费，按照物业有关管理规定的标准收取绿化费。使居民既尽了义务，又对绿地增加了一份责任和情感。

3) 分清职责，加强对居住区绿化的保护和管理。园林绿化部门要认真履行政府管理职能，对居住区的绿化管理制定切实可行的具体办法，依法加强管理；并制定养管标准，开展检查评比活动，奖优罚劣。街道办事处和居委会要把监督管理绿化作为己任，纳入工作日程。房屋产权单位或物业公司是居住区绿化的责任单位，一方面要安排好绿化养护经费，组织专业力量进行规范有效的养护管理；另一方面要接受园林绿化管理部门或街道办事处的监督检查和指导，使工作不断改进和加强。

4) 对于尚未实行物业管理的小区，居民委员会要采取新的有效措施，积极鼓励认建认养绿地的活动，增强居民爱绿、护绿意识。

5) 实行养护招投标，走有特色的市场化道路。实行养护招投标是真正实现养管分离、节约养护成本、确保绿地养护质量的有效途径。

(3) 完善绿地养护管理制度是提高新建居住区绿化水平的重要保证 以前由于管理体制不顺，养管主体单位不明确，责任不清，出现了"一年绿、二年荒、三年光"的现象。为了避免此现象发生，在房屋产权单位多样化的今天，对新建居住区的综合管理，应由开发商组织物业公司进行管理。物业公司可自管，也可委托具有一定实力、资质的专业部门管理，但绿化行政管理单位一定严把质量关，实行养管责任制，明确责任，并执行绿化养护考核标准，加强各项养护措施并进行现场指导和监督。

(4) 多管齐下，确保绿地安全，是提高绿化水平的有效措施

1) 要强化全民绿化意识，充分利用媒体，利用植树节设立宣传、咨询站，提高公众爱护绿化成果的自觉性，力戒有法不依的现象，坚持不懈地对群众进行绿化法规的宣传、教育和引导，特别是对青少年的教育，让他们从小就懂得绿化的功能和作用，绿化造福人类的思想家喻户晓。

2) 加大执法力度，严格依法行政，遏制破坏绿化的违法犯罪行为，严格控制树木的伐移审批手续。凡不按绿化法规缴纳有关费用的单位和个人，不予办理绿化审批手续；凡单位庭院尚未达标的，一律从严审批开工项目；凡挤占破坏绿地的，一律限期腾、辟出绿地，由绿地部门统一规划，实施绿化，从而有效保护绿化成果。

3) 加强植保和养护技术研究，提高绿地养护的科技含量。为确保居住区绿地植保工作的规范有序和实效性，应下大气力做好绿地病虫害预测预报，生物天敌的试验和应用，生物防治方法的推广工作。目前，随着养护管理范围的不断扩大，植保和养护工作的量和难度不断扩大，应进一步充实植保养护的专业技术力量。

(5) 应用多种植物材料，提高居住区绿化的品位 居住区绿化经过多年的实施、总结和应用筛选，形成了适合的乔、灌、草配套的基调树种，特别是推广应用了一些适合居住区特点的植物品种。如金丝桃、金丝梅、八仙花、凤尾竹、火棘、丝兰等，这些植物体量适中，耐阴湿，速生，具备自我维护的功能。居住区内还保存了丰富的花灌木，如锦

带花、黄金条、榆叶梅、斗球等，常用品种有100种。但是，随着居住区绿地的迅速发展，这些品种被反复使用，给人以雷同感，继续丰富和扩大植物的应用品种，是目前的重要任务。在后面的工作中，一是要增加观花植物，如木本的杜鹃、茶花、茶梅、牡丹、月季等；二是要提倡自然植被，即以铺设的草坪生长高度为标准，允许多品种共存，以降低养护成本。

3. 正确处理好几种关系

（1）处理好规划与建设的关系 居住区绿化水平的高低，主要看规划起点的高低。凡要建成高标准的绿化环境，既要有足够的土地，又要有资金。若不具备这两点，再高明的设计者、施工者也难为"无米之炊"。绿化所需之地来源于规划，规划要具有前瞻性，只要努力追求，就能够争取更多的绿化用地。

（2）处理好居住区绿地建设与城市自然保护的关系 居住区绿地是城市绿地的重要组成部分，也是城市的主要开放空间，是城市生态系统和生态平衡的可能载体，由此也成为了开展城市自然保护的主要场所。城市自然保护包括城市地区生物多样性和自然景观保护两个方面，它不是简单的植树种草，而是要将自然生态引入城市空间。通过城市绿地在城市这种开发强度很高的地区开展自然保护活动，必须对城市绿地进行有效组织，实施绿地景观的生态重建。

（3）处理好建设与管理的关系 绿化成果向来是"三分种，七分管"，这也充分说明了养护管理的重要性，小区绿化同样如此。但就目前状况而言，"重建轻养"的现象较为普遍，更有甚者只建不管，甚至弃管，把好好的一处绿地弄得面目全非。当然，多数居住区的管理还较完善，那是在当今房屋制度改革的大好形势下，开发商和物业公司深刻认识到环境质量的好坏，直接影响到广大居民的切身利益。我们要总结推广好经验，对于管理不到位的单位，依法严加管制。同时，政府绿化管理部门也要加大监督检查的力度。

（4）处理好绿化与居民的关系 小区绿化的最直接服务对象就是本区居民。因此，在规划设计阶段，首先要考虑广大居民的需求、地理环境，创造自然优美的居住环境，促进居民自身素质的进一步提高。另外，加强宣传教育，提高民众的文明素养，增强绿化意识，使大家自觉参加到绿化养护和保护的公益事业上来。

总之，居住区的绿化美化工作，只要严格遵循总体规划的原则，体现绿化设计的最佳效果，实行规范的施工程序，强化有力的养护管理措施，加大资金投入和宣传，以及执法力度，定能使城市居住区绿化的美化工作再上新台阶。

项目小结

本项目包括4个任务：小区绿化管理基本运作模式、小区绿化接管验收、小区绿化质量管理、小区绿化内部管理，主要内容如下。

任　　务	基本内容	基本概念	基本技能
7.1　小区绿化管理基本运作模式	小区绿化管理的内容和特点、小区绿化管理模式、小区绿化管理费计算、小区绿化管理项目的发包、小区绿化管理的基本要求	前期介入、外包式管理、自行管理、一般住宅小区、高档住宅小区	能够按基本运作模式进行小区绿化管理

任　务	基本内容	基本概念	基本技能
7.2　小区绿化接管验收	新建小区绿化的接管验收、原有小区绿化的接管验收	接管验收	会对小区绿化进行接管验收
7.3　小区绿化质量管理	小区绿化物资采购质量标准、小区绿化质量评价标准、小区绿化质量控制	质量标准、质量控制	能够对小区绿化进行质量管理
7.4　小区绿化内部管理	绿化员工服务管理、绿化员工操作安全管理、绿化员工培训、绩效考评管理	服务管理、绩效考评	会对小区绿化员工进行内部管理

 思考题

1. 小区绿化管理的部门经理、技术人员和管理人员的职责各有哪些？

2. 小区绿化管理的内容主要有哪些？

3. 绿化管理质量评价标准一般包括哪些方面的内容？

4. 如何进行绿化管理质量控制？

5. 绿化员工服务管理包括哪些方面的内容？

6. 简述绿化员工入职培训的主要内容。

7. 什么叫绩效考评？如何对绿化员工进行绩效考评？

 测试题

1. 名词解释

（1）绿化管理

（2）前期介入

（3）接管验收

（4）质量控制

（5）绩效考评

2. 填空题

（1）小区绿化管理的特点是：具有前期介入的_____性、管理模式的_____性，具有_____性，具有_____性，具有_____性。

（2）小区绿化自主管理模式，物业公司设绿化部，绿化部下设_____组、_____组、_____组。

（3）小区绿化的接管验收包括_____小区绿化和_____小区绿化的接管验收。

（4）小区绿化管理质量检查按周期分为_____、_____、_____、_____。

（5）物业公司的内部管理包括_____、_____、_____、_____四个方面。

3. 选择题

（1）物业管理属于_____行业。

A. 生产性   B. 服务性   C. 旅游性   D. 行政管理

（2）小区绿化管理的前期介入是为了_____。

A. 避免绿化设计、施工的不完善   B. 收取绿化养护费

C. 避免业主将绿地改作他用   D. 提前进入养护期

（3）小区绿化管理模式采用自主管理模式，是因为_____。

A. 易于控制成本   B. 小区范围大

C. 机构干练   D. 灵活性强、管理方便

（4）小区绿化管理中对员工服务的管理是为了_____。

A. 员工技术更熟练   B. 提高服务质量

C. 提高工作效率   D. 更好地管理员工

（5）对非操作层员工的绩效考评，应重点考评_____。

A. 工作态度   B. 工作纪律   C. 工作技能   D. 组织管理能力

项目8

常见园林机具

学习目标

技能目标：能识别各类园林手工工具；会使用园林机具；会维修保养园林机具；能排除常见的园林机具故障。

知识目标：了解常用园林机具的种类；了解园林机具维修保养知识；了解常用园林机具的故障；熟悉园林手工工具的性能特点；掌握常用园林机具的使用方法；熟悉园林机具常见故障的排除方法。

任务8.1 常用园林手工工具

8.1.1 任务描述

园林手工工具是指非机械类的园林工具。市场上的园林手工工具品种繁多，规格齐全，如何选购合适的手工工具是首先要解决的问题。本学习任务是认识常用园林手工工具，了解常用园林手工工具的种类，掌握常用园林手工工具的性能特点，能够识别各类园林手工工具。

8.1.2 任务分析

在小区绿化的养护管理作业中，需要使用大量的具有各种功能的手工工具。这些手工工具一方面成本低，能满足各种作业需要，使用维护都很方便，对使用者没有特殊的技术要求，一般无需进行专门的系统培训，因此使用很普遍；另一方面，这些不同用途的手工工具可以调节人们紧张的生活节奏，成为现代社会一部分人的休闲工具，甚至融入了娱乐的色彩，增添了人们的生活情趣。完成本任务需要掌握的知识点有：手工工具种类，手工工具用途等。

8.1.3　相关知识

8.1.3.1　裁截工具类

1. 剪

剪主要用于修剪枝条、树叶、树根，裁剪花材等，包括枝剪、小叶剪、大草剪、大力剪、高枝剪等。

1）枝剪。主要用于修剪较小的枝条。

2）小叶剪。一般用于修剪较小的植物叶片或较细嫩的枝条。

3）大草剪。主要用于修剪绿篱或面积较小的草坪草边、灌木周围的草等。其特点是修剪较精确，易于控制，但效率太低，大范围修剪不宜使用。

4）大力剪。用于剪截干径1~5cm的较大枝条或较硬枝条，具有省力、便捷的特点。

5）高枝剪。用于修剪高空中或远距离的较小枝叶，分为拉绳式与传导式两种。

① 拉绳式高枝剪通过连在刀耳上的绳及弹簧对剪刀进行控制，具有可伸缩性，能剪较大的枝条，但较为笨重，使用不太方便。

② 传导式高枝剪通过置于延长杆内的钢丝对剪刀进行控制，整个构造较为轻便，操作起来较为方便，但不能伸缩，不能剪太大太硬的枝条。

2. 园艺锯

园艺锯主要用于较大枝条的修剪，包括截锯、高枝锯等。

1）截锯。用于近距离人工截断较大的枝条。

2）高枝锯。用于远距离修剪高空中较大的枝条，一般具有伸缩性的延长杆。

3. 嫁接刀

嫁接刀主要用于嫁接时取芽、削接穗，包括芽接刀、切接刀。

1）芽接刀。用于芽接时取接芽，由刀刃、把柄、骨片组成。

2）切接刀。用于枝接时削接穗，由刀刃、刀把组成。

8.1.3.2　喷淋工具类

1. 水管车

水管车用于日常移动淋水或冲洗植物，一般需要与洒水枪及专用转换接头配合使用，具有轻便、美观、高效率、节约水、易于控制的特点。它由车架、水管、水管转换接头、水管阳接头、水管阴接头及延长连接头几部分组成。

2. 人工高压喷壶

人工高压喷壶用于小范围的植物叶面喷雾、施叶面肥、喷药，具有方便、快捷、安全的特点，但容量较小。

3. 人工喷雾壶

人工喷雾壶用于较大范围的人工喷药，一般容量较大（10~20L），是常用的喷药设备。

4. 人工喷雾器

人工喷雾器用于大田或大范围喷药，它的雾化程度较低，喷头较易损坏，但较便宜。

5. 可移性定点补水器

可移性定点补水器一般与水管车配合使用，其接头与水管车接头相同，通过水压转动补水器上的喷嘴进行喷淋。

8.1.3.3　挖掘工具类

1. 铲

铲有直铲和弧形铲两类。

1）直铲力度较小，用于铲草坪及大片的浅根杂草，或用于修整草边、苗畦等。

2）弧形铲力度较大，多用于铲泥或挖掘。

2. 锄头

锄头有多种类型，主要用于挖坑、翻土等。

3. 大力锹

大力锹用于挖掘、截断苗木枝根。

4. 耙

耙一般用于松土、除草等。

8.1.3.4　其他手工工具

1. 手推施肥机

手推施肥机用于较广阔地域的草坪施肥，通过轮子前进时带动上面的施肥器将肥料高速抛出而达到施肥效果，具有效率高、施肥均匀、施肥量准确的特点。

2. 辅助工具

辅助工具主要包括清除杂草用的小铲或螺钉旋具，草坪铺沙用的沙耙、水桶，插花用具及水瓢、小板车、斗车等。

8.1.4　任务实施

1. 准备工作

1）教师准备相关案例，课堂围绕案例进行讲解。

2）教师讲解安全注意事项、参观要求和报告撰写要求。

3）班级学生自由组合（每组5～8人）为几个学习小组，各学习小组自行选出小组长。

4）收集资料，联系相关园林机具销售门店。

2. 实施步骤

1）查阅资料（教材、期刊、网络），到相关园林机具销售门店参观。

2）了解各类园林手工工具的外形、性能。

3）了解各类园林手工工具的价格及销售情况。

4）撰写调查报告。

5）小组代表汇报，其他小组和老师评分。

6）小组讨论，总结学习过程。

任务8.2　常用园林机具

8.2.1　任务描述

园林机具是园林作业现代化的重要标志。市场上的园林机具品种繁多，规格齐全，如何选购合适的园林机具是首先要解决的问题。本学习任务是认识常用园林机具，了解常用园林机具的种类，掌握常用园林机具的性能特点，能够识别各类园林机具。

8.2.2　任务分析

随着科学技术的发展和生活水平的提高，现在不少绿化管理工作已经实现了机械化或自动化操作，越来越多的园林机具被应用于绿化管理中。掌握园林机具的使用方法及维修保养方法，是绿化工作者的基本技能之一。正确使用园林机具，可以显著提高绿化管理的工作效率与工作质量，达到事半功倍的效果。完成本任务要掌握的知识点有：园林机械种类与用途等。

8.2.3　相关知识

8.2.3.1　草坪机具类

1. 剪草机

剪草机的种类很多，常用的类型有旋刀式、滚刀式、气垫式等。

（1）旋刀式剪草机　旋刀式剪草机通过刀片的水平高速旋转将草割断，有自行式和手推式两种类型。它由发动机、刀盘、刀片（1~3片）、刀盘外盖、集草器及控制扶手等组成。旋刀式剪草机剪草较快，价格便宜，但剪草精度较差，通常用于坡度不大、要求不高的普通草坪。

（2）滚刀式剪草机　滚刀式剪草机通过转动的滚刀与固定的底刀相挤压将草剪断。滚刀式剪草机的剪草精度一般较高，可精确到 3~5cm，一般用于要求较高的专业草坪，如高尔夫球场、草地网球场等，滚轴可滚压草坪草，加快草坪成坪。

（3）气垫式剪草机　气垫式剪草机依靠高速旋转的刀片鼓出的风将剪草机浮于草坪上而对草坪草进行修剪，是一种使用混合油的二冲程剪草机，主要由发动机、刀盘及控制杆组成。气垫式剪草机具有轻便、移动灵活、受地形影响不大的特点，一般用于要求不高的坡地及湿软地面。

2. 草坪打孔机

草坪打孔可使草根通气、渗水，促进草根对地表营养的吸收，还可切断根茎和匍匐茎，以刺激新的根茎生长。草坪打孔机是草坪打孔的专用机具，打孔机利用打孔管轴上的金属管前进时插入泥土中并带出泥，从而使草坪土壤形成一个个直径约为1cm的孔。

3. 割灌机

割灌机是用于修剪小灌木及地形复杂的草地、草边等的机具，一般由发动机、传导轴杆、控制铁杆、扶柄、刀盘、刀片等组成。

4. 疏草机

疏草机通过高速旋转的疏草刀片垂直切割，将过密的草及表层土壤沿垂直方向切断，并将草坪下层的干枯草垫挖出，这么操作的主要目的是增加草坪的透水性与透气性，促进草坪草抽发新根。疏草机由机头、刀轴及刀片、驱动轮、控制杆几部分组成。

8.2.3.2　剪截机具类

1. 绿篱机

绿篱机是用于修剪大面积绿篱及造型灌木的机具，一般由发动机、连杆、控制杆及刀片组成，分为电动及油动两类。油动绿篱机一般是二冲程，使用混合油，噪声较大，并有废气排放，但不受电源分布影响，方便野外作业；电动绿篱机噪声小，无废气排放，但受电源分布影响，且使用时易发生割断电线的事故。

2. 油锯

油锯是以混合油为燃料的手提式二冲程机动截割工具,用来截断直径较大的植物茎干,由机头、握杆、长形锯头及链状锯条组成。

3. 手提式电锯

手提式电锯是利用电能作为能源的割锯,用于截断较大的木材或植物茎干。它由小型电动机、锯片、护盖、手柄及电源线组成。

8.2.3.3　园林喷雾机具

1. 常用的喷雾机具

(1) 液力喷雾车　液力喷雾车是以液力喷雾法进行喷雾的多功能喷洒车辆,以汽车作为动力和承载体,车上装有给药液加压的泵、药液箱和喷洒部件等。

(2) 气力喷雾车　气力喷雾车是以汽车为动力和承载体的气力喷雾设备。车上除安装加压泵、药液罐、喷洒部件外,还装有轴流式风机。工作时,轴流式风机产生高速气流,将被加压泵加压后从喷头喷出的雾滴进一步破碎雾化,并吹送到远方。

(3) 手动喷雾器　手动喷雾器有液泵式和气泵式两种。

1) 手动液泵式喷雾器(图8-1)。手动液泵式喷雾器以液泵作为加压泵,由药液桶、手动活塞泵、空气室及喷洒部件组成。工作时,扳动摇杆,通过连杆机构作用使活塞杆带动活塞,在泵筒内做上下运动。

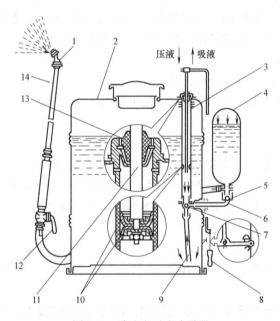

图8-1　手动液泵式喷雾器

1—喷头　2—药箱　3—泵体　4—空气室　5—出液球阀　6—出液阀座　7—进液阀座　8—摇杆手柄　9—吸液管
10—皮碗　11—活塞杆　12—开关　13—泵盖　14—喷杆

2) 手动气泵式喷雾器(图8-2)。手动气泵式喷雾器的结构特点是不直接给药液加压,而是通过装在药液桶内的气泵将空气打入密封药液桶的上部,利用压缩空气对液面的压力将药液从喷头喷出。

2. 背负式喷雾喷粉机

背负式喷雾喷粉机(图8-3)是一种多用途的病虫害防治机具,更换不同的喷洒部件便可以完成气力喷雾、离心喷雾和喷粉作业，由发动机、风机、药液箱及操纵机构等组成。工作时，发动机驱动风机高速旋转，风机产生的大量气流从风机出风口排出，经蛇形管、直喷管，从喷头喷出。少量气流经上风管进入药液箱对药液加压，药液在压力的作用下，经输液管到达气动喷头，从喷头喉管处的喷嘴周围的小孔喷出。喷出的粗液滴被风机产生的强大气流冲击、破碎，弥散成细小的雾滴，并吹向远方。

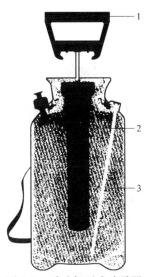

图8-2　手动气泵式喷雾器
1—手柄　2—气泵　3—筒体

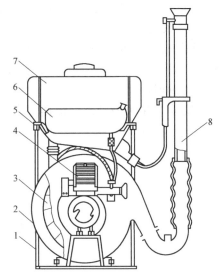

图8-3　背负式喷雾喷粉机
1—下机架　2—离心风机　3—风机叶轮
4—汽油机　5—上机架　6—油箱
7—药液箱　8—喷施部件

8.2.3.4　园林灌溉机具

1. 喷灌系统

喷灌系统由水源、水泵、动力、管路系统、喷头等组成。现代喷灌系统还可以设置自动控制系统，以实现作业的自动化。

（1）水源　城市绿地一般采用自来水作为喷灌水源。

（2）水泵与动力　水泵是对水加压的设备，水泵的动力和流量取决于喷灌系统对喷洒动力和水量的要求。园林绿地一般由城市电网供电，可选用电动机作为动力。

（3）管路系统　管路系统的作用是输送压力水至喷洒装置，应能承受系统的压力。

（4）喷头　喷头是把具有压力的集中水流分散成细小水滴，并均匀地喷洒到地面或植物上的一种喷灌专用设备。

（5）自动控制系统　在自动化喷灌系统中，按预先编制的控制程序和植物需水要求的参数，自动控制水泵起闭和自动按一定的轮灌顺序进行喷灌所设置的一套控制装置，称为自动控制系统。

2. 微灌系统

微灌是利用低压管路系统将压力水输送并分配到灌水区，通过灌水器以微小的流量湿润植物的根部附近土壤的一种局部灌溉技术。微灌系统由水源、首部枢纽、滴水器、微灌管道及管件等组成。

（1）首部枢纽　首部枢纽包括水泵、动力机、肥料及化学药品注入设备、过滤设备、压力及流量测量仪器等。

（2）滴水器　滴水器是微灌系统的执行部件，它的作用是将压力水用滴灌、微灌、渗灌等不同的方式均匀而稳定地灌溉到植物根系附近的土壤中，可分为滴头、滴灌带、微喷头、渗灌管、涌水器等。

（3）微灌管道及管件　微灌系统通过各种规格的管道和管件组成输配水管网。各种管道和管件在微灌系统中的用量很大，要求能承受设计工作压力，抗腐蚀、抗老化能力强，加工精度要达到使用要求，安装方便、可靠，价格低廉。

3. 自动化灌溉系统

自动化灌溉系统在运行时，不需要人直接参与控制，而是通过预先编制好的控制程序和根据作物需水参数自动起闭的水泵和阀门，按要求进行轮灌。自动化灌溉系统包括中央控制器、自动阀门、传感器等。

（1）中央控制器　中央控制器可根据预先设定的灌溉程序，向电磁阀发出点信号，开启和关闭灌溉系统（图8-4）。

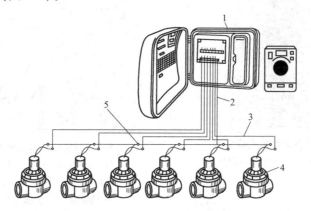

图8-4　中央控制器与电磁阀接线图
1—中央控制器　2—公用线　3—火线　4—电磁阀　5—防水接头

（2）自动阀门　自动阀门的种类有很多，按其驱动力不同有电磁阀（图8-5）、水动阀；按其功能不同有起动阀、截止阀、逆止阀、体积阀、顺序阀等。

8.2.4　任务实施

1. 准备工作
1）教师准备相关案例，课堂围绕案例进行讲解。
2）教师讲解安全注意事项、参观要求和报告撰写要求。
3）班级学生自由组合（每组5~8人）为几个学习小组，各学习小组自行选出小组长。
4）收集资料，联系相关园林机具销售门店。

2. 实施步骤
1）查阅资料（教材、期刊、网络），到相关园林机具销售门店参观。
2）了解各类园林机具的外形、性能。
3）了解各类园林机具的价格及销售情况。
4）撰写调查报告。
5）小组代表汇报，其他小组和老师评分。
6）小组讨论，总结学习过程。

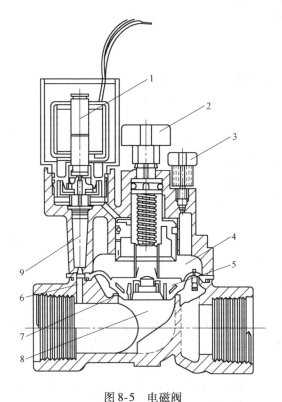

图 8-5　电磁阀

1—电磁头　2—流量调节手柄　3—外排气螺钉　4—电磁阀上腔
5—橡胶隔膜　6—导流孔　7—隔膜座　8—电磁阀下腔　9—金属塞

任务8.3　园林机具的使用范围及注意事项

8.3.1　任务描述

园林机具种类很多，性能各异，使用范围各不相同。熟悉园林机具的使用范围和注意事项是保证机具能高效、优质、低耗、安全地用于生产的关键。本学习任务是了解各类园林机具的使用范围，熟悉各类园林机具使用的注意事项，能够正常使用各类园林机具。

8.3.2　任务分析

通过课堂教学、查阅资料（教材、图书、期刊、网络）、现场教学、小组讨论等，在老师的指导下完成学习园林机具的使用范围及注意事项的任务。完成本任务要掌握的知识点有：水管车、手工工具、剪草机的使用范围，园林机具使用注意事项等。

8.3.3　相关知识

8.3.3.1　各类园林机具的使用范围

1. 水管车的使用范围

水管车常用于庭院植物的淋水、洗叶、洗地，以及花场花木淋水、草地定点补水等。

237

2. 园林手工工具的使用范围

（1）高枝剪 拉绳式高枝剪用于修剪直径 3cm 以下的高枝，传导式高枝剪用于修剪直径 1cm 以下的高枝或远枝。

（2）高枝锯 用于修剪直径 5～10cm 的高枝。

（3）大力截枝剪 用于修剪直径 2～5cm 的枝条。

（4）截锯 用于修剪直径 5cm 以上的枝条。

3. 剪草机的使用范围

（1）旋刀式剪草机 用于修剪二级以上且坡度不大于 15° 的草坪。

（2）滚刀式剪草机 用于修剪一级以上的草坪。

（3）气垫式剪草机 用于修剪坡度 45° 以下的坡地草坪或松软地面的草坪。

8.3.3.2 园林机具使用注意事项

1. 做好人员培训

人员培训是指对机具操作者进行培训。通过培训，操作者应熟悉机具的性能、参数、结构、基本工作原理、调整和维修保养等知识，同时还应熟悉使用该机具进行作业的内容、使用范围及安全使用知识。

2. 制定规章制度

物业公司依据机具的性能、原理及作业特点制定规章制度，为安全、正确、顺利地使用机具进行作业提供了管理依据。规章制度既是对使用者的约束，也是规范管理行为的准则。

3. 作业准备

（1）操作人员的准备 操作人员应认真阅读使用说明书，熟悉机具的结构及操作、控制机构。按作业内容穿戴合适的劳动防护服装，不佩带影响安全的饰物，不披散长发，不饮酒。

（2）机具准备 检查机具各部件有无松动，检查机具各传动及旋转装置的防护罩、防护板是否完整、坚固、有效。机具在起动和行走前应处于空档或离合器分离位置，工作部件的离合装置也应处于分离位置。检查润滑油液位，检查燃油液量。按说明书要求配兑汽油与润滑油，随身携带维修工具和易损件。

（3）勘察作业区域 操作前应仔细勘察作业区域，清除地面障碍物，如砖头、石块、建筑垃圾；熟悉作业区域地形，特别是斜坡、坑洼等特殊地形。若是高处作业，应对作业区域上方的电线、广告牌多加注意。

（4）正常作业 作业过程中应注意下列问题：

1）机具状况。在起动发动机前，应分离传动装置的离合器，待发动机平稳起动、正常运转后，才能平稳结合离合器。作业过程中，应随时观察机具是否出现异常响声、振动或气味；仪表盘显示是否正常。若出现异常现象，应立刻停机，检查原因，并经有效处理后才能继续作业。

2）作业质量。在作业过程中，应随时目测检查作业质量，并应定时停机检查。作业质量往往最能反映工作部件的状态，如通过观察割茬的整齐度可以判断刀片是否锋利。若需检查旋转或运动部件，必须先停机后检查，以保证安全。

3）停机加油。作业过程中添加燃油一定要先停机、后加油，绝不要在发动机运转时添加燃油。加油完毕，需擦干洒在油箱外表的燃油，绝不允许工作中抽烟或让明火靠近。

4）更换部件。在作业过程中更换部件或零（配）件的，应在停机一段时间后再进行，以防止因惯性而继续旋转或运动的部件碰伤人体。按照说明书规定的程序拆卸原工作部件并换装新的工作部件。拆装时应注意保存好各部件与主机的连接螺钉、销轴、卡箍等。在进行擦拭、清洗、检查、维修、调校机具等工作之前，应将发动机熄灭，拔掉火花室高压线，并使高压线接头远离火花室，以避免机具意外起动而造成人身伤害。

8.3.4 任务实施

1. 准备工作

1）教师准备相关案例，课堂围绕案例进行讲解。

2）教师讲解安全注意事项、参观要求和报告撰写要求。

3）班级学生自由组合（每组 5~8 人）为几个学习小组，各学习小组自行选出小组长。

4）收集资料，联系相关园林机具销售门店。

2. 实施步骤

1）查阅资料（教材、期刊、网络），到相关园林机具销售门店参观。

2）了解各类园林机具的使用范围。

3）了解各类园林机具的使用注意事项。

4）撰写调查报告。

5）小组代表汇报，其他小组和老师评分。

6）小组讨论，总结学习过程。

任务 8.4　园林机具的维修保养

8.4.1 任务描述

为了延长园林机具的使用寿命，保证操作人员的安全，应按各种机具的说明书要求做好定期检查，严格遵守操作规程，做好机具的保养，并对产生故障的园林机具及时维修，确保机具的正常运作。本学习任务是维修保养园林机具，了解园林机具维修保养的知识，掌握园林机具维修保养的方法，会维修保养园林机具。

8.4.2 任务分析

一般来说，园林机具出了较大的故障时应由专业维修人员维修，但作为一名绿化工作者，为了方便日常工作及确保机具得到正常使用，也应掌握简单的维修保养技术。完成本任务要掌握的知识点有：班后保养，手工工具的保养，园林机具的保养，园林机具的故障排除，园林机具工作部件的常规修理等。

8.4.3 相关知识

8.4.3.1 班后保养

班后保养是指完成当天作业任务后，对园林机具进行的维护保养。具体保养任务如下：

1. 擦拭

首先应将机具的外表擦拭干净，能够清楚地看清机具的各部位，以便确定有无损坏和碰伤；对切削部件应清除塞在上面的土、草等杂物，并擦拭干净。

2. 检查

检查各部件的状态，检查有无松动、损坏和碰伤，并认真检查切削部件有无裂缝、刃部是否磨钝或损坏。

3. 紧固和更换

对检查出现的问题应逐一解决：紧固松动的螺钉和销钉；对能及时修复的零（部）件应立即修复，不能及时修复的应及时更换；对切削部件要及时打磨，恢复其工作能力。

4. 加润滑油

按说明书要求，对运动配合部位、轴承等各润滑点加润滑油。

5. 做好记录

填写工作日志，记录当日所完成的工作、遇到的问题及解决的办法，并详细记录作业中出现的故障及排除方法。

8.4.3.2 手工工具的保养

1. 防锈

使用后应及时擦洗干净，涂上防锈油，要保证各工具动作灵活，无生锈现象。

2. 保管

各工具应归类存放，存放在干燥、清洁的环境中。建立工具使用卡，完善使用登记制度，及时维修已损坏的工具，保证工具的完好率，提高工具的使用效率。

3. 打磨

园林手工工具多数用于砍、劈、截、削等作业，一般具有刃、齿，打磨的作用就是使刃或齿更加锋利，使用起来更加省力和快捷。

8.4.3.3 园林机具的保养

1. 汽油机保养

（1）润滑油　使用 SAE30 润滑油，新机具使用 5h 后应更换润滑油，磨合后每使用 50h 更换一次，并保证液位正确。

（2）汽油　使用 90 号以上汽油，汽油在油箱中贮存期不超过 1 个月，否则可能因汽油变质而引起化油器故障。

（3）空气滤清器　空气滤清器一般是双层气滤，分为泡沫层和纸芯层。泡沫层每 25h 用水清洗一次；纸芯层每 100h 清理一次，如发现破损，应及时更换。

2. 草坪机具维护保养

1）使用前应充分检查刀盘、皮带及其螺钉是否松动，油管、油箱有无漏油，响声是否正常，确保机具状态良好方可使用。

2）对变钝或受损的刀片应及时打磨或更换，其中滚刀式剪草机的刀片每工作 50h 应用独立发动机反向带动，并加入磨刀砂磨刀。

3）机具每连续运行 90min 应休息 15min。

4）剪草前应将草坪上的石块、杂物彻底清理干净。

5）机具的链条、滚轴等转动部位每两个月加一次润滑油。

3. 割灌机的维护保养

（1）新机磨合　新机的工作速度不能过快，尽量避免工作件受到冲击载荷。一开始不加负荷运转 0.5h，然后割杂草等 1h，接着割杂草及直径 1 ~ 1.5cm 的小灌木 2.5h，最后割直径 3cm 以下的小灌木 2h。各部位螺钉要时常紧固，定时检查各部位的发热情况及有无异常响声。禁止油门突然变化，禁止空载及大负荷下高速运转。

（2）班保养　清理整机表面的油污及灰尘，以热水洗净锯片或刀片上的树脂和草渍，擦干并及时整修。套管内的橡胶滚针轴承处每 50h 加润滑油一次，离合器壳体油嘴每两班加润滑油一次。检查油管接头是否松脱、漏油，压缩压力是否正常。检查外部紧固螺钉是否松动。清洗空气滤清器。

（3）50h保养 完成班保养后，清洗油箱、油断路器、化油器浮子室。清洗变速箱，并更换润滑油。清除火花室和消音器中消音管的积炭。拆下导风罩，清除罩内缸盖、缸体、散热片间的草渍及油污。无触点磁电动机应清除控制盖、电容器上的油污，检查线路和绝缘情况。

（4）100h保养 完成50h保养后，检查离合器磨损情况，检查油封是否漏油。将发动机拆开，检查并清洗缸盖、缸体、曲轴连杆组件及化油器。拆开变速箱盖，将内部清洗干净，晾干，加注新润滑油。

（5）500h保养 将发动机及各部件全部拆开，清洗、检查各部件磨损情况，根据磨损情况进行更换或修理。

（6）长期保存 擦洗全机，气缸内注入少量润滑油，变速箱更换新润滑油脂。锯片、刀片修磨后涂上黄油。适当包装，放在干燥通风处。

4. 背负式喷雾喷粉机的日保养

1）将药液箱内的残余药液清除干净。

2）进行离心式喷雾作业时，用柴油或水清洗药液箱、箱盖、输液管、手把开关和流量阀，以保证药液畅通。

3）喷头每3d保养一次，清洗轴承和加润滑油脂，清除机具表面的灰尘、油污、残留药液。

4）拆下空气滤清器，用汽油洗净。

5）拆下粉门，清除固定板与开闭板之间的积粉，装上粉门后检查粉门的开闭是否灵活，并及时调整。

6）检查各部位紧固件有无松动、丢失，并及时修复。

7）检查电路系统各接头有无松动或断线，并及时修复。

5. 园林机具的封存与保管

园林机具的使用具有季节性的特点，因而有些机具会有较长时间的闲置。闲置时如保管不善，也会导致损坏和零（部）件丢失，其间的损失有时会超过使用时期的损失。在实际工作中，经常是只重视主机的保管，而忽视对机具的保管，造成锈蚀、变形、丢失，影响再次使用所以应特别强调对机具的保管。

1）建立健全机具的存放保管制度，防止因乱拆乱卸而造成零（部）件的丢失和损坏。

2）机具应放置在专业的库房内。若条件有限，至少应将机具放置在顶棚完好的棚舍下。存放地点应地势较高，地形平坦，出入方便，四周排水良好，防止雨季积水浸泡。

3）轮胎、皮带、输送带、胶管等应从机具上卸下，存放在室内，以防老化。

4）长刀杆、长轴等细长零件应垂直悬挂在墙上或架上，以防变形。

5）对裸露的工作部件应涂油防锈，对调整丝杠、调整螺栓等也应涂油防锈。对油漆脱落的机具，存放前应重新刷漆，防止锈蚀。

存放期间机具应排放整齐、平整，防止因受力不匀而变形。对有升降两个位置的机具工作部件，应处于降下位置。对金属轮或与地面接触的部件应垫上木板，以防锈蚀。

8.4.3.4 园林机具的故障排除

故障是指在机具使用过程中出现影响正常工作的障碍或异常现象，是一种设备或零（部）件丧失规定性能的状态。这一状态只能在机具运转状态下才会显现出来，若停止不动，便无从发现。因此，故障是在使用中发现和排除的。由于作业情况复杂，再加上机具本身结构、性能等方面的原因，在使用中故障是不可避免的。因此，排除故障、恢复生产是每个操作者应具备的能力。

1. 草坪机具常见故障及排除

草坪机具常见的故障有不起动、动力不足、切削不平整、振动过大、起动绳拉不动、行走机构失效、集草袋不收草、剪草机扒不动等几个方面，应分析各种现象产生的原因，采取正确的排除方法。草坪机具常见故障及排除见表8-1。

表8-1 草坪机具常见故障及排除

故障现象	产生原因	排除方法
不起动	空气滤清器过脏	清洁，更换滤心
	燃油耗尽	加油
	燃油陈旧	排出旧油，加注新油
	燃油进水	排出残油，加注新油
	火花室接线脱落	复位接线
	火花室失效	更换火花室
	刀片松动或接口破损	更换或紧固部件
	控制杆脱落	压合控制杆
	控制杆失效	更换控制杆
	电池弱电	充电
	电池接线脱落	按说明书接通线路
动力不足	剪草机盘、刀片被长草堵住	设定较高的切削速度
	剪草量过大	设定较高的切削速度
	空气滤清器过脏	清洁，更换滤心
	切削杂物粘在底盘	清理底盘
	润滑油过多	调整至规定液位
	行走速度过快	降低速度
切削不平整	刀片磨损、弯曲或松动	更换或紧固刀片
	轮子高度设置不一致	调整轮高
	汽油机转速偏低	加油提速
	切削杂物粘在底盘	清理底盘
振动过大	刀片磨损、弯曲或松动	更换或紧固刀片
	汽油机曲轴变形	联系授权的汽油机维修商
起动绳拉不动	控制杆脱落，飞轮被制动	按起动程序操作
	汽油机曲轴变形	联系授权的汽油机维修商
	刀片法兰破损	更换法兰
	长草堵塞刀盘	移机至平地或低草地起动
行走机构失效	切合后驱动轮不转	调整或更换驱动线
	链、带不工作	检修行走传动部件
集草袋不收草	修剪量过大或草湿度过大	调整修剪时间或力度
	刀片尾翼磨损	更换刀片
	汽油机转速偏低	加油提速
	集草通路不畅	清理集草袋和通路

故障现象	产生原因	排除方法
剪草机扒不动	一次修剪量过大	分次修剪
	剪草机刀盘、刀片被长草堵住	后退、提速、缓行
	集草袋装满	排空集草袋
	手柄高度不适合操作者	调整手柄至适当高度

2. 割灌机常见故障及排除

割灌机常见故障有离合器分离不清，离合器外部过热，变速箱噪声大、温度高，传动部件振动大，变速箱漏油等几个方面，应分析各种现象产生的原因，采取正确的排除方法。割灌机常见故障及排除见表8-2。

表8-2　割灌机常见故障及排除

故障现象	产生原因	排除方法
离合器分离不清	尘污堵塞	洗去尘污
	传动轴弯曲	校直传动轴
	涡流罩与离合器壳体不同心	安装调整正确
离合器外部过热	离合器打滑次数多	注意操作方法
	发动机过热	调整火花间隙至合适位置；清除污物，清洗滤芯；添加合适的润滑油；检查和保养起动器的传动部件；降低修剪高度，减少修剪宽度
变速箱噪声大、温度高	齿轮间隙过大或过小	用垫片调整齿轮间隙
	油污过多	清洗
	润滑油过多或过少	控制润滑油用量
传动部件振动大	传动轴弯曲	校正传动轴
	锯片或刀片歪斜	锯片或刀片安装应正确
	发动机运转不平衡	排除汽油机故障
变速箱漏油	油封磨损或移位	更换或调整油封位置
	压盖与壳体的连接螺钉松动	换上纸垫，拧紧螺钉

3. 背负式喷雾喷粉机故障及排除

背负式喷雾喷粉机故障一般分为药械部分故障和离心式喷头部分故障。药械部分故障主要有药箱盖漏水或漏粉、药液进入风机、喷雾量减少、喷粉量减少或不出粉、粉门开关失灵、喷粉时发生静电、管路漏液等；离心式喷头部分故障主要是喷口无雾或喷雾不正常，以及叶轮转速低、雾滴大等。应分析各种现象产生的原因，采取正确的排除方法，背负式喷雾喷粉机故障及排除见表8-3。

表8-3　背负式喷雾喷粉机故障及排除

故障现象	产生原因	排除方法
药箱盖漏水或漏粉	药箱盖未旋紧	旋紧药箱盖
	橡胶垫圈不正、太硬或损坏	重新垫正或更换

故障现象	产生原因	排除方法
药液进入风机	变径管通没有装紧，密封圈装反	重新装好
	增压管从过滤嘴上脱落	重新安装，用卡子紧固
喷雾量减少	喷嘴堵塞	旋下喷嘴清洗
	阀门堵塞	取下阀门清洗
	水门堵塞	拆开水门清洗
	风门未打开	打开风门
	药箱内增压管弯折阻塞	将增压管去短舒直
喷粉量减少或不出粉	药粉过湿	换干粉
	吹粉管脱落	重新装好
	风门未开	打开风门
	粉门孔堵塞	清除堵塞物、药粉过筛
	未装下粉管	装上下粉管
	下粉管方向不对	重新装对
	粉门下的输粉室堵死	清除积粉，装粉时关上风门
粉门开关失灵	粉门扭曲变形	校正粉门，在重力下应能滑动
	拔销未在座内	重新装好
	粉门未装到底	用木棒把粉门压到底
	大拉杆长度调整不当	重新调整好
	大拉杆与球销松脱	加温活节套，缩紧球窝后再装好
喷粉时发生静电	粉尘在塑料管内高速流动，摩擦生电	将一根金属链敷设在喷管及蛇形管上，与机架相接后，另一端与地面相接触
管路漏液	变形管通未塞紧	塞紧变形管通
	变形管通密封圈变形	更换密封圈
	输液管或增压管松弛	更换卡子或更换输液管
喷口无雾或喷雾不正常	分流锥钢管或流量阀堵塞	旋下转盘帽和流量阀组件，用细铁丝排除堵塞物
	流量阀的压紧螺母松动	对准流量孔拧紧螺母
叶轮转速低、雾滴大	发动机转速低	调整发动机，达到额定转速
	轴承不灵活	清洗轴承，已损坏的要更换
	空心轴与相邻零件发生摩擦	调整或拧松零件，清除摩擦

4. 排除故障注意事项

当遇到故障时，不要乱拆乱卸，应仔细阅读说明书，在熟悉机具结构的基础上，按照动力、传动、工作装置、操纵机构的顺序查找原因，逐一排除。一般先查外部部件，再查管路、线路和封闭的机械部件，先查易发现、易解决的油电系统，再查机械传动等。

8.4.3.5 园林机具工作部件的常规修理

机具上完成不同作业的装置称为工作装置，在工作装置上对工作对象直接进行作业的部件称为工作部件。园林机具的工作部件就是对土壤、树木、花卉、草坪草、种子等工作对象进行工作的零（部）件。如切割刀具的刀片、滚刀、梳草刀、打孔头等，耕作机具中的犁铧、耙片、旋耕刀具，以及割灌机的刀片等。对这些工作部件的修理是操作者必须掌握的技能。

1. 园林手工工具的修理

园林手工工具多数用于砍、劈、截、削等作业，一般具有刀刃，少数有锯齿。手工工具的修理主要是打磨，使刀刃和锯齿更加锋利。常用的修理工具有油石、钢锉、砂轮等，并配备扳手、老虎钳等辅助工具。

（1）修枝剪的打磨　先将两剪片的支点螺钉拧开，将主动剪片的外侧在油石上打磨，以削薄刃口。打磨时要注意：支点螺钉是反牙，主动剪片的内侧一般不打磨，要掌握好打磨角度，支点螺钉不能拧得太紧。

（2）嫁接刀的打磨　嫁接刀的刀刃呈月牙形，刀刃的两侧均需打磨。打磨时应掌握好打磨的角度，特别是刀尖及以下 1/3 部位。

（3）园艺锯的打磨　将锯齿朝上并固定，或用一只手握住锯柄使其固定，用三角钢锉锉每个锯齿的两侧，使锯齿尖锐，再用开缝板将相邻两个锯齿向两边略倾斜，使全部锯齿形成具有一定夹角的两条直线。

2. 剪草机切割刀具的修理

剪草机的切割刀具主要有旋刀片、甩刀片、往复切割刀片、滚刀，以及打孔头、起草皮用的铲刀等，其主要损坏形式是刀刃口磨损、崩刀、变形、折断、裂缝等。修理刀片时，先卸下刀片检查刀片是否弯曲、刀刃是否有裂痕、刃口的角度和锐利程度，再根据情况进行打磨、校正和更换。

（1）旋刀片的修理　用锉刀或砂轮打磨，打磨后的刃口角度应达到原规定的标准，刀片应保持平衡。检查刀刃平衡的方法是：用小轴或螺钉旋具插入刀片中心孔，水平夹在台虎钳上，若刀片的任何一端向下转动，说明该端偏重，应再打磨掉一些，直至两端平衡（图 8-6）。

（2）滚刀的修理　滚刀的刀片在圆柱面沿螺旋线布置，必须在专门的滚刀磨床上打磨。

3. 割灌机圆盘片的修理

割灌机圆盘片卸下后，先检查有无缺齿、裂纹、翘曲及失圆等状况。对裂纹，可用平头冲子在裂纹的尽头打印，防止裂纹再延伸；对翘曲或失圆，可在平板上整平修圆；对缺齿或裂纹的锯片可打磨得短一些。割灌机一般配有修磨器附件，主要由薄片砂轮和砂轮架、锯片支撑架等组成。修磨时，拆下锯片，装在修磨器上，利用发动机的动力进行修磨（图 8-7）。

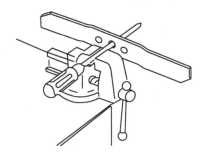

图 8-6　旋刀片的平衡

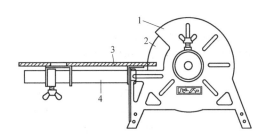

图 8-7　割灌机锯片修磨器

1—修磨器支架　2—砂轮　3—锯片　4—锯片支架

8.4.4　任务实施

1. 准备工作

1）教师准备相关案例，课堂围绕案例进行讲解。

2）教师讲解安全注意事项、参观要求和报告撰写要求。

3）班级学生自由组合（每组5~8人）为几个学习小组，各学习小组自行选出小组长。

4）收集资料，联系相关物业管理企业。

2. 实施步骤

1）查阅资料（教材、期刊、网络），到相关物业管理企业进行园林机具操作实训。

2）园林机具的班后保养。

3）园林手工工具保养。

4）园林机具保养。

5）园林机具常见故障排除。

6）园林手工工具常规修理。

7）园林机具工作部件的常规修理。

8）记好实训日志，撰写实训报告。

9）小组代表汇报，其他小组和老师评分。

10）小组讨论，总结学习过程。

项目小结

本项目包括4个任务：常用园林手工工具、常用园林机具、园林机具的使用范围及注意事项、园林机具的维修保养。本项目具体内容见下表。

任　务	基本内容	基本概念	基本技能
8.1　常用园林手工工具	裁截工具类、喷淋工具类、挖掘工具类、其他手工工具	修枝剪、高枝剪、锯、嫁接刀、喷壶、喷雾器、水管车	识别常用的手工工具
8.2　常用园林机具	草坪机具类、剪截机具类、园林喷雾机具、园林灌溉机具	剪草机、割灌机、疏草机、草坪打孔机、绿篱机、电锯、油锯、喷雾车、背负式喷雾喷粉机、喷灌系统、微灌系统、自动化灌溉系统	识别常用园林机具
8.3　园林机具的使用范围及注意事项	各类园林机具的使用范围、园林机具使用注意事项	—	熟悉各类园林机具的使用范围和注意事项
8.4　园林机具的维修保养	班后保养、手工工具的保养、园林机具的保养、园林机具的故障排除、园林机具工作部件的常规修理	班后保养、擦拭、打磨、故障、工作部件	能够排除园林机具常见的故障；能够对园林机具进行常规修理；能够对园林机具进行保养

思考题

1. 常用的绿化手工工具有哪些？
2. 常用的绿化机具有哪些？
3. 简述修枝剪、嫁接刀、园艺锯的打磨、保养技术要点。
4. 简述剪草机的维修保养方法。

 测试题

1. 填空题

（1）园林手工剪截工具有_____、_____、_____、_____。

（2）草坪机具包括_____、_____、_____、_____。

（3）喷灌系统由_____、_____、_____、_____、_____五部分组成。

（4）园林手工工具的修理主要是刀刃的_____。

（5）机具上完成不同作业的装置称为_____，在工作装置上对工作对象直接进行作业的部件称为_____。

2. 简答题

（1）绿化机具在使用时应注意哪些事项？

（2）简述绿化机具维修保养的一般原则。

附录 A　高级园林绿化工职业技能岗位标准

1. 知识要求（应知）

1) 了解生态学和植物生理学的知识及其在园林绿化中的应用。

2) 掌握绿地布局和施工理论，熟悉有关的技术规程、规范。掌握绿化种植、地形地貌改造知识。

3) 掌握各类绿地的养护管理技术，熟悉有关的技术规程、规范。

4) 了解国内外先进的绿化技术。

2. 操作要求（应会）

1) 组织完成各类复杂地形的绿地和植物配置的施工。

2) 熟练掌握常用观赏植物的整形、修剪和艺术造型。

3) 具有一门以上的绿化技术特长，并能进行总结。

4) 对初、中级工进行示范操作，传授技能，解决操作中的疑难问题。

附录 B　高级园林绿化工职业技能岗位鉴定规范

项目	鉴定范围	鉴定内容	鉴定比重	备注
知识要求	—	—	100%	—
基础知识 25%	1. 绿地施工基本知识情况 15%	(1) 绿化施工图的内容、特点与要求	10%	掌握
		(2) 地形、地貌改造图的内容、特点与要求	5%	掌握
	2. 植物生理与生态知识 10%	(1) 植物生理基本知识	2%	了解
		(2) 当地的生态环境	3%	了解
		(3) 树木、花卉与生态环境的关系	5%	了解
专业知识 75%	1. 植物配置 30%	(1) 根据植物材料的特点及生态习性进行植物配置	10%	掌握
		(2) 根据绿地的不同类型及功能进行植物配置	10%	掌握
		(3) 根据不同季节的观赏要求进行植物配置	10%	掌握

项目	鉴定范围	鉴定内容	鉴定比重	备注
专业知识 75%	2. 植物栽培新工艺 10%	（1）组织培养知识	1%	了解
		（2）生长刺激素的性能、配制及使用	4%	掌握
		（3）生长调节剂的性能、配制及使用	3%	了解
		（4）其他新工艺、新技术	2%	了解
	3. 园林植物养护管理知识 30%	（1）园林植物生长发育规律	8%	了解
		（2）园林植物各器官的生长发育规律	7%	了解
		（3）园林植物的物候规律	5%	了解
		（4）园林植物的生长发育规律与生态环境、栽培技术的关系	10%	掌握
	4. 绿化信息 5%	（1）国内外先进技术信息	5%	了解
操作要求	—	—	100%	—
操作技能 75%	1. 复杂和大型绿化施工 30%	（1）现场施工放样、配置	20%	掌握
		（2）局部现场施工技术指导	10%	掌握
	2. 观赏植物的整形修剪 15%	（1）观赏花木的整形修剪	10%	掌握
		（2）观赏植物的艺术造型	3%	了解
		（3）衰老树复壮	2%	了解
	3. 技术特长 20%	（1）具有一门以上绿化技术特长	10%	掌握
		（2）具有绿化工作中的关键技术	10%	掌握
	4. 技术总结和传授 5%	（1）总结绿化管理技术资料	2%	了解
		（2）传授技术	3%	掌握
	5. 应用先进技术 5%	（1）独立或协助技术人员应用国内外绿化先进技术	5%	了解
工具设备的使用与维护 10%	1. 起吊机具 5%	（1）起吊机具的使用方法	5%	掌握
	2. 其他园林机具 5%	（1）常用机具的维护保养技术	2%	了解
		（2）一般故障的排除	3%	掌握
安全及其他 15%	1. 安全施工 10%	（1）安全技术操作规程	5%	掌握
		（2）各种施工现场的安全	5%	掌握
	2. 文明施工 5%	（1）工完场清、文明施工	2%	掌握
		（2）绿地保护	2%	掌握
		（3）古树名木保护	1%	了解

参 考 文 献

[1] 陈端正，周心怡. 物业绿化管理 [M]. 天津：天津大学出版社，2002.

[2] 杨赉丽，班道明. 居住区物业环境绿化管理 [M]. 北京：中国林业出版社，2002.

[3] 方栋龙. 苗木生产技术 [M]. 北京：高等教育出版社，2005.

[4] 罗强. 花卉生产技术 [M]. 北京：高等教育出版社，2005.

[5] 郝建华，陈耀华. 园林苗圃育苗技术 [M]. 北京：化学工业出版社，2003.

[6] 郭学望，包满珠. 园林树木栽植养护学 [M]. 2版. 北京：中国林业出版社，2004.

[7] 佘远国. 园林植物栽培与养护管理 [M]. 北京：机械工业出版社，2007.

[8] 张东林. 高级园林绿化与育苗工培训考试教程 [M]. 北京：中国林业出版社，2006.

[9] 古润泽. 高级花卉工培训考试教程 [M]. 北京：中国林业出版社，2006.

[10] 高炳华. 物业环境管理 [M]. 2版. 武汉：华中师范大学出版社，2007.

[11] 胡长龙. 园林规划设计 [M]. 2版. 北京：中国农业出版社，2002.

[12] 中国建筑装饰协会. 景观设计师培训考试教材 [M]. 北京：中国建筑工业出版社，2006.

[13] 姚时章，王江萍. 城市居住区环境设计 [M]. 重庆：重庆大学出版社，2000.

[14] 尹公. 城市绿地建设工程 [M]. 北京：中国林业出版社，2001.

[15] 郭维明，毛龙生. 观赏园艺概论 [M]. 北京：中国农业出版社，2001.

[16] 张吉祥. 园林植物种植设计 [M]. 北京：中国建筑工业出版社，2001.

[17] 张志国，李德伟. 现代草坪管理学 [M]. 北京：中国林业出版社，2003.

[18] 彭春生，李淑萍. 盆景学 [M]. 2版. 北京：中国林业出版社，2002.

[19] 方彦，何国生. 园林植物 [M]. 北京：高等教育出版社，2005.

[20] 卓丽环，陈龙清. 园林树木学 [M]. 北京：中国农业出版社，2004.

[21] 何平，彭重华. 城市绿地植物配置及其造景 [M]. 北京：中国林业出版社，2001.

[22] 惠劼，张倩，王芳. 城市住区规划设计概论 [M]. 北京：化学工业出版社，2006.

[23] 张天麟. 园林树木1200种 [M]. 北京：中国建筑工业出版社，2005.

[24] 赵九洲. 园林树木 [M]. 重庆：重庆大学出版社，2006.

[25] 邱国金. 园林树木 [M]. 北京：中国农业出版社，2006.

[26] 陈俊愉. 中国花卉品种分类学 [M]. 北京：中国林业出版社，2001.

[27] 吴玲. 地被植物与景观 [M]. 北京：中国林业出版社，2007.

[28] 唐蓉，李瑞昌. 园林植物栽培与养护 [M]. 北京：科学出版社，2014.

[29] 孙丹萍. 园林植物病虫害防治 [M]. 北京：中国科学技术出版社，2007.

[30] 王奎玲. 花卉学 [M]. 北京：化学工业出版社，2016.

[31] 金雅琴. 园林植物栽培学 [M]. 上海：上海交通大学出版社，2012.

[32] 童家林. 生态中国：城市立体绿化 [M]. 沈阳：辽宁科学技术出版社，2018.

[33] 刘亮. 水生植物培育与造景技术 [M]. 北京：化学工业出版社，2016.

[34] 孙彤彤，仇同文，甄珍，等. 现代居住区景观设计 [M]. 北京：化学工业出版社，2011.

[35] 人力资源和社会保障部教材办公室. 物业绿化养护 [M]. 北京：中国劳动社会保障出版社，2017.

[36] 朱庆竖. 绿化养护技术 [M]. 北京：机械工业出版社，2013.